深度强化学习

[荷]阿斯克·普拉特(Aske Plaat)　著

殷海英　　　　　　译

U0214314

清华大学出版社

北　京

北京市版权局著作权合同登记号 图字：01-2024-0130

图书在版编目(CIP)数据

深度强化学习 / (荷) 阿斯克·普拉特(Aske Plaat)著；殷海英译. —北京：清华大学出版社，2024.5
书名原文：Deep Reinforcement Learning
ISBN 978-7-302-65979-2

I. ①深… II. ①阿… ②殷… III. ①机器学习 IV. ①TP181

中国国家版本馆 CIP 数据核字(2024)第 068092 号

责任编辑：王　军
装帧设计：孔祥峰
责任校对：成凤进
责任印制：宋　林

出版发行：清华大学出版社
　　　　网　　址：https://www.tup.com.cn，https://www.wqxuetang.com
　　　　地　　址：北京清华大学学研大厦 A 座　　　　邮　　编：100084
　　　　社 总 机：010-83470000　　　　　　　　　　邮　　购：010-62786544
　　　　投稿与读者服务：010-62776969，c-service@tup.tsinghua.edu.cn
　　　　质 量 反 馈：010-62772015，zhiliang@tup.tsinghua.edu.cn
印 装 者：涿州汇美亿浓印刷有限公司
经　　销：全国新华书店
开　　本：170mm×240mm　　印　张：16.5　　字　数：521 千字
版　　次：2024 年 6 月第 1 版　　印　次：2024 年 6 月第 1 次印刷
定　　价：79.80 元

产品编号：103426-01

致 谢

本书得益于许多朋友的帮助。首先，我要感谢莱顿大学高级计算机科学研究所的所有人员，因为他们创造了一个充满乐趣和富有活力的工作环境。

许多人对本书作出了贡献。其中一些内容基于我们之前在强化学习课程中使用的书籍，以及由 Thomas Moerland 编写的关于基于策略的方法的讲义。Thomas 还在早期草稿中提供了非常有价值的意见。此外，在撰写本书的过程中，我们还为基于模型的深度强化学习、深度元学习和深度多智能体强化学习等主题撰写了综述文章。感谢这些综述文章的合著者 Mike Preuss、Walter Kosters、Mike Huisman、Jan van Rijn、Annie Wong、Anna Kononova 和 Thomas Bäck。

感谢莱顿强化学习社区的所有成员，他们的意见和热情对此书的成稿起了重要作用。特别要感谢 Thomas Moerland、Mike Preuss、Matthias Müller-Brockhausen、Mike Huisman、Hui Wang 和 Zhao Yang，他们在撰写本书所涉及的课程方面提供了帮助。感谢 Wojtek Kowalczyk 对深度监督学习的深入讨论，以及 Walter Kosters 对组合搜索的见解和他的幽默感。

特别感谢 Thomas Bäck，因为我们就科学、宇宙及一切事物(特别是生命进化等)进行了许多讨论。没有你，这一努力将无法实现。

本书是我在莱顿大学讲授的研究生强化学习课程的成果。感谢所有参与这门课程的学生，不论是过去、现在还是将来，感谢你们的热情、深刻的问题和众多建议。本书是为你们所写，也是由你们所写！

最后感谢 Saskia、Isabel、Rosalin、Lily 和 Dahlia，感谢她们的真实与坦诚，她们的反馈让我学到了更多，也感谢她们给予我的无尽的爱。

前　　言

近期，深度强化学习引起了广泛关注。人们在各个领域中取得了惊人成果，如自动驾驶、电子竞技、分子重组和机器人技术。在所有这些领域，电脑程序已经学会了解决困难的问题。它们学会了驾驶模型直升机，还可以完成像循环和翻滚这样的特技动作。在某些应用中，它们甚至比人类最优秀的操作者表现得更好，例如，在 Atari 游戏、围棋、扑克和星际争霸中。

深度强化学习探索复杂环境的方式，有点像小孩子玩耍时尝试不同的事情，得到反馈后再试一次。计算机好像真的具有一些人类学习的能力；深度强化学习触及人类的梦想。

研究领域的成功引起了教育者的关注，各个大学相继开始推出相关课程。本书的目标是全面介绍深度强化学习这个领域。它是为人工智能专业的研究生，以及想要更好地了解深度强化学习方法和挑战的研究人员和从业者编写的。我们假设读者具备计算机科学和人工智能方面的本科水平，并对这些内容有基本的了解；本书使用的编程语言是 Python。

我们将描述深度强化学习的基础、算法和应用。本书将涵盖构成该领域基础的已建立的无模型和有模型方法。由于该技术发展迅速，本书还将涵盖更高级的主题：深度多智能体强化学习、深度分层强化学习和深度元学习。

希望本书会给你带来与许多研究人员一样的喜悦，他们在开发算法、最终让它们运行起来的过程中感受到了无比的快乐！

关于 Links 文件

阅读本书时，你会不时遇到参考资源链接，形式是[link*]，其中的*代表编号，你可扫封底二维码下载 Links 文件。例如，在阅读第 2 章正文期间，看到[link 3]时，可从 Links 文件中"第 2 章"下面的[link3]处找到具体链接。

关于彩图

在阅读本书正文时，提及的彩图可扫描封底二维码下载。

目　　录

第1章

简　　介

深度强化学习研究的是我们如何学习解决复杂问题，这些问题要求我们在很多不同情况下做出正确决定。例如，要做面包，就需要选择适合的面粉，加点盐、酵母和糖，调配适合的面团，然后在合适的温度下烘烤；要在舞蹈比赛中获胜，就需要找到合适的舞伴，学会跳舞，不断练习，然后在比赛中打败对手；在下国际象棋时，我们需要学习规则，多练习，并且走出最明智的棋步。

1.1　什么是深度强化学习

深度强化学习是深度学习和强化学习的结合。

深度强化学习的目标是学习在各种环境状态(比如面包店、舞厅、国际象棋棋盘)都能最大化奖励的最佳动作。我们通过与复杂的高维度环境互动，尝试不同的动作，并从反馈中学习来实现这一目标。

深度学习领域关注的是高维问题中的近似函数，这些问题非常复杂，传统的表格方法已经不能找到精确解了。深度学习使用深度神经网络为大型、复杂、高维度的环境(比如在图像和语音识别领域)寻找近似解。该领域取得了令人瞩目的进展；计算机现在可以在一系列图像中识别行人(以避免发生碰撞)并理解诸如"明天天气会怎么样？"这样的句子。

强化学习领域关注的是从反馈中学习；它是通过试错来学习的。强化学习不需要通过预先存在的数据集进行训练；它会选择自己的动作，并从环境提供的反馈中进行学习。可以这样理解，在这个试错过程中，智能体会犯错(例如，在学习如何烤面包的过程中，准备灭火器是必不可少的)。强化学习领域的核心是从成功和错误中学习。

近年来，深度学习和强化学习这两个领域相结合，产生了能够通过对动作的反馈来逼近高维问题的新算法。通过以策略为基础的方法、基于模型的方法、迁移学习、分层强化学习以及多智能体学习等方面的进展，深度学习引入了新的方法并带来了新的成功。

这两个领域也可以独立存在，分别是深度监督学习和表格强化学习(见表 1-1)。深度监督学习的目标是从预先存在的数据集里面泛化和逼近复杂的高维函数，而不必进行交互；附录 B 讨论了深度监督学习。表格强化学习的目标是在较简单、低维的环境(如网格世界)中进行交互学习；我们将在第 2 章讨论表格强化学习。

表 1-1　深度强化学习的组成部分

	低维状态	高维状态
静态数据集	经典监督学习	深度监督学习
智能体/环境交互	表格强化学习	深度强化学习

下面详细介绍这两个领域。

1.1.1　深度学习

经典的机器学习算法在数据上学习预测模型，使用线性回归、决策树、随机森林、支持向量机和人工神经网络等方法。这些模型的目标是泛化，进行预测。从数学角度看，机器学习旨在从数据中逼近一个函数。

过去，当计算机运算速度较慢时，所使用的神经网络由少数层的全连接神经元组成，在处理复杂问题时表现并不令人满意。随着深度学习和计算机速度的提升，这种情况发生了变化。深度神经网络现在包含许多层神经元，并使用不同类型的连接 [1]。深度网络和深度学习将某些重要的机器学习任务的准确性提升到一个新水平，并使得机器学习能够应用于复杂的高维问题，比如在高分辨率(百万像素级别)图像中识别猫和狗。

深度学习可以实时解决高维复杂问题，使机器学习可以应用到日常生活中，如智能手机中的人脸识别和语音识别。

1.1.2　强化学习

让我们更深入地研究强化学习，看看从我们自己的行为中学习意味着什么。

强化学习是一个智能体通过与环境交互来学习的领域。在监督学习中，我们需要预先存在的标注示例的数据集来逼近一个函数；而强化学习只需要一个可为智能体尝试的行为提供反馈信号的环境。这一要求更容易满足，使得强化学习比监督学习应用的情况更加广泛。

强化学习智能体通过自己的动作，通过环境提供的奖励，生成即时的数据。智能体可选择学习哪些行为；强化学习是主动学习的一种形式。从这个意义上说，智能体

---

1 这里的"多层"指输入层和输出层之间隐藏层的数量超过 1 个。

像孩子一样，通过游戏和探索来自主学习某项任务。这种自主性是吸引研究人员投身该领域的原因之一。强化学习智能体选择执行哪种动作(测试哪种假设)，并调整对有效动作的理解，建立在遇到的各种环境状态下要执行的动作策略。注意，这种自由也使强化学习很困难，因为当你被允许选择自己的例子时，很容易停留在自己的舒适区，陷入正向增强的泡沫，以为自己表现很好，但很少学习周围的世界。

1.1.3　深度强化学习

深度强化学习将高维问题的学习方法与强化学习相结合，实现了高维的交互式学习。人们对深度强化学习感兴趣的一个重要原因是它在当前计算机上表现良好，并且似乎可以应用到不同任务中。例如，在第 3 章中，我们将看到深度强化学习如何学习手眼协调来玩 20 世纪 80 年代的视频游戏；在第 4 章中，我们看到一个模拟机器人猎豹如何学习跳跃；在第 6 章中，我们看到它如何通过自学复杂的策略游戏，击败世界冠军。

下面具体介绍深度强化学习适用于哪些场景。

1.1.4　应用

简单来讲，强化学习是一种教导智能体在世界中如何操作的方法。就像小孩通过不断尝试和得到反馈学会走路一样，强化学习智能体也通过行动和反馈来学习。深度强化学习可解决复杂的决策问题，通过试错不断接触问题，可学到近似的解决方法。这听起来有点复杂，但通过概括和尝试从例子中推断出模式或规则是我们日常生活中常做的事情。试错和逼近是人们学会如何处理陌生事物的方法，比如"按下这个按钮会发生什么？哦，糟糕。"或者"我在前移时如果将一条腿与另一条腿交叉，会发生什么？哎哟，摔倒了。"

1. 序贯决策问题

在复杂环境中，动作是一个高层次的目标；我们可以更具体一点。强化学习关注智能体的行为。强化学习可以为序贯决策问题或最优控制问题(工程学中的叫法)找到解决方案。在现实世界中，为达到一个目标，必须做出一系列决策的情况很多。无论是烘焙蛋糕、建房子，还是玩纸牌游戏，都必须做出一系列决策。强化学习为快速有效地学习解决序贯决策问题提供了方法。

许多现实世界的问题都可以建模为决策序列[33]。例如，在自动驾驶中，智能体要面对速度控制、找到可驾驶区域以及最重要的避免碰撞等决策。在医疗保健中，治疗方案包含许多序贯决策，可以研究延迟治疗的影响。在客户服务中，自然语言处理可以帮助改进聊天机器人的对话和问答甚至机器翻译。在营销中，推荐系统可以推荐新闻、个性化建议、发送通知或者优化用户体验。在金融中，系统决定持有、买入或卖出金融资产，以获取未来回报。在政治中，可以通过模拟一系列决策来研究政策效果。在游戏中，棋牌游戏和策略游戏包含一系列决策。在计算创作中，绘画需要一系列美学决策。在工程中，获取物品和使用材料包含一系列决策。在化学制造中，生产过程优化包含影响产量和质量的许多决策。最后，在能源系统中，电力分配可以建模为一个序贯决策问题。

所有这些情况下，我们都必须做出一系列决策。并且我们要知道，在这些情况下做出错误决策将付出极大的代价。

序贯决策制定的算法研究主要聚焦于两类应用：机器人技术和游戏。下面将更详细地介绍这两个领域，首先是机器人技术。

2. 机器人技术

从原理上讲，机器人应该采取的所有动作都可由程序员一步一步地预先通过编程来实现，详细设计每个细节。在高度控制的环境中，比如汽车工厂中的焊接机器人，这种方法可以实现，但是任何微小的改变或新增任务都需要对机器人重新编程。

通过手动对机器人编程并让它执行复杂任务，这十分困难。人类并不知晓自己的操作知识，比如拿起杯子时对哪些肌肉施加了什么"电压"。定义一个期望的目标状态，让系统自行找到复杂的解决方案，这会简单得多。此外，在略有挑战的环境中，机器人必须能更灵活地响应不同条件，这需要使用能够自适应的程序。

机器人技术是机器学习研究的重要应用领域之一，这一点不足为奇。机器人研究人员很早就开始寻找让机器人可以自主学习某些行为的方法。

机器人实验资料丰富多样。机器人可以自学如何在迷宫中导航、如何执行操作任务以及如何学习运动任务。

自适应机器人的研究取得了相当大的进展。例如，最近的成就之一涉及给煎饼翻面[29]和飞行特技模型直升机[1,2]；参见图 1-1 和图 1-2。通常情况下，学习任务与计算机视觉相结合，其中机器人必须通过对其自身动作结果的视觉解释进行学习。

图 1-1 机器人给煎饼翻面[29]

图 1-2 操纵模型直升机进行空中特技表演[2]

3. 游戏

现在我们转向介绍游戏。自古以来，人们就使用谜题和游戏来研究智能行为的各个方面。实际上，在计算机尚未具备足够的计算能力来运行国际象棋程序时，也就是在香农和图灵那个时代，人们进行了纸上的设计，希望通过理解国际象棋来探索智能的本质[38, 41]。

游戏让研究人员能够缩小研究范围，专注于在有限的环境中进行智能决策研究，而不必掌握真实世界的全部复杂性。除了象棋和围棋等桌面游戏，视频游戏也广泛用于测试计算机中的智能方法。例如，类似于 Pac-Man[32]的街机游戏以及类似于星际争霸[43]的多人策略游戏。详见图 1-3、图 1-4、图 1-5 和图 1-6。

图 1-3 国际象棋

图 1-4 围棋

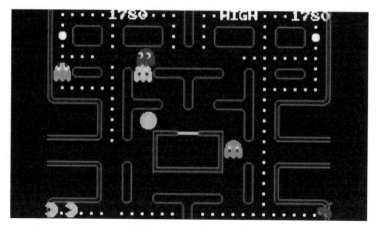

图 1-5　游戏：Pac-Man[6]

图 1-6　游戏：星际争霸[43]

1.1.5　四个相关领域

强化学习是一个内容丰富的领域，早在人工智能领域开始之前，它在生物学、心理学和教育等领域中就已存在[9, 25, 40]。在人工智能中，强化学习已成为机器学习的三大主要类别之一，其他两类是监督学习和无监督学习[10]。本书涵盖了从自然科学和社会科学等领域获得的灵感，其中包含一系列算法。尽管本书的其余部分将介绍这些算法，但简要讨论深度强化学习与人类以及动物学习之间的联系也很有趣。我们将介绍对深度强化学习产生深远影响的四个相关科学领域。

1. 心理学

在心理学中，强化学习也被称为条件学习或操作性条件学习。图 1-7 阐述了一个关于狗如何被条件化的常见心理观点。当狗接触到食物时，会自然地流口水。通过每次给狗食物时敲响铃声，狗就会学会将声音与食物联系起来，经过足够多次的尝试后，狗一听到铃声就开始流口水，这可能是狗在期待食物，无论实际上是否有食物。

　　行为科学家巴甫洛夫(1849—1936)和斯金纳(1904—1990)以他们在条件反射方面的研究而闻名。例如，诸如"巴甫洛夫反应"之类的词汇已经进入我们的日常语言，并且有关条件反映的各种笑话也存在(例如，图1-8所示)。心理学中关于学习的研究是对我们在人工智能中所知的强化学习的主要影响之一。

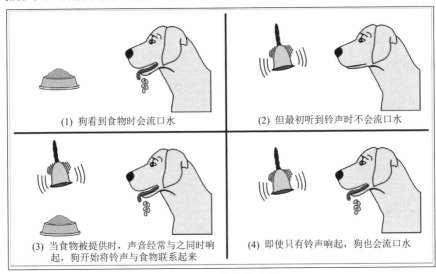

(1) 狗看到食物时会流口水

(2) 但最初听到铃声时不会流口水

(3) 当食物被提供时，声音经常与之同时响起，狗开始将铃声与食物联系起来

(4) 即使只有铃声响起，狗也会流口水

图1-7　经典条件反映

图1-8　谁对谁进行条件化呢?

2. 数学

数学逻辑是深度强化学习的另一个基石。在强化学习的形式化过程中，离散优化和图论发挥着重要作用，正如将在 2.2.2 节中详细介绍的马尔可夫决策过程。数学形式化的应用为高效规划和优化算法的发展提供了契机，这些算法在当前的进展中占据核心地位。

规划和优化是深度强化学习的重要组成部分。它们还与运筹学领域有关，尽管在那里的重点是(非顺序的)组合优化问题。在人工智能领域，规划和优化被用作构建序列、高维问题的学习系统的基础模块，这些问题可以包括视觉、文本或听觉输入。在这些系统中，规划和优化有助于有效地引导学习过程，使得智能体能逐步改进其在复杂环境中的表现。

符号推理领域是基于逻辑的，是人工智能领域最早的成功案例之一。从符号推理的工作中涌现出了启发式搜索[34]、专家系统和定理证明系统。其中一些知名系统包括 STRIPS 规划器[17]、Mathematica 计算代数系统[13]、逻辑编程语言 PROLOG[14]，还有用于语义(Web)推理的 SPARQL 等系统[3, 7]。这些系统在各自的领域内发挥着重要作用，有助于处理复杂问题、进行推理和推断。

符号人工智能专注于在离散领域中进行推理，例如决策树、规划以及策略游戏(如国际象棋和跳棋)。符号人工智能在网络搜索方法、在线社交网络以及在线商务领域取得了成功。这些极为成功的技术构成了现代社会和经济的基础。2011 年，计算机科学领域的最高荣誉图灵奖授予了朱迪亚·皮尔(见图 1-9)[1]，以表彰他在因果推理方面的工作。后来，皮尔出版了一本影响深远的书来推广这一领域[35]。

图 1-9　图灵奖获得者朱迪亚·皮尔

---

1 早前荣获图灵奖的人工智能研究者包括 Minsky(明斯基)、McCarthy(麦卡锡)、Newell(纽厄尔)、Simon(西蒙)、Feigenbaum(费根鲍姆)和 Reddy(雷迪)。

　　在深度强化学习中，数学的另一个重要领域是连续(数值)优化。连续优化方法在当前深度学习算法中扮演着关键角色，例如高效的梯度下降和反向传播方法。这些方法对于训练神经网络和优化模型参数至关重要，有助于算法更快地收敛并提升性能。

3. 工程

　　在工程领域，强化学习领域通常被称为最优控制。动态系统的最优控制理论由理查德·贝尔曼和列夫·庞特里亚金[8]开发。最初，最优控制理论聚焦于动态系统，其中的技术和方法与连续优化方法密切相关，例如在机器人领域的应用(参见图1-10，图中展示了最优控制在对接两个航天器时的示例)。这一理论在工程中具有极其重要的地位，涵盖了众多问题的核心。

　　迄今为止，强化学习和最优控制仍然使用不同的术语和符号表示方法。在以状态为导向的强化学习中，状态和动作被表示为 s 和 a，而工程领域的最优控制则使用 x 和 u。在本书中，采用了前一种符号表示方式。

图1-10　动态系统的最优控制实际应用示例

4. 生物学

　　生物学对计算机科学产生了深刻影响。许多受自然启发的优化算法在人工智能领域得到了发展。一个重要的自然启发派别是连接主义人工智能。

数学逻辑和工程方法将智能视为自上而下的演绎过程；实际世界中的可观察效果是从理论和自然法则的应用中得出的，智能则从理论演绎而来。相反地，连接主义以自下而上的方式处理智能。连接主义智能源自许多低层次的相互作用。智能从实践中归纳而来。智能是具体体现的：蜂巢中的蜜蜂、蚁群中的蚂蚁，以及大脑中的神经元都在相互作用，而从这些连接和相互作用中产生了我们所认知的智能行为[11]。

连接主义智能方法的例子包括受自然启发的算法，如蚁群优化[15]、种群智能[11, 26]、进化算法[4, 18, 23]、机器人智能[12]，以及人工神经网络和深度学习[19, 21, 30]。

需要注意，符号主义和连接主义人工智能两派都取得了极大的成功。在搜索和符号主义人工智能(如谷歌、Facebook、亚马逊、Netflix)产生了巨大的经济影响之后，过去二十年中人工智能领域的许多兴趣都受到了连接主义方法在计算机语言和视觉领域的成功的启发。2018 年，深度学习领域的三位关键研究者——Bengio、Hinton 和 LeCun 获得了图灵奖(见图 1-11)。他们在深度学习方面的最著名论文为[30]。

图 1-11 图灵奖得主 Hinton、LeCun 和 Bengio

1.2 三种机器学习范式

既然我们已经介绍了深度强化学习的一般背景和起源，下面我们转换视角，讨论一下机器学习。我们将探讨深度强化学习在该领域的总体框架中的定位。同时，我们将借此机会引入一些符号表示和基本概念。

在下一节，我们将提供本书内容的概述。但首先，我们将进入机器学习的领域，将从最基础的地方开始介绍函数逼近。

表示一个函数

函数是人工智能中的核心部分。函数 f 根据某种方法将输入 x 转换为输出 y，我们用 $f(x) \to y$ 表示。为对函数 f 进行计算，必须以某种形式将函数表示为计算机内存中的程序。还可将函数表示为：

$$f: X \to Y$$

其中，定义域 X 和值域 Y 可以是离散或连续的；维度(X 中属性的数量)可以是任意的。

在现实世界中，同一输入可能产生多种不同的输出，因此我们希望函数能够提供一个条件概率分布，即一个将输入映射到输出概率的函数。这在深度学习中是非常常见的情况：

$$f: X \to p(Y)$$

这里，函数将定义域映射到值域上的概率分布 p。表示条件概率使我们能够对那些输入并不总是产生相同输出的函数进行建模(附录 A 提供了更多的数学背景信息)。

已知函数与学习函数

有时，我们感兴趣的函数是已知的，可通过特定的算法来表示这个函数，这个算法可以计算出一个已知的精确解析表达式。这种情况通常出现在物理定律的描述中，或者当我们对特定系统进行明确的假设时。

示例 牛顿的第二定律描述了质量恒定的物体的运动状态。

$$F = m \cdot a$$

其中，F 表示作用在物体上的合力，m 表示物体的质量，a 表示物体的加速度。这种情况下，解析表达式为每种可能的输入组合定义了整个函数。

然而，在现实世界中，许多函数并没有解析表达式。这种情况下，我们进入了机器学习(特别是监督学习)的领域。当没有一个函数的解析表达式时，最好的方法是收集数据，也就是 (x, y) 的成对示例，然后通过这些数据进行逆向工程或对函数进行学习。参见图 1-12(可扫封底二维码下载彩图，后同)。

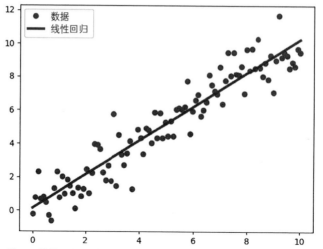

图 1-12　学习函数的示例；数据点以蓝色表示，可能的学习线性函数为红色线条，
这使我们能够对任何新的输入 x 进行预测，得到预测值 $\hat{y}$

示例　一家公司想要根据你的年龄来预测你购买染发洗发水的可能性。他们收集
了许多数据点，其中 $x \in N$ 表示你的年龄(一个自然数)，映射到 $y \in \{0, 1\}$，一个二
进制指示器，表示你是否购买了洗发水。然后他们想要学习这个映射：

$$\hat{y} = f(x)$$

其中，f 是所期望的函数，用于告诉公司谁会购买该产品，而 $\hat{y}$ 则是预测的 y(在这
个示例中确实过于简单)。

让我们看看在机器学习中有哪些方法可用来寻找函数逼近。

三种范式

在机器学习中，有三种主要的范式来提供观察数据：①监督学习；②强化学习；
③无监督学习。

1.2.1　监督学习

机器学习中的第一个也是最基础的范式是监督学习。在监督学习中，用于学习函
数 $f(x)$ 的数据以 (x, y) 示例对的方式提供给学习算法。这里，x 表示输入，y 表示观测输
出值；针对特定的输入值 x，我们希望学习到相应的输出 y。这些 y 值可以被视为监督
学习过程中的指导，它们教导学习过程为每个输入值 x 提供正确的答案，因此称为监
督学习。

用于学习的"数据对"被组织成一个数据集，在算法开始之前，整个数据集必须
完整存在。在学习过程中，会创建对生成数据的真实函数的估计值 $\hat{f}$。"数据对"中的

x 值也称为输入，而 y 值则是待学习的标签。

在监督学习中，存在两个广为人知的问题，分别是回归和分类。回归问题用于预测连续数值，而分类问题用于预测离散类别。其中，最为人熟知的回归关系是线性关系：即我们从入门统计课程中学习到的，通过一系列观测点绘制的直线。图 1-12 展示了这种线性关系，其中 $\hat{y} = a \cdot x + b$。线性函数可通过两个参数 a 和 b 来表征。当然，还有更复杂的函数，如二次回归、非线性回归，甚至高阶多项式回归[16]。

对于每个数据项 i，可使用 $(\hat{f}(x_i) - y_i)^2$ 这样的函数将监督信号计算为当前估计值与给定标签之间的差。误差函数 $(\hat{f}(x) - y)^2$ 也称为损失函数；它衡量了我们预测的质量。预测越接近真实标签，损失越低。有许多方法来计算这种接近程度，比如均方误差损失 $\mathcal{L} = \frac{1}{N} \sum_1^N (\hat{f}(x_i) - y_i)^2$，这经常用于回归中的 N 个观察点。这个损失函数可供监督学习算法用来调整模型参数 a 和 b，以将数据拟合到函数 $\hat{f}$。有许多可能的学习算法，如线性回归和支持向量机[10, 36]。

在分类中，我们学习了输入值和类别标签之间的关系。一个被广泛研究的分类问题是图像识别，其中需要对二维图像进行分类。图 1-13 展示了一组标记图像，其中包含了常见的猫和狗。在分类中，一种常见的损失函数是交叉熵损失 $\mathcal{L} = -\sum_1^N y_i \log(\hat{f}(x_i))$，详见 A.2.5 节。同样，这样的损失函数可用来调整模型参数，以使函数拟合数据。通常用于图像分类的模型可以是小型的、线性的，带有少量参数，也可以是大型的，带有许多参数，如神经网络。

在监督学习中，存在一个大型数据集，其中所有的输入项目都有相关的训练标签。而强化学习则不同，它并不假设事先存在一个带标签的大型训练集。无监督学习需要一个大型数据集，但不需要用户提供输出标签；它只需要输入数据即可。

| 猫 | 猫 | 狗 | 猫 | 狗 | 狗 |

图 1-13　用于监督分类问题的"输入/输出对"

深度学习的函数逼近最初是在监督式环境中开发的。尽管本书关注深度强化学习，但在讨论深度强化学习的深度学习方面时，我们经常会遇到监督学习的概念。

1.2.2　无监督学习

当数据集中没有标签时，就必须使用不同的学习算法。这种没有标签的学习被称为无监督学习。在无监督学习中，会利用数据项固有的指标特征，如距离。无监督学习面临的一个典型问题是在数据中发现模式，如聚类或群组[42, 44]。

常用的无监督学习算法包括 k 均值算法和主成分分析[24, 37]。另外有一些流行的无监督方法，来自可视化的降维技术，如 t-SNE[31]、最小描述长度[20]以及数据压缩[5]。在无监督学习中，一个常见的应用是自动编码器，详见 B.2.6 节[27, 28]。

有时，可以这样描述监督学习和无监督学习之间的关系：监督学习的目标是学习在给定标签 y 的情况下，输入数据的条件概率分布 $p(x|y)$；而无监督学习的目标是学习先验概率分布 $p(x)$[22]。

在本书中，我们会在几个地方涉及无监督方法，具体来说，当讨论自动编码器和降维等内容时(比如在第 5 章)。在本书的结尾，还会探讨可解释的人工智能，其中可解释的模型在第 10 章中发挥重要作用。

1.2.3 强化学习

最后一个机器学习范式就是强化学习。强化学习与之前的范式有三个区别。

第一个区别在于，强化学习是通过交互来学习的；与监督学习和无监督学习不同，在强化学习中数据逐个到来，数据集是动态生成的。强化学习的目标是找到一个策略：一个在每个可能的状态下提供最佳动作的函数。

强化学习的方法是通过与环境互动来学习智能体如何在其中运作。在强化学习中，有一个智能体负责学习策略，还有一个环境对智能体的动作提供反馈(同时执行状态变化，见图 1-14)。在强化学习中，智能体就像人类，环境就像世界。强化学习的目标是找到在每个状态下能够最大化长期累积预期奖励的动作。这种将状态映射到动作的最优函数称为最优策略。

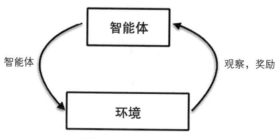

图 1-14　智能体和环境

在强化学习中，没有老师或监督者，也没有静态的数据集，但有一个环境，会指出所处状态的好坏。这就带来了第二个区别：奖励值。强化学习给我们提供了部分信息，一个数字指示了将我们带到当前状态的动作的质量；而监督学习则提供完整信息，即一个标签，它在该状态下提供了正确答案(表 1-2)。在这个意义上，强化学习介于监督学习和无监督学习之间，监督学习中所有数据项都有标签，而无监督学习中数据都没有标签。

表1-2　监督学习与强化学习

概念	监督学习	强化学习
输入 x	完整的状态数据集	部分(一次一个状态)
标签 y	完整的(正确的动作)	部分的(数值动作奖励)

第三个区别在于，强化学习用于解决序贯决策问题。监督学习和无监督学习，学习的是项目之间的单步关系；而强化学习则学习一种策略，这个策略是多步问题的解决方案。监督学习可对一组图像进行分类；无监督学习可以告诉你哪些项目彼此相关；强化学习则可指出在国际象棋游戏中获胜的移动序列，或者机器人腿部为了行走所需的动作序列。

这三个区别会产生一些影响。在强化学习中，数据是逐步、逐动作地为学习算法提供的，而在监督学习中，数据一次性以一个大型数据集的形式提供。逐步方法适用于解决序贯决策问题。然而，许多深度学习方法是为了监督学习而开发的，在逐个生成数据时，数据可能表现出不同的特性。此外，由于动作是通过策略函数选择的，而动作奖励用于更新同一策略函数，可能导致循环反馈和局部最小值的问题。因此，在我们的方法中，需要注意确保收敛到全局最优解。人类学习也会受到这个问题的影响，就像当一个固执的孩子拒绝走出舒适区时。这个话题将在2.2.4节中讨论。

另一个不同之处在于，在监督学习中，学生从一个能力有限的教师(数据集)那里学习，而在某个时刻可能已经学到了所有可学的内容。强化学习范式提供了一种学习设置，智能体可以持续从环境中采样，只要环境保持挑战性(例如在国际象棋和围棋等游戏中)，智能体就会不断变得更加智能。这种持续学习的能力使得强化学习适用于长期持续的任务[1]。

因此，在强化学习方面存在着极大的兴趣，尽管使这些方法运作起来通常比监督学习更具挑战性。

许多经典的强化学习方法使用表格法，适用于具有小状态空间的低维问题。然而，许多现实世界的问题却复杂且高维，拥有广阔的状态空间。随着学习算法、数据集和计算能力的不断改进，深度学习方法已经变得非常强大。其中涌现出的深度强化学习方法成功地将高维问题和大状态空间中逐步采样的策略结合起来。后续章节中将详细讨论这些方法。

1.3　本书概述

本书旨在呈现深度强化学习领域的最新洞见，适合用作研究生的单学期课程。

1 实际上，一些人认为奖励足以支持人工通用智能，可参考 Silver、Singh、Precup 和 Sutton 的研究[39]。

除了介绍最先进的算法,还将涵盖经典强化学习和深度学习领域的必要背景知识。此外,将讨论自我对抗、多智能体、分层和元学习等领域的前景。

1.3.1 预备知识

为确保全面性,我们对先前知识有一些适度的假设。假定读者拥有计算机科学或人工智能的学士水平,且对人工智能和机器学习有浓厚兴趣。一本优秀的入门教材是 Russell 和 Norvig 的《人工智能,一种现代方法》[36]。

图 1-15 展示了本书的结构概览。深度强化学习融合了深度监督学习和经典的(表格型)强化学习。这个图展示了各章如何在这个双重基础上构建而成。在深度强化学习领域中,深度监督学习是非常重要的。它是一个广阔、深入且丰富的领域。许多学生可能已经学过深度学习课程;如果还没有,附录 B 将提供所需的背景知识(使用虚线标记)。另一方面,表格型强化学习对你来说可能有些陌生,我们将从第 2 章开始介绍这个主题。

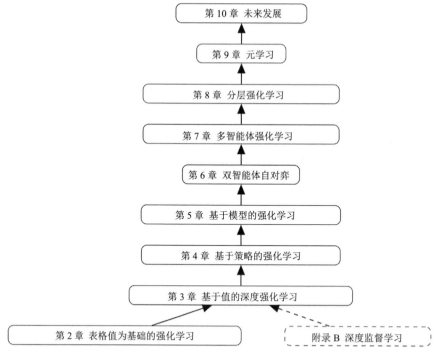

图 1-15　深度强化学习基于深度监督学习和表格型强化学习构建而成

我们还假设读者具有大学本科水平的 Python 编程语言基础。Python 已经成为机器学习研究的首选编程语言,并且是大多数机器学习软件包的主要开发语言。本书中的所有示例代码都使用 Python 编写,并且 scikit-learn、TensorFlow、Keras 和 PyTorch 等主要机器学习环境在 Python 环境下运行效果最佳。请访问 https://www.python.org 以获取有关如何开始学习 Python 的指南。除非正文另有说明，建议使用最新的稳定版本。

我们假设读者具备大学本科水平的数学基础，包括对集合论、图论、概率论和信息论有基本的理解，尽管本书不是一本数学书籍。附录 A 包含了一个概要，可供你复习数学知识，并介绍了本书中使用的符号表示法。

1. 关于课程

本书内容丰富，涵盖了基础和高级的材料，并提供了许多参考文献。你有两种选择，一种是开设一门涵盖全书主题的课程。另一种是选择深入展开，花更多时间理解基础知识，创建一门关于第 2~5 章内容的课程，介绍基础主题(如基于值、基于策略和基于模型的学习)。此外，可创建一门独立的课程，覆盖第 6~9 章中多智能体、分层和元学习这些更高级的主题。这将有助于学生更好地掌握深度学习和强化学习领域的知识。

2. 博客和 GitHub

深度强化学习领域充满了活力，理论与实践紧密结合。这个领域的文化非常开放，你会很容易找到许多关于有趣主题的博客文章，其中有些质量相当不错。理论推动着实验，实验结果又推动理论的深入研究。许多研究人员会在 arXiv 上发表论文，并在 GitHub 上分享他们的算法、超参数设置以及所用的环境。

在本书中，我们力求营造相同的氛围。在全书中，我们会提供代码链接，并通过实践部分的挑战，引导你亲自动手进行实验，深入了解。我们所用的所有网页链接已经稳定存在了一段时间。

网站：https://deep-reinforcement-learning.net 是本书的配套网站。这个网站包含更新内容、幻灯片以及其他课程材料，欢迎你探索并使用。

1.3.2　本书结构

深度强化学习领域主要包括两个主要领域：无模型强化学习和有模型强化学习。这两个领域都有两个子领域。本书的章节按照这个结构进行组织：
- 无模型方法
  - 基于值的方法：第 2 章(表格学习)和第 3 章(深度学习)
  - 基于策略的方法：第 4 章
- 基于模型的方法
  - 通过学习得到模型：第 5 章
  - 给定模型：第 6 章

接下来的三章将介绍更专业的主题。

- 多智能体强化学习：第 7 章
- 分层强化学习：第 8 章
- 迁移和元学习：第 9 章

附录 B 提供了深度监督学习的必要复习。

每一章的风格都是首先列举一个直观的例子介绍该章的主要思想，然后解释需要解决的问题类型，讨论智能体使用的算法概念，以及实际上用这些算法解决的问题。章中的各节按照问题-智能体-环境的方式命名。每章结尾处会提供一些测验问题，以检查你对概念的理解，并为更大规模的编程任务提供练习题(有些相对容易，有些可能有一定挑战)。每一章的最后还会总结内容。

现在让我们更详细地看一下各章讨论的主题。

各章内容介绍

第 2 章详细讨论基于表格(非深度)的强化学习基础概念。我们从马尔可夫决策过程开始，并进行详细解释。将介绍表格式的计划与学习，涵盖状态、动作、奖励、价值以及策略等重要概念。我们还将接触到第一个表格式的基于值的无模型学习算法(参见表 2-1 的描述)。需要注意，第 2 章是本书中唯一不涉及深度学习方法的章节，其他所有章节都将涵盖深度学习方法。

第 3 章详细解释深度值函数强化学习。该章涵盖了最早设计出来的用于找到最优策略的深度学习算法。我们仍然会继续在基于值的、无模型的范式下工作。在该章末尾，会分析一个可以自我学习如何玩 20 世纪 80 年代的 Atari 视频游戏的智能体。表 3-1 列举一些稳定的深度值函数无模型算法。

基于值的强化学习在诸如游戏这样具有离散动作空间的应用中表现出色。第 4 章讨论一种不同的方法：基于深度策略的强化学习(参见表 4-1)。除了适用于离散空间，该方法还适用于连续动作空间，例如机械臂运动和模拟的关节运动。我们将看到如何让模拟的 Half-Cheetah 自学如何奔跑。

第 5 章将介绍基于深度模型的强化学习，这种方法使用一个学得的模型，在构建策略之前首先建立环境的转移模型。基于模型的强化学习有望提高样本效率，从而加速学习过程。还将探讨一些新的发展，如潜在模型。这种方法在机器人和游戏领域都有应用(参见表 5-2)。

第 6 章将探讨如何为问题描述中给定转移模型的应用创建自对弈系统。这种情况常见于双智能体游戏，游戏规则决定了转移函数。我们将深入研究 TD-Gammon 和 AlphaZero 通过与自身的副本对弈，从零基础到世界冠军水平的学习过程(参见表 6-2)。该章还将介绍深度残差网络和蒙特卡洛树搜索如何实现课程学习。

第 7 章将介绍深度多智能体和团队学习的最新进展。在该章中，将涵盖竞争与合作、基于种群的方法以及团队协作等内容。这些方法在扑克和星际争霸等游戏中得到应用(参见表 7-2)。

第 8 章将涵盖深度分层强化学习。许多任务都呈现出固有的分层结构,其中可以明确地识别出子目标。将探讨选项框架,并介绍能够识别子目标、子策略和元策略的方法。此外,会讨论表格和深度分层方法中的不同途径(参见表 8-1)。

第 9 章将介绍深度元学习,也就是学会如何更快地学习。在机器学习中,学习解决新任务常常需要花费很长时间。元学习和迁移学习的目标是通过利用先前学习的相关任务信息,来加速学习新任务;相关算法请参考表 9-2。在该章的最后,还将尝试进行少样本学习,即在只见过很少的训练示例的情况下学习一个任务。

第 10 章通过回顾我们所学的内容,以及展望未来可能遇到的情况,来总结本书。

附录 A 提供了数学背景内容和符号说明。附录 B 则提供了相当于一章的内容,概述了机器学习和深度监督学习。如果你希望加深对深度学习的理解,请在阅读第 3 章之前查看该附录。附录 C 列出了有关深度强化学习的有用软件环境和软件包。

第 2 章

表格值为基础的强化学习

本章将介绍经典的表格型强化学习领域，为后续章节构建基础。首先会引入智能体和环境的概念。接着将介绍马尔可夫决策过程，这是用于在数学上推理强化学习的形式化工具。会详细讨论强化学习的要素，包括状态、动作、值及策略。这些概念将为我们理解强化学习打下坚实基础。

在本章中，我们将探讨关于转移函数以及基于转移模型的动态规划求解方法。许多情况下，智能体无法获得转移模型，必须从环境中获取状态和奖励信息。幸运的是，存在一些方法可在没有模型的情况下，通过与环境交互来寻找最优策略。这些方法被称为无模型方法，我们将在本章介绍它们。以值为基础的无模型方法是强化学习中最基础的学习途径之一。在处理确定性环境和离散动作空间等问题时，这些方法表现良好，比如迷宫和游戏。无模型学习对环境的要求较低，通过对环境进行抽样，逐步建立起策略函数 $\pi(s) \rightarrow a$。

讨论这些概念后，现在是将它们付诸实践并理解我们可以解决的不同类型序贯决策问题的时候了。我们将探索 Gym，这是一个涵盖多个强化学习环境的集合。此外，我们还将研究简单的网格世界谜题，以了解如何在其中进行导航。通过这样的实际案例，可更好地运用之前所学的深度学习术语和概念。

本章不涉及深度学习，将使用精确函数，并将状态存储在表格中。这种方法只在问题足够小，并且可以在内存中完成处理的情况下有效。而下一章将展示，在状态数量超出内存容量时，如何通过神经网络进行函数逼近。这将展示如何在状态空间较大时，利用深度学习技术来解决问题。

本章以练习和总结作为结尾。

核心概念

- 智能体、环境
- 马尔可夫决策过程(MDP)：状态、动作、奖励、价值(有时也称为"状态价值"或"期望回报""未来回报"等)、策略
- 规划与学习

- 探索与利用
- Gym，基线模型

核心问题

- 通过与环境的互动来学习策略
- 值迭代(代码清单 2-1)
- 时序差分学习(第 2.2.4 节)
- Q-learning(代码清单 2-5)

寻找超市

想象一下，你刚刚移居到一个新城市，此时你打算吃点东西，希望买一些杂货。然而有一个有些不太实际的限制：你没有城市地图，手机也没电了。幸好天气晴朗，你穿上了徒步鞋，在随机探索一番后，找到了前往超市的路径，并成功购买了所需的杂货。你在笔记本上仔细记录下了行程，然后按照记录原路返回，成功找到回家的路径。

在下次需要购买杂货时，你会选择如何做呢？一种选项是沿用之前的路径，利用你已有的知识。这个选项能够确保你无须额外花费时间去探索可能的替代路径，就能抵达商店。或者你也可以大胆一些，进行探索，试图找到一条新路径，也许比旧路径更迅捷。显然，这里存在一个权衡：你不花费过多时间进行探索，以至于在你离开这个地方之前无法从潜在的更短路径中受益。

强化学习是一种自然的学习方式，通过在环境中尝试不同的动作并从这些动作的效果中进行试错，逐步学习得到最优路径。

这个小故事包含了许多强化学习问题的要素以及它们的解决方法。故事中有一个智能体(即你)、一个环境(这座城市)，有状态(在不同时间点的你的位置)、动作(假设采用曼哈顿式网格，可以向左、向右、向前或向后移动一格)，存在轨迹(你尝试前往超市的各条路线)，有策略(决定你在特定位置采取哪种动作)，涉及成本/奖励的概念(当前路径的长度)。从中我们看到对新路径的探索，对旧路径的利用，以及在它们之间的权衡，还看到你的笔记本，在其中你一直在勾画城市的地图(本地的"转移模型")。

在本章结束时，你将了解所有这些主题在强化学习中扮演的角色。

2.1 序贯决策问题

强化学习用来解决序贯决策问题[3, 20]。在深入探讨算法之前，让我们更仔细地了解一下这些问题，以更好地理解智能体必须完成的挑战。

在序贯决策问题中，智能体必须进行一系列决策来解决问题。解决问题意味着寻

找具有最高(预期累积未来)奖励的序列。这个解决者被称为智能体,问题则被称为环境
(有时也称为世界)。

现在我们将列举序贯决策问题的基本示例。

2.1.1　网格世界

在强化学习中,我们最早遇到的一些环境是网格世界(见图 2-1)。这些环境由一个
矩形网格方块组成,其中包括起始方块和目标方块。智能体的目标是找到一系列动作
(上、下、左、右),以到达目标方块。在高级版本中,可能加入"损失"方块,得分为
负分;或加入"墙"方块,智能体无法穿越。通过探索网格,采取不同的动作,并记
录奖励(是否到达了目标方块),智能体可以找到一条路径。一旦获得了路径,智能体可
以尝试改进该路径,找到更短的路径以达到目标。

图 2-1　带有目标和墙壁的网格世界

网格世界是一个简单环境,非常适合手动尝试强化学习算法,以便更好地理解算
法的运作方式。在本章中,我们将正式地对强化学习问题进行建模,并学习在网格世
界中寻找最优路径的算法。

2.1.2　迷宫和盒子谜题

处理完网格世界问题后,会涉及更复杂的情况,其中加入了复杂的墙壁结构以增
加导航的难度(见图 2-2)。在机器人技术中,轨迹规划算法发挥着核心作用[21, 34];在
强化学习领域,使用二维和三维迷宫来解决路径规划问题有着悠久的历史。Taxi 领域
最初由 Dietterich 引入[15],而推箱子问题,如 Sokoban,在研究中也经常被用到[16, 28,
39, 60],请见图 2-3。Sokoban 中的挑战在于箱子只能被推动,而不能被拉动。智能体
的决策可能导致未来出现意外的死胡同,这使得 Sokoban 成为一个难以解决的难题。
这些谜题和迷宫的状态空间是离散的。

小型迷宫可以通过规划精确求解,但对于更大的情况,只能采用近似规划或学习
方法。确切解决这些规划问题被证明是 NP 难题或 PSPACE 难题[14, 24];因此,随着
问题规模的增加,准确求解问题所需的计算时间会呈指数级增长,对于除了最小问题

外的情况，很快就变得无法实际操作。

让我们来看看如何对这些类型的环境中动作的智能体进行建模。

图 2-2　英国威尔特郡的朗利特树篱迷宫

图 2-3　推箱子问题

2.2　基于表格值的智能体

强化学习通过与环境互动，找到在环境中操作的最佳策略。这种学习方式包括一个智能体(即你，学习者)和一个环境(世界，处于某种状态并对你的动作提供反馈)的关系。

2.2.1 智能体和环境

在图 2-4 中，显示了智能体和环境，以及动作 a_t，下一个状态 s_{t+1} 和其奖励 r_{t+1}。让我们仔细看一下这幅图。

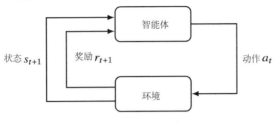

图 2-4 智能体与环境[51]

在时间 t，环境处于特定状态 s_t。然后，智能体执行动作 a_t，导致环境在下一个时间步骤从状态 s_t 转移到 s_{t+1}，也表示为 $s \rightarrow s'$。随着新状态的出现，还伴随着奖励值 r_{t+1}(可能为正或负)。强化学习的目标是找到一系列动作，以获取最佳奖励。更正式地说，目标是找到最优策略函数 π^*，以在每个状态下找到最佳动作。通过尝试不同的动作并累积奖励，智能体可为每个状态找到最佳动作。通过这种方式，通过与环境反复互动并积累奖励，最优策略得以形成，问题得以解决。

在强化学习中，环境仅通过一个数字来指示我们执行的动作质量，我们需要从中推导出正确的动作策略，就像图 2-4 中所示的那样。与此同时，强化学习允许我们生成许多"动作-奖励"对，无需大量的手动标记数据集，我们可以自行选择要尝试哪些动作。

2.2.2 马尔可夫决策过程

序贯决策问题可以用马尔可夫决策过程(MDP)[35]来建模。马尔可夫决策问题具备马尔可夫属性：下一个状态只依赖于当前状态和其中可执行的动作(之前状态的历史记录或其他地方的信息不会对下一个状态造成影响)[27]。这种无记忆属性很重要，它使得我们能够仅仅利用当前状态的信息对未来状态进行推理。如果之前的历史会影响当前状态，而且需要把所有这些考虑在内，那么对当前状态进行推理将变得更困难，甚至可能变得不可行。

马尔可夫过程是以俄罗斯数学家安德烈·马尔可夫(1856—1922)命名的。对于MDP的介绍，请参阅[3, 20]。MDP 形式化，为强化学习提供了数学基础，在本章中，我们将介绍相关要素。在本节中，我们会遵循 Moerland[37]和 François-Lavet 等人的[20]中的一些符号和示例。

形式化

我们将强化学习的马尔可夫决策过程定义为一个五元组(S, A, T_a, R_a, γ)：

- 其中，S是环境合法状态的有限集合；初始状态表示为s_0
- A是有限的动作集合(如果动作集合因状态而异，则A_s是状态s中的有限动作集合)
- $T_a(s, s') = \Pr(s_{t+1} = s' \mid s_t = s, a_t = a)$表示在环境中，动作$a$在时间$t$的状态$s$，将转移到时间$t+1$的状态$s'$的概率
- $R_a(s, s')$表示在动作a将状态s转移到状态s'之后获得的奖励
- $\gamma \in [0, 1]$是折扣因子，表示未来奖励与当前奖励之间的差异

1. 状态 S

让我们深入了解马尔可夫元组S、A、T_a、R_a、γ在强化学习范式中的作用，以及它们如何共同建模和描述基于奖励的学习过程。

每个马尔可夫决策过程的基础是对系统在特定时间t的状态s_t的描述。

状态表示方式

状态s包含了信息，用于唯一表示环境的配置。

通常，在计算机内存中，有一种直接的方式可以唯一地表示状态。例如，在超市情景中，每个标识的位置都可以成为一个状态(如第8大道和第27街的交叉口)。在国际象棋中，这可以是棋盘上所有棋子的位置(还包括50步重复规则、易位权利和过路兵状态的信息)。对于机器人，这可以是机器人所有关节的方向以及肢体的位置。而在Atari游戏中，状态由所有屏幕像素的值组成。

根据其当前的行为策略，智能体选择一个动作a并在环境中执行。环境对动作的反应由内部的转换模型$T_a(s, s')$定义，这是智能体不知道的。环境会返回新的状态s'，以及新状态的奖励值r'。

确定性和随机性环境

在离散的确定性环境中，转移函数定义了一步转移，因为每个动作(从特定的旧状态)都以确定性方式导致一个唯一的新状态。这种情况适用于网格世界、推箱子游戏以及国际象棋和跳棋等游戏，在这些游戏中，移动动作必然导致一个新的棋盘位置。

非确定性情况的一个例子是在环境中移动的机器人。在某种状态下，机器人手臂正握着一个瓶子。智能体的动作可以是将瓶子转到特定的方向(可能是为将饮料倒入杯子)。接下来的状态可能是一个装满的杯子；也可能是一片混乱，如瓶子没有以正确的方向或位置进行操作，或者环境中发生了一些事件(比如有人撞到了桌子)。智能体事先不知道动作的结果，结果取决于智能体未知的环境因素。

2. 动作 A

既然我们已经了解了状态，现在是时候看一下定义马尔可夫决策过程(MDP)的第二个要素，即动作。

不可逆的环境动作

当智能体处于状态 s 时，它根据当前的行为策略 $\pi(a|s)$(策略将在后面解释)选择要执行的动作 A。智能体将所选的动作 a 传达给环境(图 2-4)。以超市为例，一个动作的例子可以是沿着某个方向走一段路。对于推箱子游戏，一个动作可以是将箱子推到仓库中的新位置。需要注意的是，在不同的状态下，采取的动作可能有所不同。在超市的例子中，向东行走可能在每个街角都不可行，而在推箱子游戏中，只有在没有墙阻挡的状态下才能将箱子朝特定方向推动。

一个动作会无法撤销地改变环境的状态。在强化学习范式中，环境不具备撤销操作(现实世界中也是如此)。当环境完成状态转换时，这个转换就是终态。新的状态与奖励值一起传达给智能体。智能体在环境中的动作也被称为行为，就如同人类在世界中的动作构成人类的行为一样。

离散或连续动作空间

在某些应用中，动作是离散的，而在其他应用中是连续的。例如，棋盘游戏中的动作以及在网格导航任务中选择方向，都是离散的。

相反，机器人的臂部和关节运动，以及某些游戏中的赌注大小，都是连续的(或者涵盖了非常大的值范围)。将算法应用于连续或非常大的动作空间要么需要对连续空间进行离散化(分成桶)，要么需要开发一种不同类型的算法。正如我们将在第 3 章和第 4 章中看到的，基于值的方法在离散动作空间中效果良好，而基于策略的方法在两种动作空间中都表现良好。

对于超市的例子，实际上我们可以在对动作建模时在离散和连续之间进行选择。从每个状态出发，我们可以朝任意方向移动任意数量的步数，无论是小步还是大步，整数还是分数，甚至可以走曲线路径。因此，严格来说，动作空间是连续的。然而，如果像某些城市一样，街道按矩形曼哈顿模式组织，那么将连续空间离散化，只考虑将我们带到下一个街角的离散动作是有意义的。这样，通过利用问题结构的额外知识，我们的动作空间就变成离散的 [1]。

3. 转移 T_a

讨论了状态和动作之后，现在是时候了解一下转移函数 $T_a(s, s')$ 了。转移函数 T_a

---

1 如果超市是大型的、占据较大空间，通常可以在街角找到，那么我们可将动作空间进行离散化处理。需要注意的是，由于这种简化，我们可能会忽略一些小型超市。另一种更好的简化方法是将动作空间离散化为我们预计会遇到的最小超市的步行距离(换句话说，步子不要太大，以免忽略路旁的小超市)。

决定在选择了一个动作后状态如何变化。在无模型强化学习中，转移函数是隐含在解决算法中的：环境可以访问转移函数并用它来计算下一个状态 s'，但是智能体没有这个访问权。

在第 5 章中，我们将讨论基于模型的强化学习。在那里，智能体有自己的转移函数，是环境转移函数的一个近似，是从环境反馈中学习得来的。

状态空间的图示视图

我们已经讨论了状态、动作和转移。通过转移函数 $T_a(\cdot)$ 和奖励函数 $R_a(\cdot)$，我们对马尔可夫决策过程(MDP)的变化进行了建模。所有可能的状态构成了状态空间，状态空间通常很大。这两个函数定义了一个两步转换，从状态 s 经过动作 a 到达状态 s'：$s \rightarrow a \rightarrow s'$。

为了帮助我们理解状态之间的转移，我们可以用图示表示，如图 2-5 所示。

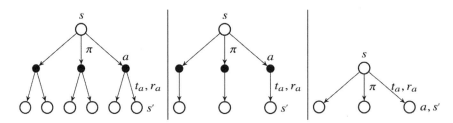

图 2-5   MDP 转移的备份图：随机(左侧)和确定性(中间和右侧)[51]

在图中，将状态和动作描绘为节点(顶点)，而转移则表示为节点之间的边。状态以空心圆表示，而动作则用较小的黑色圆圈表示。在特定状态 s 下，智能体可以选择执行哪个动作 a，然后在环境中实施该动作。随后，环境会返回新状态 s' 和奖励 r'。

图 2-5 展示了 MDP 元组的各个元素，包括 s、a、t_a、r_a 和 s'，还有策略 π 以及值计算方式。图的顶部是状态 s；根据策略 π，智能体可在三个动作 a 中进行选择。每个动作通过分布 Pr 可以转移到两个可能的状态 s'，并伴随着相应的奖励 r'。图中展示了单个转移。请想象当图向下延伸时其他转移的情况。

在图的左侧部分中，环境可以选择它对动作返回的新状态(随机环境)；在中间部分，每个动作只有一个状态(确定性环境)；然后可以简化树，只显示状态，如图的右侧部分所示。

为了计算树的根节点值，我们可以采用备份程序。这样的程序采用自底向上的方式，递归地从叶节点的值计算父节点的值，对从叶子到根的节点的值进行求和或最大化。这个计算过程使用离散的时间步骤，由状态和动作的下标表示，如 s_t、s_{t+1}、s_{t+2} 等。出于简洁性考虑，有时会将 s_{t+1} 简写为 s'。图中显示了一个单一的转移步骤；在强化学习中，一个典型的回合(episode)由许多"时间步"组成的序列构成。

尝试和误差，下降和上升

如图 2-5 的中间和右侧所示，有且仅有一个父节点而且没有循环子节点的图称为树。在计算机科学中，树的根位于顶部，分支向下延伸至叶子节点。

随着动作的执行以及状态和奖励的返回，树进行了备份，智能体正在执行学习过程。可使用图 2-5 来更好地理解正在展开的学习过程。

智能体通过与环境进行交互和执行动作来学习动作的奖励。在图 2-5 的树中，动作选择向下移动，朝向叶节点。在更深的状态，我们找到奖励，并将其向上传播到父状态。奖励学习是通过反向传播进行的：在图 2-5 中，奖励信息从叶子到根向上流动。动作选择向下移动，奖励学习向上流动。

强化学习是通过试错进行学习的。试错是指在环境中选择执行一个动作(使用行为策略)。误差是指向上移动树，从环境中接收反馈奖励，并将其报告回树中的节点以更新当前的行为策略。向下选择策略将选择要探索哪些动作，而误差信号的向上传播则执行策略的学习。

像图 2-5 这样的图有助于理解值是如何计算的。基本概念是试错，或者下降和上升。

4. 奖励 R_a

在强化学习中，奖励函数 R_a 具有核心重要性。它表示了状态的质量指标，如解决状态或距离。奖励与单个状态关联，指示其质量。然而，我们通常更关注从根节点到叶节点的完整决策序列的质量(这个决策序列将是序贯决策问题的一个可能答案)。

这样一个完整序列的奖励被称为回报，有时会被困惑地表示为 R，就像奖励一样。一个状态的未来累积奖励的期望折现值被称为值函数 $V^{\pi}(s)$。值函数 $V^{\pi}(s)$ 是在动作根据策略 π 选择时，状态 s 的未来累积奖励的期望值。值函数在强化学习算法中扮演着重要角色；稍后将更深入探讨回报和值。

5. 折扣因子 γ

我们区分两种类型的任务：①连续长时间运行的任务和②回合(也称为分集)任务，即明确结束的任务。在连续长时间运行的任务中，对于来自较远未来的奖励进行折扣是有意义的，以便更加强调在当前时刻的信息的价值。为实现这一点，在 MDP 中使用了一个折扣因子 γ，用于减少未来奖励的影响。许多连续任务使用折扣因子 $\gamma \neq 1$。

然而，在本书中，我们经常讨论回合问题，此时折扣因子 γ 是无关紧要的。无论是超市的例子还是国际象棋游戏，都属于回合问题，而在这些问题中使用折扣因子是没有意义的，即 $\gamma = 1$。

6. 策略 π

在强化学习中，策略函数 π 至关重要。策略函数 π 回答了在不同状态下采取什么动作的问题。动作锚定在状态上。MDP 优化的核心问题是如何选择动作。策略 π 是一个条件概率分布，它为每个可能的状态指定每个可能动作的概率。函数 π 是从状态空间到动作空间的概率分布的映射：

$$\pi : S \rightarrow p(A)$$

其中 $p(A)$ 可以是离散或连续的概率分布。对于来自该分布的特定概率(密度)，我们写作：

$$\pi(a|s)$$

示例
对于离散状态空间和离散动作空间，可将明确的策略存储为一个表格，例如：

s	$\pi(a=\text{up}|s)$	$\pi(a=\text{down}|s)$	$\pi(a=\text{left}|s)$	$\pi(a=\text{right}|s)$
1	0.2	0.8	0.0	0.0
2	0.0	0.0	0.0	1.0
3	0.7	0.0	0.3	0.0
etc.	...	...	...	...

策略的一个特例是确定性策略，表示为：

$$\pi(s)$$

其中：

$$\pi : S \rightarrow A$$

确定性策略在每个状态下选择一个单独的动作。当然，确定性动作在不同状态下可能会不同，下面列举一个例子。

示例
一个确定性离散策略的例子：

s	$\pi(a=\text{up}|s)$	$\pi(a=\text{down}|s)$	$\pi(a=\text{left}|s)$	$\pi(a=\text{right}|s)$
1	0.0	1.0	0.0	0.0
2	0.0	0.0	0.0	1.0
3	1.0	0.0	0.0	0.0
etc.	...	...	...	...

我们会写成 $\pi(s=1)=$ down, $\pi(s=2)=$ right，等等。

2.2.3　MDP 目标

寻找最优策略函数是强化学习问题的目标，而本书的其余部分将在不同情境中讨论许多不同的算法，以实现这一目标。让我们更详细地了解强化学习的目标。在此之前，先看一下轨迹、它们的回报和值函数。

1. 轨迹 τ

当我们开始与 MDP 进行交互时，在每个时间步 t，我们观察到 s_t，采取动作 a_t，然后观察下一个状态 $s_{t+1} \sim T_{a_t}(s)$ 和奖励 $r_t = R_{a_t}(s_t, s_{t+1})$。重复这个过程会在环境中生成一系列轨迹，我们用 τ_t^n 表示：

$$\tau_t^n = \{s_t, a_t, r_t, s_{t+1}, .., a_{t+n}, r_{t+n}, s_{t+n+1}\}.$$

这里，n 代表轨迹 τ 的长度。在实际应用中，我们经常假设 $n=\infty$，这意味着运行轨迹直到领域终止。这些情况下，我们将简单地写作 $\tau = \tau_t^\infty$。轨迹是强化学习算法的基本构建块之一，是序贯决策问题中的一个完整序列，也被称为轨迹、回合，或简单地称为序列(图 2-6 显示了一个单一转移步骤和一个三步轨迹的示例)。

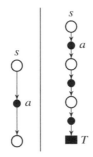

图 2-6　单个转移步骤与完整的三步轨迹/回合/序列之间的比较

示例

一个包含三个动作的短轨迹可能如下所示：

$$\tau_0^2 = \{s_0=1, a_0=\text{up}, r_0=-1, s_1=2, a_1=\text{up}, r_1=-1, s_2=3, a_2=\text{left}, r_2=20, s_3=5\}$$

由于策略和转移动态都可以是随机的，因此我们不会总是从起始状态得到相同的轨迹。相反，我们将得到一组轨迹的分布。从起始状态开始的轨迹分布用 $p(\tau_0)$ 表示。实际上，从起始状态获得每个可能轨迹的概率是每个特定转移在轨迹中的概率的乘积：

$$p(\tau_0) = p_0(s_0) \cdot \pi(a_0|s_0) \cdot T_{a_0}(s_0, s_1) \cdot \pi(a_1|s_1) \ldots$$

$$= p_0(s_0) \cdot \prod_{t=0}^{\infty} \pi(a_t|s_t) \cdot T_{a_t}(s_t, s_{t+1}) \tag{2.1}$$

基于策略的强化学习在很大程度上依赖于轨迹，我们将在第 4 章中更深入地讨论轨迹。基于值的强化学习(本章)使用单个转移步骤。

2. 回报 R

我们尚未正式定义序贯决策任务中实际上要实现的目标，这就是所谓的最佳策略(非正式定义)。轨迹的未来奖励之和称为回报。轨迹 τ_t 的回报：

$$R(\tau_t) = r_t + \gamma \cdot r_{t+1} + \gamma^2 \cdot r_{t+2} + \ldots$$

$$= r_t + \sum_{i=1}^{\infty} \gamma^i r_{t+i} \tag{2.2}$$

其中 $\gamma \in [0,1]$ 是折扣因子。两种极端情况如下。

- $\gamma=0$：一种短视的智能体，仅考虑即时奖励，即 $R(\tau_t)=r_t$。
- $\gamma=1$：一种有远见的智能体，将所有未来奖励视为平等，即 $R(\tau_t)=r_t+r_{t+1}+r_{t+2}+\ldots$。

需要注意，如果使用无限时间跨度的回报(式 2.2)且 $\gamma=1.0$，累积奖励可能变得没有边界。因此，在连续问题中，通常使用接近 1.0 的折扣因子，如 $\gamma=0.99$。

示例

对于之前的轨迹示例，假设 $\gamma=0.9$。回报(累积奖励)等于：

$$R(\tau_0^2)=(-1) + 0.9 \times (-1) + 0.9^2 \times 20 = 16.2 - 1.9 = 14.3$$

3. 状态值 V

我们感兴趣的实际最优指标不仅是一条轨迹的回报。环境可以是随机的，策略也可以是随机的，对于给定策略，并不总是得到相同的轨迹。因此，我们实际上关注的是某个策略所实现的预期累积奖励。一个状态的预期未来折现累积奖励常称为该状态的状态值。

将状态值函数 $V^{\pi}(s)$ 定义为智能体从状态 s 开始，然后按照策略 π 执行动作时，我们期望获得的回报，即：

$$V^{\pi}(s) = \mathbb{E}_{\tau_t \sim p(\tau_t)} \Big[\sum_{i=0}^{\infty} \gamma^i \cdot r_{t+i} | s_t = s \Big] \tag{2.3}$$

示例

设想我们有一个策略 π，从状态 s 出发可能得到两个轨迹。第一个轨迹的累积奖励为 20，出现的概率为 60%。另一个轨迹的累积奖励为 10，出现概率为 40%。那么状态 s 的值是多少呢？

$$V^{\pi}(s) = 0.6 \times 20 + 0.4 \times 10 = 16.$$

在这个策略下，我们预期从状态 s 获得的平均回报(累积奖励)为 16。

每个策略 π 都有一个唯一相关的值函数 $V^{\pi}(s)$。我们经常省略 π 以简化表示法，只写 $V(s)$，因为我们知道状态值始终是针对某个特定策略而言的。

状态值被定义在可能的每个状态 $s \in S$ 上。$V(s)$ 将每个状态映射到一个实数(期望回报)：

$$V : S \to \mathbb{R}$$

示例

在离散状态空间中，值函数可以表示为一个大小为|S|的表格。

s	$V^{\pi}(s)$
1	2.0
2	4.0
3	1.0
etc.	...

最后，终止状态的状态值定义为零：

$$s = \text{最终状态} \Rightarrow V(s) := 0.$$

4. 状态-动作值 Q

除了状态值 $V^{\pi}(s)$ 外，我们还定义了状态动作值 $Q^{\pi}(s,a)$。唯一的不同在于我们现在以一个状态和一个动作为条件。我们估计一下在状态 s 中采取动作 a，并在随后遵循策略 π 时能获得的平均回报：

$$Q^{\pi}(s, a) = \mathbb{E}_{\tau_t \sim p(\tau_t)} \left[\sum_{i=0}^{\infty} \gamma^i \cdot r_{t+i} | s_t = s, a_t = a \right] \tag{2.4}$$

每个策略 π 都有唯一的关联状态动作值函数 $Q^{\pi}(s,a)$。为了简化表示法，我们经常省略 π。再次强调，状态动作值是一个函数。

$$Q : S \times A \to \mathbb{R}$$

将每个"状态-动作对"映射为一个实数。

示例

对于离散状态和动作空间，$Q(s,a)$可以表示成大小为$|S| \times |A|$的表格。每个表格条目存储针对特定 s、a 组合的 $Q(s,a)$估计值：

	$a = $ up	$a = $ down	$a = $ left	$a = $ right
$s = 1$	4.0	3.0	7.0	1.0
$s = 2$	2.0	-4.0	0.3	1.0
$s = 3$	3.5	0.8	3.6	6.2
etc.	...	...	...	...

根据定义，终止状态的状态动作值为零：

$$s = \text{终止状态} \Rightarrow Q(s,a) := 0, \ \forall \ a$$

5. 强化学习目标

现在我们拥有了正式陈述强化学习目标 $J(\cdot)$ 的要素。该目标是从起始状态开始，实现最大可能的平均回报：

$$J(\pi) = V^{\pi}(s_0) = \mathbb{E}_{\tau_0 \sim p(\tau_0|\pi)} \Big[R(\tau_0) \Big] \tag{2.5}$$

式 2.1 中给出了 $p(\tau_0)$。存在一个最优值函数，它的值高于或等于其他所有值函数。寻找一种能够实现这个最优值函数的策略，我们称之为最优策略 π^*：

$$\pi^{\star}(a|s) = \underset{\pi}{\mathrm{argmax}} \ V^{\pi}(s_0) \tag{2.6}$$

这个函数 π^* 是最优策略，它使用 argmax 函数来选择具有最优值的策略。强化学习的目标是找到适用于起始状态 s_0 的最优策略。

状态-动作值 Q 相对于状态值 V 的一个潜在优点是，状态-动作值直接告诉每个动作的价值是什么。这对于动作选择可能是有用的，因为对于离散的动作空间

$$a^{\star} = \underset{a \in A}{\mathrm{argmax}} \ Q^{\star}(s, a)$$

Q 函数直接确定了最佳动作。同样，最优策略可直接从最优 Q 函数中获得：

$$\pi^{\star}(s) = \underset{a \in A}{\mathrm{argmax}} \ Q^{\star}(s, a)$$

现在我们将转向构建计算值函数和策略函数的算法。

6. Bellman(贝尔曼)方程

为计算值函数，让我们再次看一下图 2-5 中的树，并想象它的规模大了许多倍，具有延伸到完全覆盖状态空间的子树。我们的任务是基于真实叶子的奖励值，利用转移函数 T_a 来计算根节点的值。计算值 $V(s)$ 的一种方法是遍历这个完整的状态空间树，获得奖励值和子节点的总和，通过 γ 来折现这个值，从而计算父节点的值。

1957 年，Richard Bellman 首次将这种直观方法正式形式化。Bellman 指出，离散优化问题可以描述为一个递归的向后归纳问题[7]。他引入了"动态规划"这个术语，用于递归地遍历各个状态和动作。所谓的 Bellman 方程显示了状态 s 中的值函数与按照转移函数行进时未来子状态 s' 之间的关系。

遵循策略 π 后，状态 s 的离散 Bellman 方程为[3]：

$$V^{\pi}(s) = \sum_{a \in A} \pi(a|s) \left[\sum_{s' \in S} T_a(s, s') \left[R_a(s, s') + \gamma \cdot V^{\pi}(s') \right] \right] \tag{2.7}$$

其中，π 表示在状态 s 中采取动作 a 的概率，T 是随机转移函数，R 是奖励函数，γ 是折扣率。请注意值函数的递归以及对于 Bellman 方程，智能体必须知道所有状态的转移和奖励函数。

综合考虑转移和奖励模型，它们被称为环境的动态模型。通常情况下，智能体并不了解动态模型，因此已经开发出了无模型方法来计算值函数和策略函数，而无须使用这些模型。

递归的 Bellman 方程是用于计算值函数以及其他相关函数来解决强化学习问题的算法基础。在下一节中，我们将研究这些解决方法。

2.2.4　MDP 问题的解决方法

Bellman(贝尔曼)方程是一个递归方程，它展示了如何根据将函数规范再次应用于后续状态的值来计算状态的值。图 2-7 展示了一个递归的图像，一个图像中有另一个图像，再嵌套一个图像，以此类推。以算法形式表达，动态规划在越来越接近叶子状态的状态上调用自身的代码，直至到达叶子状态(递归无法再继续)。

动态规划使用分治原则：它从一个起始状态开始，搜索一个大的子树来确定其值，通过进入递归来执行这一过程，找到更接近终端状态的子状态的值。在终端状态，奖励值是已知的，然后在构建父状态值时使用这些奖励值。随着递归的深入，它逐步向上回溯，最终到达根状态的值。

---

3 有关状态-动作值和连续 Bellman 方程的信息，可参考附录 A.4。

图 2-7   递归：德罗斯特效应

一种简单的动态规划方法叫做值迭代(Value Iteration，简称 VI)，用来逐步遍历状态空间从而计算贝尔曼方程。这个方法的基本版本伪代码如代码清单 2-1 所示。值迭代通过一步一步地改进对 $V(s)$ 的估计，从而最终达到最优值函数。首先将值函数 $V(s)$ 初始化为一些随机值。然后，值迭代会不断更新 $Q(s, a)$ 和 $V(s)$ 的值，遍历各个状态及其对应的动作，直至收敛(也就是 $V(s)$ 的值不再发生显著变化)。

值迭代适用于有限的动作集合。已经证明它能收敛到最优值，但是正如我们在代码清单 2-1 的伪代码中所看到的，它通过三重嵌套循环的方式反复列举整个状态空间，实际上在状态空间上进行了多次遍历。我们将在稍后学习更高效的方法。

代码清单 2-1   值迭代的伪代码

```
1 def value_iteration():
2     initialize(V)
3     while not convergence(V):
4         for s in range(S):
5             for a in range(A):
6                 Q[s,a]= ∑_{s'∈S} T_a(s,s')(R_a(s,s') + γ V[s'])
7             V[s]= max_a(Q[s,a])
8     return V
```

1. 实践操作：在 Gym 环境中进行值迭代

我们已经详细讨论了如何用马尔可夫决策过程(MDP)来模拟强化学习问题，并深入而详细地讨论了状态、动作和策略。现在是动手实践的时候了，通过实际操作来实验一下这些理论概念。让我们从环境开始。

2. OpenAI Gym

OpenAI 为 Python 创建了一组名为 Gym 的环境，已经成为该领域的事实标准[11]。你可在 OpenAI[1] 官网和 GitHub[2] 上找到 Gym 环境。Gym 可以在 Linux、macOS 和 Windows 上运行。有一个活跃的社区存在，不断地创建新的环境并上传到 Gym 网站。有许多有趣的环境可供实验，你可为这些环境创建自己的智能体算法并进行测试。

如果你在 GitHub 上浏览 Gym，会看到不同级别的环境，从基础到高级。有一些经典环境(如 Cartpole 和 Mountain Car)，还有一些小型文本环境(如 Taxi)以及街机学习环境[6](在介绍 DQN 的论文中被使用[36]，我们将在下一章中详细讨论)。此外，还有 MuJoCo[3] 环境，用于进行模拟机器人实验[54]，或者你可以使用 PyBullet[4]。

现在可以开始安装 Gym 了。请访问 https://gym.openai.com 上的 Gym 页面，并阅读相关文档。确保系统已经安装了 Python(在命令提示符下输入 Python 是否报错？)，并且你的 Python 版本是最新的(撰写本书时的版本是 3.10)。然后输入 pip install gym，使用 Python 软件包管理器来安装 Gym。不久之后，你还会需要深度学习套件，如 TensorFlow 或 PyTorch。建议你将 Gym 与 PyTorch 和 TensorFlow 安装在相同的虚拟环境中，这样就可以同时使用(参见 B.3.3.1 节)。根据你的系统安装情况，可能需要安装或更新其他软件包，如 numpy、scipy 和 pyglet，以确保 Gym 正常运行。

```
pip install gym
```

可在 Cartpole 环境中检查安装是否成功，可以参考代码清单 2-2。屏幕上会出现一个窗口，里面有一个倒立摆在随机运动(在某些操作系统上，窗口系统需要支持 OpenGL，且可能需要使用比 1.5.11 版本更新的 pyglet)。

代码清单 2-2　运行来自 Gym 的 Cartpole 环境

```
1    import gym
2
3    env = gym.make('CartPole-v0')
4    env.reset()
```

---

1 见[link1]。
2 见[link2]。
3 见[link3]。
4 见[link4]。

```
5    for _ in range(1000):
6      env.render()
7      env.step(env.action_space.sample())  # 选择一个随机动作
8    env.close()
```

3. 出租车(Taxi)示例与值迭代

出租车示例(如图 2-8 所示)是一个环境，出租车可以向上、向下、向左、向右移动，还可以接载和放下乘客。我们来看看如何使用值迭代来解决出租车问题。Gym 的文档描述了出租车世界的情景。网格世界中有四个指定位置，用 R(红色)、B(蓝色)、G(绿色)和Y(黄色)表示(注意，本书是黑白印刷，读者可扫描封底二维码下载彩图，后同)。每次回合开始时，出租车会从一个随机方格出发，乘客也会在随机的位置。出租车驶向乘客所在的位置，接载乘客，然后驶向乘客的目的地(另外四个指定的位置之一)，最后放下乘客。一旦乘客下车，回合就结束了。

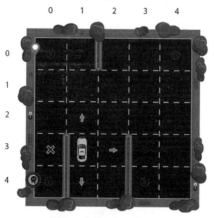

图 2-8　出租车环境[30]

出租车问题有 500 种离散状态：包括 25 个出租车位置、5 种可能的乘客位置(包括乘客在出租车内的情况)以及 4 个目的地位置(25×5×4)。

在每一步中，环境会返回一个新的结果元组。对于出租车驾驶员，有六种离散的确定性动作：

0: 向南移动

1: 向北移动

2: 向东移动

3: 向西移动

4: 接载乘客

5: 放下乘客

每个动作的奖励为-1，另外送达乘客的奖励为+20，而非法执行接载和放下动作的奖励为-10。

出租车环境有一个简单的转移函数，智能体在值迭代的代码中使用这个函数[1]。代码清单 2-3 中展示了如何使用出租车环境进行值迭代来寻找解决方案。这段代码由 Mikhail Trofimov 编写，清楚展示了值迭代首先为各个状态创建值函数，然后通过在每个状态中找到最佳动作来形成策略，这一过程在 build-greedy-policy 函数中完成[2]。

为更好地理解算法的运作方式，请使用与 Gym 出租车环境相结合的值迭代代码清单(代码清单 2-3)。运行代码，并尝试调整一些超参数，以便更熟悉 Gym 环境，以及通过值迭代进行规划的方法。试着猜想算法是如何实现的。这将为我们接下来要学习的更复杂算法做好准备。

代码清单 2-3　Gym 出租车的值迭代

```
 1 import gym
 2 import numpy as np
 3
 4 def iterate_value_function(v_inp, gamma, env):
 5     ret = np.zeros(env.nS)
 6     for sid in range(env.nS):
 7         temp_v = np.zeros(env.nA)
 8         for action in range(env.nA):
 9             for (prob, dst_state, reward, is_final) in env.P[sid
                 ][action]:
10                 temp_v[action]+= prob*(reward + gamma*v_inp[
                     dst_state]*(not is_final))
11         ret[sid]= max(temp_v)
12     return ret
13
14 def build_greedy_policy(v_inp, gamma, env):
15     new_policy = np.zeros(env.nS)
16     for state_id in range(env.nS):
17         profits = np.zeros(env.nA)
18         for action in range(env.nA):
19             for (prob, dst_state, reward, is_final) in env.P[
                 state_id][action]:
20                 profits[action]+= prob*(reward + gamma*v[
                     dst_state])
21         new_policy[state_id]= np.argmax(profits)
22     return new_policy
23
```

---

1 需要注意，代码使用环境来计算下一个状态，这样我们就不必为智能体实现转移函数版本。

2 见[link5]。

```
24
25 env = gym.make('Taxi-v3')
26 gamma = 0.9
27 cum_reward = 0
28 n_rounds = 500
29 env.reset()
30 for t_rounds in range(n_rounds):
31     # 初始化env和value函数
32     observation = env.reset()
33     v = np.zeros(env.nS)
34
35     # 解决MDP问题
36     for _ in range(100):
37         v_old = v.copy()
38         v = iterate_value_function(v, gamma, env)
39         if np.all(v == v_old):
40             break
41     policy = build_greedy_policy(v, gamma, env).astype(np.int)
42
43     # 应用策略
44     for t in range(1000):
45         action = policy[observation]
46         observation, reward, done, info = env.step(action)
47         cum_reward += reward
48         if done:
49             break
50     if t_rounds % 50 == 0 and t_rounds > 0:
51         print(cum_reward * 1.0 / (t_rounds + 1))
52 env.close()
```

4. 无模型学习

值迭代算法可以计算策略函数。在计算过程中，它使用了转移模型。然而，许多情况下，智能体并不了解准确的转移概率，因此我们需要其他方法来计算策略函数。为处理这种情况，我们发展了无模型学习算法，智能体可在不了解任何转移概率的情况下计算策略。

这些无模型方法的发展是强化学习的一个重要里程碑，我们将花一些时间来理解它们是如何工作的。将从基于价值的无模型算法开始。我们将看到，在智能体不知道转移函数的情况下，通过从环境中采样奖励，可以学习到最优策略。表 2-1 列出了与本章中涵盖的基于值的无模型算法相结合的值迭代(基于策略的无模型算法将在第4章中介绍)。

表 2-1 基于表格的值函数方法

名称	方法	参考
值迭代	基于模型的枚举	[2, 7]
SARSA	策略内时序差分无模型	[44]
Q-learning	策略外时序差分无模型	[56]

首先，我们将讨论时序差分原理是如何利用采样和自举来构建值函数的；会分析如何通过值函数找出最佳动作，从而形成策略。接着探讨不同的动作选择机制，进行探索与开发的权衡。然后会讨论如何从所选动作的奖励中学习，会介绍策略内学习和策略外学习。最后介绍两个简单算法：SARSA 和 Q-learning。现在，让我们从更近距离了解如何运用时序差分学习对动作进行采样。

5. 时序差分学习

在之前的部分中，通过使用后继状态的值函数，按照 Bellman 方程(式 2.7)递归计算值函数。

"自举(bootstrap)"是一种后续逐步改进的过程；通过这个过程，我们会用新的更新逐渐完善旧的值估计。"自举"解决了一个问题，即当我们只知道如何逐步计算中间值时，应该怎样计算出最终值。Bellman 的递归计算就是一种"自举"形式。在无模型学习中，转移函数的作用被一个环境样本的迭代序列所取代。

一种可用于处理样本并对其进行细化以近似得到最终值的"自举"方法是时序差分学习。时序差分学习简称为 TD，是由 Sutton 于 1988 年引入的[50]。名称中的时序差分指的是两个"时间步"之间的值的差异，这两个"时间步"用于计算新"时间步"的值。

时序差分学习的原理是，通过对环境进行采样得到下一个状态的估计，然后用这个估计来计算误差值，最后用误差值来更新当前状态值 $V(s)$，也就是 bootstrap 值：

$$V(s) \leftarrow V(s) + \alpha[r' + \gamma V(s') - V(s)] \tag{2.8}$$

这里的 s 是当前状态，s' 是新状态，r' 是新状态的奖励。需要注意的是引入了学习率 α，它控制算法学习的速度。这是个重要的参数；如果把值设得太高，可能不会得到好的结果，因为最后的值会过于影响自举的过程。找到最佳值需要进行试验。γ 参数是折扣率。最后一项 $-V(s)$ 用于减去当前状态的值，来计算时序差分。这个更新规则可用另一种方式表示：

$$V(s) \leftarrow \alpha[r' + \gamma V(s')] + (1 - \alpha)V(s)$$

这个式子说明了新的时序差分目标与旧值之间的差异。请留意，这个公式中没有用到转移模型 T；时序差分是一种无模型的更新公式。

时序差分方法的引入使得无模型方法在不同强化学习场景中取得成功。尤其要注意的是，它为 20 世纪 90 年代初在西洋双陆棋比赛中击败人类世界冠军的 TD-Gammon 程序提供了基础[52]。

6. 使用基于值的学习寻找策略

强化学习的目标是构建累积奖励最高的策略。因此，我们需要找到每个状态 s 中的最佳动作 a。在基于值的方法中，我们知道值函数 $V(s)$ 或 $Q(s,a)$。那么这如何帮助我们找到动作 a 呢？在离散动作空间中，至少有一个离散动作具有最高的值。因此，如果有最优状态值 V^*，那么可通过找到具有该值的动作来找到最优策略。这种关系如下所示：

$$\pi^\star = \max_\pi V^\pi(s) = \max_{a,\pi} Q^\pi(s,a)$$

而 argmax 函数会为我们找到最佳动作：

$$a^\star = \operatorname*{argmax}_{a \in A} Q^\star(s,a)$$

通过这种方式，可从值函数中恢复出最优策略序列的最佳动作 $\pi^*(s)$，因此被称为基于值的方法[58]。

一个完整的强化学习算法由选择(向下)规则和学习(向上)规则步骤组成。既然我们已经知道如何计算值函数(树状图中的向上运动)，那么现在看看在无模型算法中如何选择动作(树状图中的向下运动)。

7. 探索

由于没有局部转移函数，无模型方法会直接在环境中执行状态变化。这可能是一个昂贵的操作，例如，当现实世界中的机器人手臂需要执行移动时。采样策略应该选择有希望的动作，以尽量减少样本数量，避免浪费任何动作。那么我们应该使用哪种行为策略呢？在每个状态下，选择具有最高 Q 值的动作似乎很有吸引力，因为这样我们将遵循目前被认为是最佳策略的路径。

这种方法被称为贪婪方法。尽管看起来很吸引人，但它是短视的，可能陷入局部最大值。仅仅基于少量早期样本的已知路径，可能错过潜在的最佳路径。实际上，贪婪方法的方差较高，使用了基于少量样本的数值，从而导致不确定性增加。如果我们更新用于选择样本的相同行为策略，就会面临循环强化的风险。除了利用已知的优良动作外，对未知动作进行一定程度的探索也是必要的。智能的抽样策略结合采用当前行为策略(利用)和随机性(探索)，以在环境中选择要执行的动作。

8. 多臂老虎机理论

文献中广泛研究了"探索与利用"的权衡，即如何以最少的代价获取最可靠的信息[26, 57]。这个领域有着很炫酷的名字，叫做多臂老虎机理论(Bandit Theory)[4, 22, 33, 43]。

在本书中，bandit 指的是赌场里面的老虎机，它不只有一个手柄，而是有很多手柄，每个手柄都有不同且未知的支付概率。每次尝试都需要花费一枚硬币。多臂老虎机问题的关键是找到一种策略，以最小的代价找到具有最高支付率的手柄。

多臂老虎机是一个单状态单决策强化学习问题，是一个一步非连续决策问题，其中手柄代表可能的动作。这种简化的随机决策模型使得我们能够深入研究"探索与利用"的策略。

单步"探索与利用"问题在临床试验中经常出现，例如在测试新药时使用真实的受试者(真实人类)。这种情况下，老虎机就是试验，手柄则代表选择多少受试者接受真实的实验性药物，以及选择多少受试者接受安慰剂。这是一个严肃的情境，因为代价可能以人类生命的质量来衡量。

在传统的固定随机对照试验(监督设置)中，接受实验性药物的实验组和对照组的人数将被固定，置信区间和测试持续时间也会被固定。在自适应试验(老虎机设置)中，实验组和对照组的大小会根据试验结果在试验过程中进行调整，如果药物似乎有效，会有更多人接受药物，如果药物无效，则会有更少人接受药物。

让我们来看看图 2-9。假设学习过程就是一项临床试验，在这个试验中，有三种新化合物被测试，以评估它们对受试者的疗效。

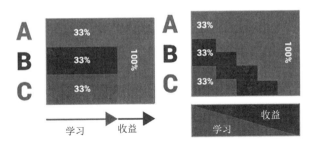

图 2-9　自适应试验[1]

在固定试验中(图中左侧部分)，所有测试对象将在测试期结束前接受其所在组的药物。随后，数据收集过程完成，我们可以确定哪种化合物的效果最佳。在此阶段，我们了解到采用了最佳药物的组，以及三分之二的受试者未使用该药物(可能产生不良影响)。显然，这种情况并不令人满意。若能在试验进程中逐渐调整接受当前效果最佳药物的受试者比例，随着试验的进行，我们对试验结果的信心将逐渐增强，试验效果更佳。这正是强化学习所实现的内容(图 2-9 的右侧部分)。强化学习采用"探索与利用"的混合方法，通过调整治疗方案，使更多受试者接受有前景的药物，同时在试验结束时达到与静态试验相当的置信度[32，33]。

9. ε-贪婪探索

实际中常用的一种方法是采用固定比率的"探索与利用"策略。这种方法被称为

ε-贪婪策略，主要思想是在选择动作时，大部分时间会选择当前策略值最高的(贪婪)动作，但也会有一小部分时间以 ε 的概率随机选择其他动作进行探索。例如，如果 $\varepsilon = 0.1$，那么 90% 的时间会选择当前最佳动作，而剩下的 10% 的时间会随机选择其他动作进行探索。这种方法有助于在"探索与利用"之间取得平衡，帮助智能体在不断优化策略的同时发现新的可能性。

在算法中，在贪心地利用已知信息和探索未知动作以获得新信息之间的选择被称为"探索与利用"的权衡。在强化学习中，这是一个核心概念；它决定了我们对结果有多大的置信度，以及可以如何迅速增加置信度，可以如何减少方差。另一种方法是使用一个随时间或学习过程的其他统计量而变化的自适应 α 比率。

另一些常用的探索方法是添加狄利克雷噪声[31]或使用汤普森抽样[46, 53]。

10. 策略外学习

除了"探索与利用"的选择问题之外，强化学习算法设计中的另一个主要主题是行为策略的学习方式。行为策略应该严格地基于策略(仅从其最近的动作中学习)，还是选择策略外学习(从所有可用信息中进行学习)？

强化学习关注从动作和奖励中学习策略。智能体选择一个动作，并从环境返回的奖励中进行学习。

通常情况下，强化学习通过持续将所选动作的值回传到选择该动作时使用的相同行为策略函数进行学习，这称为基于策略的学习(或策略内学习)。然而，还有一种替代方法。如果学习是通过回传另一个动作的值，而不是由行为策略选择的动作的值，这就是策略外学习。这种情况在行为策略通过选择非最优动作进行探索时是有意义的(不执行贪心的利用动作，通常导致较差的奖励值)。基于策略的学习在这种情况下必须回传非最优探索动作的值(否则就不是基于策略的学习)。然而，策略外学习可以自由地回传最佳动作的值，而不是由探索策略选择的较差动作的值，从而不会让策略受到已知较差选择的影响。因此，在探索时，策略外学习更高效，不必固执地回传行为策略选择的动作的值，而是回传年代较早、更好的动作的值(在策略执行"利用"步骤时，基于策略的学习和策略外学习是相同的)。

学习方法面临一个权衡：尝试从已知的当前行为中学习最佳目标动作(学习利用)，或者选择新的(但有时是非最优的)行为。当探索发现较差的值(如我们预期的那样)时，我们会对节点进行惩罚，还是保留乐观的值？因此，策略外学习使用两种策略。首先，行为策略用于实际动作选择行为(有时进行探索)，其次，目标策略通过备份值进行更新。第一种策略对状态执行向下选择以扩展状态，而第二种策略向上传播值以更新目标策略。在基于策略的学习中，这些策略是相同的；而在策略外学习中，行为策略和目标策略是分开的。

一个众所周知的表格上策略算法是 SARSA[1]。而更著名的表格上策略外算法是 Q-learning。尽管在策略外情况下收敛速度可能较慢(因为使用了较旧的、非当前的值)，但 SARSA 和 Q-learning 都会收敛到最优的动作值函数。

11. 基于策略的 SARSA 算法

在基于策略的学习中，单一的策略函数用于(向下的)动作选择和(向上的)值备份，以朝向学习目标。SARSA 是一种基于策略的算法[44]，直接在单一策略上更新值。同一策略函数用于探索行为和目标策略。

SARSA 更新公式如下：

$$Q(s_t, a_t) \leftarrow Q(s_t, a_t) + \alpha[r_{t+1} + \gamma Q(s_{t+1}, a_{t+1}) - Q(s_t, a_t)] \quad (2.9)$$

回顾时序差分(式 2.8)，我们可以看到 SARSA 公式与 TD 非常相似，尽管现在我们处理的是状态-动作值，而时序差分处理的是状态值。

在基于策略的学习中，首先选择一个动作，在环境中对其进行评估，然后根据行为策略(尽管式中没有具体说明，但可能是 ε-贪心策略)继续选择更优的动作。基于策略的学习始于一个行为策略，利用该策略对状态空间进行采样，并通过备份所选动作的值来改进策略。需要注意的是，上式中 $Q(s_{t+1}, a_{t+1})$ 也可以表示为 $Q(s_{t+1}, \pi(s_{t+1}))$，这凸显了与策略外学习的区别。SARSA 使用下一个状态 s 的 Q 值以及当前策略所选择的动作来更新其 Q 值。

基于策略的学习的主要优势在于它直接优化了所关注的目标，并通过使用直接的行为值来快速收敛。然而，最大的缺点是样本效率较低，因为目标策略会受到次优的探索性奖励影响而进行更新。

12. 策略外 Q-learning

策略外学习更加复杂；它使用独立的行为策略和目标策略：一个用于探索性的向下选择行为，另一个用作当前目标备份策略的更新。学习(备份)是基于向下行为策略之外的数据进行的，因此整个方法被称为策略外学习。

最著名的策略外算法是 Q-learning[56]。它从探索的动作中收集信息，并且评估状态，就好像使用贪婪策略，即使实际行为执行了一个探索步骤。

Q-learning 的更新公式为：

$$Q(s_t, a_t) \leftarrow Q(s_t, a_t) + \alpha[r_{t+1} + \gamma \max_a Q(s_{t+1}, a) - Q(s_t, a_t)] \quad (2.10)$$

与基于策略的学习的不同之处在于，式 2.9 中的 $\gamma Q(s_{t+1}, a_{t+1})$ 项被替换为 $\gamma \max_a Q(s_{t+1}, a)$。学习是从最佳动作(而不是实际评估的动作)的备份值中进行的。代码清

---

1 根据 MDP 符号对动作值更新公式中的顺序进行了一种演绎：s、a、r、s、a；SARSA 算法由此得名。

单 2-4 展示了 Q-learning 的完整伪代码。

代码清单 2-4　Q-learning 伪代码[51, 56]

```
1 def qlearn(environment, alpha=0.001, gamma=0.9, epsilon=0.05):
2     Q[TERMINAL,_]= 0 # 策略
3     for episode in range(max_episodes):
4         s = s0
5         while s not TERMINAL: # 完成一个完整回合的步骤
6             a = epsilongreedy(Q[s], epsilon)
7             (r, sp) = environment(s, a)
8             Q[s,a]= Q[s,a]+ alpha*(r+gamma*max(Q[sp])-Q[s,a])
9             s = sp
10     return Q
```

Q-learning 之所以是策略外学习，是因为它在更新 Q 值时使用了下一个状态 s 的 Q 值和贪婪动作(并不一定是行为策略的动作——它是在行为策略之外进行学习的)。从这个意义上说，策略外学习汇集了所有可用信息，同时将其用于构建最佳的目标策略。

基于策略的目标遵循行为策略，通常具有更稳定的收敛性(低方差)。策略外目标可以学习最优的策略/值(低偏差)，但由于最大化操作的影响，特别是与函数逼近结合使用时，可能导致不稳定性，这一点将在下一章中详细讨论。

13. 稀疏奖励和奖励调整

在结束本节之前，我们应该讨论一下稀疏性。在某些环境中，每个状态都会有相应的奖励。以超市为例，智能体经历的每个状态都可以计算一个奖励。这个奖励实际上是行走消耗的成本的相反数。如果每个状态都有奖励，那么这种环境被称为具有密集奖励结构。

在其他情境中，奖励可能只存在于部分状态。比如，国际象棋中，奖励仅在终局棋盘位置出现，如获胜或平局。其他状态下，回报依赖于未来状态，由智能体从未来状态传播奖励值至根状态 s_0。这类环境称为奖励结构稀疏。

当奖励结构稀疏时，寻找良好策略变得更复杂。稀疏奖励函数所呈现的地形图会显示出平坦的景象，上面只有少数尖锐的山峰。在后续章节中，我们将看到许多算法利用奖励梯度来寻找良好的回报。在梯度为零的平坦地形中找到最优解是困难的。在某些应用中，可以调整奖励函数的形状，使其更适合深度学习中使用的基于梯度的优化算法。奖励调整可在朴素奖励函数无法找到解决方案时发挥重要作用。这是一种将启发式知识融入 MDP 的方式。已经存在大量关于奖励调整和启发式信息的文献[40]。在象棋和跳棋等棋类游戏中使用启发式方法也可以被视为奖励调整的一种形式。

14. 实践操作：将 Q-learning 应用于出租车问题

为了实际感受这些算法的工作原理，让我们来看看 Q-learning 如何解决出租车问题。

在第 2.2.4 节中，我们讨论了如果智能体能够访问转移模型，那么值迭代可以用于解决出租车问题。现在，如果没有转移模型，将看看如何解决这个问题。Q-learning 会对动作进行采样，并将奖励值记录在一个 Q-table 中，从而收敛到状态-动作值函数。当所有状态中最佳动作的最佳值都已知时，这些值可用来确定最优策略的顺序。

让我们看看一个基于值的无模型算法如何解决一个简单的 5×5 出租车问题。请参考图 2-8，了解出租车环境的示意图。

请记得在出租车环境中，出租车可在 25 个位置中的任意一个，而环境可能的状态总数为 25×(4＋1)×4＝500 种。

我们遵循 Gym 出租车环境中使用的奖励模型。请记住，我们的目标是找到一种策略(每个状态下的动作)，以实现累积奖励最高。Q-learning 通过有引导的采样来学习最佳策略。智能体记录它在环境中执行的动作所获得的奖励。Q 值表示状态中各个动作的预期奖励。智能体使用 Q 值来指导它将要采样的动作。Q 值 $Q(s, a)$ 被存储在一个由状态和动作索引的数组中。Q 值指导探索，较高的值表示更优的动作。

代码清单 2-5 展示了完整 Q-learning 算法(在[30]之后)，该代码使用 Python 编写。该算法采用了 ε-贪婪行为策略；大多数情况下会选择最佳动作，但在一定比例上会随机选择动作进行探索。请注意，Q 值是根据 Q-learning 公式进行更新的：

$$Q(s_t, a_t) \leftarrow Q(s_t, a_t) + \alpha[r_{t+1} + \gamma \max_a Q(s_{t+1}, a) - Q(s_t, a_t)]$$

其中，$0 \leqslant \gamma \leqslant 1$ 表示折扣因子，$0 < a \leqslant 1$ 表示学习率。请注意，Q-learning 使用自举法，初始 Q 值设置为随机值(由于学习率的缘故，它们的值会逐渐消失)。

代码清单 2-5　对出租车示例使用 Q-learning(基于[30])

```
1   #将 Q learning 用于 OpenAI Gym 的出租车环境
2   import gym
3   import numpy as np
4   import random
5   #环境设置
6   env = gym.make("Taxi-v2")
7   env.reset()
8   env.render()
9   #实现 Q[state,action]表
10  Q = np.zeros([env.observation_space.n, env.action_space.n])
11  gamma = 0.7 #折扣因子
12  alpha = 0.2 #学习率
13  epsilon = 0.1 #ε贪婪值设定
14  for episode in range(1000):
15      done = False
```

```
16          total_reward = 0
17          state = env.reset()
18          while not done:
19              if random.uniform(0, 1) < epsilon:
20                  action = env.action_space.sample() #探索状态
21              else:
22              action = np.argmax(Q[state]) #利用学到的值
23              next_state, reward, done, info = env.step(action) #调用 Gym
24              next_max = np.max(Q[next_state])
25              old_value = Q[state,action]
26
27              new_value = old_value + alpha * (reward + gamma * next_max
- old_value)
28
29              Q[state,action]= new_value
30              total_reward += reward
31              state = next_state
32      if episode % 100 == 0:
33      print("Episode {} Total Reward: {}".format(episode,total_reward))
```

Q-learning 通过查看当前状态-动作组合的奖励，以及下一个状态的最大奖励，来学习在当前状态下的最佳动作。最终，通过这种方式找到了最佳策略，出租车会考虑由一系列最佳奖励组成的路径。

简单总结一下：

(1) 将 Q-table 初始化为随机值。

(2) 选择状态 s。

(3) 针对状态 s 的所有可能动作，选择具有最高 Q 值的动作并执行，进入新的状态 s。或者，使用 ε-贪婪策略进行探索。

(4) 使用方程更新 Q 数组中的值。

(5) 持续重复执行，直到达到目标状态；当到达目标状态时，重复这个过程直到 Q 值不再发生较大的变化，然后停止。

代码清单 2-5 展示了在出租车环境中使用 Q-learning 寻找策略的代码。

通过将每个状态中具有最高 Q 值的动作连接在一起，可以找到最优策略。代码清单 2-6 展示了这一过程的代码。违规接送次数被作为惩罚显示出来。

代码清单 2-6　评估最佳出租车结果(基于[30])

```
1 total_epochs, total_penalties = 0, 0
2 ep = 100
3 for _ in range(ep):
4    state = env.reset()
5    epochs, penalties, reward = 0, 0, 0
```

```
 6       done = False
 7       while not done:
 8         action = np.argmax(Q[state])
 9         state, reward, done, info = env.step(action)
10         if reward == -10:
11            penalties += 1
12         epochs += 1
13       total_penalties += penalties
14       total_epochs += epochs
15     print(f"Results⌴after⌴{ep}⌴episodes:")
16     print(f"Average⌴timesteps⌴per⌴episode: ⌴{total_epochs⌴/⌴ep}")
17     print(f"Average⌴penalties⌴per⌴episode: ⌴{total_penalties⌴/⌴ep}")
```

这个例子演示了如何通过引入一个记录每个状态中不可逆动作质量的 Q-table，然后利用该表将奖励收敛到值函数上，从而找到最优策略。通过这种方式，无须依赖模型就能找到最优策略。

15. 调整学习率

请开始实现并运行这段代码，并通过不断尝试来熟悉这个算法。Q-learning 是了解强化学习工作原理的优秀算法。尝试不同的超参数值，如探索参数 ε、折扣因子 γ 和学习率 α。在这个领域取得成功，有助于对这些超参数有一定的了解。通常情况下，将折扣参数选择接近 1 是一个良好起点，而将学习率选择接近 0 也是一个不错的起点。你也可能将这些值设定到另一个极端，即将学习率选择得尽可能高(接近 1)，以便尽快学习。请尝试不同的选择，看看在 Q-learning 中哪种方法效果最好(你可以参考[17])。在许多深度学习环境中，将学习率设置得过高可能导致失败，你的算法可能根本无法收敛，而且 Q 值可能变得不受限制。在表格 Q-learning 中进行尝试，并逐步、渐进地接近深度学习！

这个出租车示例很简单，你会很快得到结果。它非常适合培养直觉。在后续章节中，我们将进行需要更长时间收敛的深度学习实验，在那些实验中培养调整超参数值的直觉将更加昂贵。

结论

我们现在已经看到了智能体如何在没有转移函数的情况下，通过对环境进行采样来学习值函数。无模型方法使用对于智能体来说是不可逆的动作。智能体从环境中对状态和奖励进行采样，使用一个带有当前最佳动作的行为策略，并在探索与利用之间进行权衡。学习的备份规则基于"自举"，并可根据奖励来跟踪同策略下动作的结果(包括偶尔的探索性动作的值)，如果是策略外学习，总使用最佳动作的值。我们已经介绍了两种基于表格的无模型算法，SARSA 和 Q-learning，其中假设值函数存储在精确的表格结构中。

在下一章中，我们将转向基于神经网络的算法，用于处理高维状态空间，这些算法基于深度神经网络进行函数逼近。

2.3 经典的 Gym 环境

详细讨论表格智能体算法后，现在是时候来看看环境，这是强化学习模型的另一个部分。没有环境，就无法衡量进展，也无法有意义地进行结果比较。实际上，环境定义了人工方法可被训练成的目标智能类型。

在本节中，我们将从一些适用于我们讨论过的表格算法的较小环境开始。自从强化学习的早期阶段以来，有两个环境一直存在，它们分别是 Mountain car 和 Cartpole(如图 2-10 所示)。

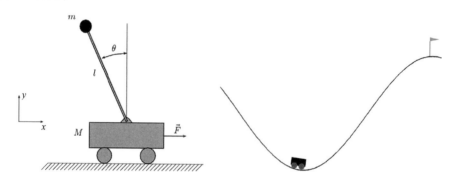

图 2-10　Cartpole 和 Mountain car

2.3.1　Mountain car 和 Cartpole

Mountain car 是一个物理难题，其中一辆车在一维道路上位于两座山之间的山谷中。车辆的目标是驶上山并到达右边的旗帜。车的引擎可以前进和后退。问题是，车的引擎自身的力量不足以在单次通过中爬上山[38]，但在重力的帮助下可以做到：通过反复前后移动，车辆可以积累动能。对于强化学习智能体来说，挑战在于在正确的时刻交替施加向后和向前的力。

Cartpole 是一个平衡杆问题。一根杆子通过关节连接到一个可移动的小车上，可以将小车向前或向后推动。杆子从垂直位置开始，必须通过在小车上施加+1 或-1 的力来保持垂直。问题在于，当杆子倒下或小车向左或向右行驶太远时，问题就结束了[5]。同样，挑战是在正确的时刻施加正确的力，并完全通过杆保持垂直或过于倾斜的反馈来实现。

2.3.2 路径规划与棋盘游戏

导航任务和棋盘游戏为强化学习提供了易于理解的环境。它们非常适合用于思考新的智能体算法。导航问题和为棋盘游戏构建的启发式搜索树，可以是适度大小的，因此适合使用动态规划方法(如表格 Q-learning、A*、分支定界和 alpha-beta)来确定最佳动作[45]。这些都是直接的搜索方法，不试图推广到新的、未见过的状态。它们在状态空间中找到最佳动作，所有这些状态都在训练时出现——这些优化方法不会从训练时推广到测试时。

1. 路径规划

路径规划(见图 2-1)是一个与机器人技术相关的经典问题[21, 34]。其中一种常见的版本是迷宫，正如我们之前看到的(见图 2-2)。出租车领域(见图 2-8)最初是在分层问题求解背景下引入的[15]。推箱子问题，例如 Sokoban，也经常被用于这类研究[16, 28, 39, 60]，参见图 2-3。这些谜题和迷宫的动作空间是离散的。基本的路径和运动规划可以枚举可能的解决方案[14, 24]。

小型迷宫可以通过枚举方法准确求解，而较大的情况则更适合使用逼近方法。迷宫经常用来测试路径规划问题的算法。导航任务和推箱子游戏(如 Sokoban)可能包含房间或子目标，这些可以用来测试分层问题的算法。这些问题可以通过扩大网格和增加障碍物来增加难度。

2. 棋盘游戏

棋盘游戏在人工智能之初就被视为计划和学习的经典评估标准。从 20 世纪 50 年代开始，两人对抗、零和、完全信息的棋盘游戏，如井字游戏、国际象棋、跳棋、围棋和日本象棋，被用来测试算法。这些游戏的动作范围是离散的。特别值得注意的成就发生在跳棋、国际象棋和围棋领域，在 1994 年、1997 年和 2016 年，分别击败了人类世界冠军[12, 47, 49]。

这些棋盘游戏通常是按照原始状态使用的，在不同实验中不会进行修改(与迷宫不同，迷宫经常会根据实验需求调整大小或复杂度)。棋盘游戏之所以被使用，是因为它们具有一定的挑战。最终目标是击败人类国际象棋大师，甚至是世界冠军。棋盘游戏一直是人工智能的传统组成部分，主要与基于搜索的符号推理方法关联[45]。相比之下，下一章的评估基准与连接主义人工智能相关。

2.4 本章小结

强化学习通过环境的反馈来学习可获得高回报的行为。强化学习不需要监督标签,只要有能够提供反馈的环境，就能在没有老师的情况下进行学习。

强化学习问题被建模为马尔可夫决策问题，包括由状态、动作、转移、奖励和折扣因子组成的 5 元组(S、A、T_a、R_a、γ)。智能体执行一个动作，环境返回新状态以及与新状态关联的奖励值。

游戏和机器人技术是两个重要的应用领域。应用领域可以分为分段式(如国际象棋比赛结束)和连续式(如机器人持续在现实中工作)。在连续问题中，通常会对远离现在的行为进行折扣；而分段问题通常不会考虑折扣因子——赢就是赢。

环境可以是确定性的(许多棋盘游戏是确定性的——棋盘不会移动)，也可以是随机的(许多机器人世界是随机的——机器人周围的环境在变化)。动作空间可以是离散的(一个棋子要么移动到一个方格，要么不移动)，也可以是连续的(典型的机器人关节可以在一个角度连续移动)。

在强化学习中，目标是找到最佳策略，以使在所有状态下都能选择最佳动作，从而最大化未来奖励的累积。策略函数有两种不同的使用方式。在离散环境中，策略函数 $a = \pi(s)$ 会为每个状态返回该状态下的最佳动作。或者，值函数会返回每个状态中每个动作的值，通过 argmax 函数可以找出具有最高值的动作。

通过找到状态的最大值，可以找到最优策略。值函数 $V(s)$ 返回一个状态的预期奖励。当存在转移函数 $T_a(s, s')$ 时，智能体可使用贝尔曼方程或动态规划方法来递归地遍历行为空间。值迭代就是这样一种动态规划方法。值迭代遍历所有状态的所有动作，备份奖励值，直到值函数不再变化。状态-动作值 $Q(s, a)$ 决定了一个状态的动作的价值。

贝尔曼方程用于计算一个状态的值，它通过计算后继状态的值来实现。访问后继状态时，需要根据动作和转换进行操作，这也称为扩展后继状态。在树状图中，后继状态被称为子节点，扩展后继状态是一个向下的动作。将奖励值向上传播到父节点则是树中向上移动的过程。

当智能体利用转换模型时，这称为以模型为基础的方法。当智能体不使用转换模型时，称为无模型的方法。许多情况下，学习中的智能体无法访问环境的转换模型，因此无法使用规划方法。基于值的无模型方法可通过仅使用不可逆的动作，在环境中进行抽样来找到动作的值，从而找到最优策略。

在无模型强化学习中，一个重要的决定因素是如何在探索和利用之间取得平衡。也就是说，在选择要尝试的动作时，要利用从环境中学到的信息，但又不要过分忽略探索新动作的机会。特别是在环境动作非常昂贵的情况下(如临床试验)，我们讨论了充分利用最新知识的好处。其中一个被广泛应用的探索和利用方法是 ε-贪婪法。大多数情况下，它会选择基于以往经验的最佳动作，但也会定期进行随机尝试，以便发现新的可能性。如果智能体总是追寻所认为最好的动作，就可能陷入循环，无法摆脱。通过随机尝试，智能体可以打破这种循环，有机会发现更多潜在的有效策略。

到目前为止，我们已经讨论了动作选择的操作。那么，我们应该如何处理在节点上找到的奖励呢？这里引入了强化学习的另一个基本要素："自举"，即通过细化先前的值来找到一个值。时序差分学习使用"自举"的原则，通过将适当折现的未来奖励值添加到状态值函数中，来找到一个状态的值。

我们已经讨论了上行和下行的过程，可以构建完整的无模型算法。其中最著名的算法可能是 Q-learning，它通过策略外的时序差分学习来学习每个状态中每个动作的动作值函数。策略外算法总是通过最佳动作的值来改进最佳策略函数，即使行为策略的动作可能较差也是如此。因此，策略外学习使用的行为策略与优化的策略是不同的。

在接下来的章节中，我们将探讨基于值函数和基于策略的无模型方法，用于解决复杂的大规模问题，这些方法会利用函数逼近(深度学习)。

2.5　扩展阅读

关于基于表格的强化学习已经有大量的文献可供参考。在这方面，Sutton 和 Barto 的《强化学习导论》是一本推荐的著作[51]。关于强化学习的简要介绍有两本，分别是 [3, 20]。另一本重要的强化学习著作是 Bertsekas 和 Tsitsiklis 的《强化学习》[9]。Kaelbling 撰写了一篇关于这个领域的重要综述文章[29]。Richard Bellman 在动态规划和规划算法方面的早期作品有[7, 8]。如果你对最近关于游戏和强化学习的研究感兴趣，可以看看 [41]，该书重点介绍了启发式搜索方法以及 AlphaZero 背后的方法。

这一章的方法是基于"自举"[7]和时序差分学习[50]的。其中，基于策略的算法 SARSA[44]和策略外的算法 Q-learning[56]是最著名的、精确的、表格型的、基于值函数的无模型算法之一。

有时，迷宫和 Sokoban 网格会通过过程生成方法生成[25, 48, 55]。算法的典型目标是在特定难度级别的网格上找到解决方案，寻找最短路径解，或者在迁移学习中，通过在不同类别的网格上进行训练来学习解决一类网格问题[59]。

作为一般参考，人工智能的重要教材之一是由 Russell 和 Norvig 编写的[45]。关于机器学习的更具体教材可以参考由 Bishop 编写的[10]。

2.6　练习

我们将以关键概念的习题结束本章，同时提供编程练习，以帮助你积累更多经验。

2.6.1　复习题

以下问题旨在帮助你回忆，应该用是、否或用简单的一两句话来回答。

1. 在强化学习中，智能体可以选择生成哪些训练样例。这有什么好处？可能存在什么问题？

    2. 什么是网格世界？

    3. 为了模拟强化学习问题，马尔可夫决策过程(MDP)需要具备哪五个要素？

    4. 在树状图中，行为的后继选择是向上还是向下？

    5. 在树状图中，通过反向传播学习值是向上还是向下？

    6. τ 是什么？

    7. $\pi(s)$ 是什么？

    8. $V(s)$ 是什么？

    9. $Q(s, a)$ 是什么？

    10. 什么是动态规划？

    11. 什么是递归？

    12. 你知道一种用于确定状态值的动态规划方法吗？

    13. 在环境中，智能体的动作是不是可逆的？

    14. 提及两个典型的强化学习应用领域。

    15. 游戏的动作空间通常是离散的还是连续的？

    16. 机器人的动作空间通常是离散的还是连续的？

    17. 游戏的环境通常是确定性的还是随机的？

    18. 机器人的环境通常是确定性的还是随机的？

    19. 强化学习的目标是什么？

    20. 在回合问题中，五个 MDP 要素中的哪一个不被使用？

    21. 当我们说"无模型"或"有模型"时，指的是哪个模型或函数？

    22. 什么类型的动作空间和环境适合使用基于值的方法？

    23. 为什么基于值的方法适用于游戏而不适用于机器人？

    24. 说出两个基本的 Gym 环境。

2.6.2 练习题

除了阅读外，了解深度强化学习的更好方法是自己进行实验，目睹学习过程。以下练习旨在为你在深度强化学习领域的自我探索提供起点。

考虑使用 Gym 来实现这些练习。第 2.2.4 节的第 2 小节解释了如何安装 Gym。

1. 对于出租车问题，实现 Q-learning 算法，包括从 Q-table 中推导出最佳策略的步骤。来到第 2.2.4 节的第 14 小节并实现它。打印 Q-table，以查看各个方格上的值。你可以随着搜索的进展打印实时策略。尝试不同的探索率值 ε。它是否学得更快？是否持续找到最优解？尝试不同的学习率值 α。是否更快？

2. 实现 SARSA 算法，代码在代码清单 2-7 中。将结果与 Q-learning 进行比较，你能看出 SARSA 如何选择不同的路径吗？尝试不同的 ε 和 α 值。

3. 问题规模有多大时，收敛开始变得太慢？

4. 尝试使用值迭代计算的贪婪策略来运行 Cartpole。你成功了吗？值迭代算法是否适用于 Cartpole？如果不适用，你认为原因是什么？

代码清单 2-7　SARSA 出租车示例(在[30]之后)

```
1  #使用 SARSA 算法解决 OpenAI Gym 的出租车环境问题
2  import gym
3  import numpy as np
4  import random
5  #环境设置
6  env = gym.make("Taxi-v2")
7  env.reset()
8  env.render()
9  #实现 Q[state,action]表
10 Q = np.zeros([env.observation_space.n, env.action_space.n])
11 gamma = 0.7 #折扣因子
12 alpha = 0.2 #学习率
13 epsilon = 0.1 #ε 贪婪值设定
14 for episode in range(1000):
15     done = False
16     total_reward = 0
17      current_state = env.reset()
18     if random.uniform(0, 1) < epsilon:
19         current_action = env.action_space.sample() #探索
                state space
20     else:
21     current_action = np.argmax(Q[current_state]) #利用
       learned values
22     while not done:
23         next_state, reward, done, info = env.step(current_action)
                #调用 Gym 库
24         if random.uniform(0, 1) < epsilon:
25             next_action = env.action_space.sample() #探索
                    state space
26         else:
27             next_action = np.argmax(Q[next_state]) #利用
                    learned values
28         sarsa_value = Q[next_state,next_action]
29         old_value = Q[current_state,current_action]
30
31         new_value = old_value + alpha * (reward + gamma *
            sarsa_value - old_value)
32
33         Q[current_state,current_action]= new_value
```

```
34          total_reward += reward
35          current_state = next_state
36          current_action = next_action
37     if episode % 100 == 0:
38          print("Episode {} Total Reward: {}".format(episode,
             total_reward))
```

第 3 章

基于值的深度强化学习

上一章介绍了经典强化学习领域。我们学到了关于智能体和环境的相关内容，还了解了状态、动作、值以及策略函数，初步了解了一些规划和学习算法(包括值迭代、SARSA 和 Q-learning)。值得注意的是，上一章中介绍的方法都是精确的，基于表格的方法适用于中等规模的问题，这些问题可存储在内存中。

在本章中，我们将转向具有大量状态空间的高维问题，这些问题不再适合存储在内存中。我们将超越表格化方法，采用逼近值函数的方法，并在训练后进行推广。我们将使用深度学习来实现这些方法。

本章介绍的方法是深度、无模型、基于值的方法，与 Q-learning 相关。将首先详细研究新的、更大的环境，智能体现在必须能够适应(或者更准确地说，近似解决)这些环境。接下来，将研究深度强化学习算法。在强化学习中，当前的行为策略决定了下一步选择哪个动作，这个过程可能会自我强化。与监督学习不同，这里没有绝对的标准答案。损失函数的目标不再是静态的，甚至是不稳定的。在深度强化学习中，收敛到 V 值和 Q 值基于一种"自举"过程，首要挑战是找到能收敛到稳定函数值的训练方法。此外，由于神经网络基于状态的特征进行逼近，所以收敛证明不再能够依赖于逐个识别状态。多年来，人们一直认为深度强化学习在本质上是不稳定的，因为存在所谓的致命三元组，即"自举"、函数逼近和策略外学习。

然而，出人意料的是，已经突破了许多关键问题。通过综合多种方法(例如回放缓冲和增加探索)，深度 Q 网络(DQN)算法在高维环境中实现了稳定学习。DQN 的成功引发了广泛的研究关注，以进一步改进训练。接下来将探讨这方面的一些新方法。

深度学习：深度强化学习是建立在深度监督学习基础之上的，本章以及后续章节都假设你对深度学习有基本的了解。当你对参数化神经网络和函数逼近的概念有些生疏时，这就是去附录 B 深入复习的好时机。附录 B 还会介绍训练、测试、准确性、过拟合以及偏差-方差权衡等基本概念。如果有疑问，可以尝试回答附录 B 后面的问题。

核心概念

- 稳定收敛
- 经验回放缓冲区

核心问题

- 如何在复杂的大规模问题中实现稳定的深度强化学习。

核心算法

- 深度 Q 网络(代码清单 3-6)

端到端学习

在深度学习出现之前，传统的强化学习主要应用于较小的问题，如解谜游戏或超市例子。这些问题的状态空间可以适应计算机内存。为了适应计算机，可以使用奖励调整，即基于特定领域的启发式方法；例如在国际象棋和跳棋中使用奖励调整[10, 32, 67]。虽然这种方法可以取得令人印象深刻的结果，但需要进行大量的问题特定奖励调整和启发式工程[61]。然而，深度学习改变了这种状况，使得强化学习现在可以应用于高维问题，这些问题过大以至于无法完全存储在内存中。

在监督学习领域，每年的比赛推动了图像分类准确性的持续提升。这得益于 ImageNet 这个大规模标记图像数据库的问世[15, 20]、GPU 计算能力的增加以及机器学习算法(尤其是深度卷积神经网络)的稳步改进。在 2012 年，Krizhevsky、Sutskever 和 Hinton 发表了一篇论文，提出了一种方法，其性能明显优于其他算法，接近于人类图像识别的表现[42]。这篇论文介绍了 AlexNet 架构(以第一作者的名字命名)，2012 年被普遍认为是深度学习取得突破的一年(详见附录 B.3.1)。这一突破引发了一个问题，即在深度强化学习领域是否也能取得类似的成就。

我们没有等待太久，仅仅在一年后的 2013 年，在主要人工智能会议的深度学习研讨会上，一篇论文介绍了一种算法，它能通过对视频屏幕的像素输入进行训练，从而允许玩 20 世纪 80 年代的 Atari 视频游戏(图 3-1)。该算法结合了深度学习和 Q-learning 的方法，被命名为深度 Q 网络，或称为 DQN[53, 54]。这是强化学习领域的一个突破性进展。许多参与研讨会的研究人员可能对这一成就产生共鸣，或许是因为他们在年轻时也曾花费数小时玩"太空侵略者""吃豆人"和"乒乓球"。在深度学习研讨会上的演示两年后，一篇更长的文章发表在《自然》杂志上，其中介绍了 DQN 的改进和扩展版本(请参阅杂志封面，见图 3-2)。

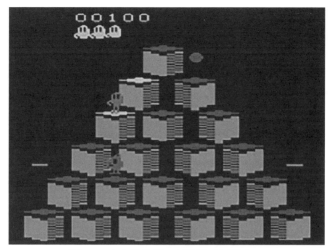

图 3-1　来自街机学习环境的示例游戏[6]

图 3-2　《自然》封面上的 Atari 实验

为什么这是一个如此重大的成就？除了解决的问题容易理解之外，这个问题所涉及的真正的手眼协调在计算机领域中尚未实现；此外，从像素到操纵杆的端到端学习暗示着人工行为已经接近于人类玩游戏的方式。DQN 本质上开创了深度强化学习领域。这是第一次成功地将深度学习的能力与行为学习相结合，用于一个富有想象力的问题。

DQN 成功克服的一个主要技术挑战是深度强化学习过程的不稳定性。当时有可信的理论分析认为这种不稳定性是根本性的,并且普遍认为几乎不可能克服。这是因为损失函数的目标依赖于强化学习过程本身的收敛。本章末尾将探讨强化学习中的收敛和稳定性问题。我们将了解 DQN 如何解决这些问题,并讨论在 DQN 之后进一步创造出的许多解决方案。

但首先,让我们看一看那些导致这些发展的新型高维环境。

3.1 大规模、高维度问题

在前一章中,我们介绍了网格世界和迷宫作为基本的序贯决策问题,精确的表格化强化学习方法在这些问题中表现良好。这些问题具有中等复杂程度。问题的复杂程度与问题的唯一状态数量或状态空间的大小有关。表格化方法适用于小规模问题,其中整个状态空间可以存储在内存中。例如,这适用于线性回归,它只有一个变量 x 和两个参数 a 和 b;也适用于出租车问题,其状态空间大小为 500。在本章中,我们将引入各种游戏,尤其是 Atari 街机游戏。一个 Atari 视频输入帧的状态空间是 210×160 像素的 256 个 RGB 颜色值,即 256^{33600} 个值。

小规模问题(500)和大规模问题(256^{33600})之间存在本质的差异[1]。对于小问题,可以将所有状态加载到内存中以学习策略。状态可以单独识别,每个状态都有自己的最佳动作,我们可以试着找到它。相比之下,大问题无法放入内存中,策略无法被记忆,状态根据其特征进行分组(参见 B.1.3 节,其中讨论特征学习)。参数化网络将状态映射到动作和值;状态不再像在查找表中那样能够被单独识别。

将深度学习方法引入强化学习中时,比以前更大的问题可以得到解决。让我们来看一看这些问题。

3.1.1 Atari 街机游戏

直接从高维度的声音和视觉输入中学习动作(action)是人工智能领域的长期挑战之一。为了推动这方面的研究,在 2012 年,一个名为 Arcade Learning Environment(ALE) 的测试平台被创建出来,旨在提供具有挑战性的强化学习任务。它基于一个模拟器,用于 20 世纪 80 年代的 Atari 2600 视频游戏。图 3-3 显示了一个具有浓郁复古风情的 Atari 2600 游戏机的图片。

---

1 请参阅 B.1.2 节,其中讨论了维度灾难问题。

图 3-3　Atari 2600 游戏机

　　ALE 包含 Atari 2600 游戏机的模拟器。ALE 向智能体呈现高维度[1]的视觉输入(每秒 60 帧，210×160 的 RGB 视频，即每秒 60 张图像)，任务旨在对人类玩家具有趣味性和挑战性(图 3-1 展示了一个这样的游戏示例，图 3-4 展示了更多)。游戏卡带 ROM 存储了 2~4KB 的游戏代码，而游戏机的随机存取内存非常小，仅为 128 字节(视频内存当然更大)。动作可以通过操纵杆(9 个方向)进行选择，操纵杆上还有一个火焰按钮(开/关)，共提供 18 种动作。

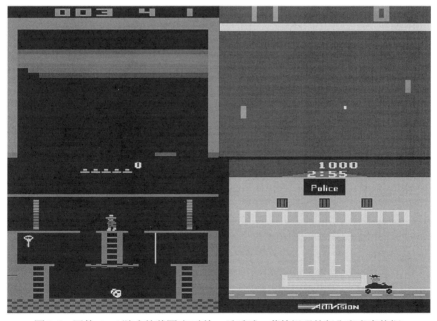

图 3-4　四款 Atari 游戏的截图(打砖块、乒乓球、蒙特祖玛的复仇和私家侦探)

1 换句话说，对于机器学习来说，这是高维度的。然而，210×160 像素并非高清视频。

Atari 游戏提供了具有挑战性的手眼协调和推理任务，这些任务对人类来说既熟悉又具有挑战性，为学习序贯决策提供了良好的测试平台。

Atari 游戏以高分辨率、高帧率的视频输入提出了一种完全不同的挑战，这不同于网格世界或棋盘游戏。Atari 更接近于人类环境，其中视觉输入应快速转化为正确的动作。事实上，Atari 基准测试需要完全不同的智能体算法，促使从基于表格的算法转向基于函数逼近和深度学习的算法。ALE 已成为深度强化学习研究中的基准。

3.1.2　实时战略游戏和视频游戏

实时战略游戏提供了比 20 世纪 80 年代的 Atari 模拟游戏机更大的挑战。例如，《星际争霸》(图 1-6)[60]和《占旗战》[37]等游戏具有非常庞大的状态空间，包括大型地图、众多玩家、多样的游戏元素和动作。以《星际争霸》为例，其状态空间估计为 10^{1685}[60]，比围棋(10^{170})[58, 76]高约 1500 个数量级，比国际象棋(10^{47})[33]高约 1635 个数量级。大多数实时战略游戏都是多人、非零和博弈、信息不完全的游戏，同时涉及高维度的像素输入、推理以及团队协作。这些游戏的动作空间是随机的，包括离散和连续动作的混合。

尽管具有挑战性，但近期已在三款游戏中取得了令人瞩目的成就，表现与人类相当甚至超越了人类[7, 37, 80]，详情请参阅第 7 章。

下面探讨能够解决这些完全不同类型问题的方法。

3.2　深度值函数智能体

现在将转向解决大型序贯决策问题的智能体算法。本节的主要挑战是创建一个能够通过与世界互动来学习良好策略的智能体算法，涉及大规模问题而不是简单问题。从现在开始，我们的智能体将是深度学习智能体。

我们将面临以下问题：如何在高维度和大规模序贯决策环境中应用深度学习？如何将表格值函数和策略函数 V、Q 和 π 转化为基于 θ 参数的函数 V_θ、Q_θ 和 π_θ？

3.2.1　利用深度学习对大规模问题进行泛化

附录 B 中提到，深度监督学习使用静态数据集来逼近函数，通过最小化损失函数来优化过程中的静态目标标签。

深度强化学习基于这样一个观察："自举"也是一种最小化过程，它通过最小化误差(或差异)来进行。在强化学习中，这种"自举"过程会收敛到真实的状态值和状态-动作值函数。然而，Q-learning 的"自举"过程缺乏静态的基准真值；我们的数据项是动态生成的,损失函数目标在不断变化。这种损失函数目标的变化受到试图学习的收敛过程中的策略函数的影响。

寻找能够在这些移动目标上收敛为稳定函数的深度学习算法需要付出相当大的努力。我们尝试更详细地理解:为在强化学习中发挥作用,监督方法需要如何进行调整。我们通过比较三种算法结构来做到这一点:监督最小化、表格式 Q-learning 和深度 Q-learning。

1. 最小化监督目标损失

代码清单 3-1 展示了一个典型的监督式深度学习训练算法的伪代码,包括输入数据集、前向传递计算网络输出、损失计算和反向传递。更多细节参见附录 B 或[23]。

代码清单 3-1 用于监督学习的网络训练伪代码

```
1 def train_sl(data, net, alpha=0.001): #训练分类器
2    for epoch in range(max_epochs): #一个轮次就是一次遍历
3       sum_sq = 0 #每次遍历都会重置为零
4       for (image, label) in data:
5          output = net.forward_pass(image) #预测
6          sum_sq += (output - label)**2 #计算误差
7       grad = net.gradient(sum_sq) #误差的导数
8       net.backward_pass(grad, alpha) #调整权重
9    return net
```

在代码中,我们可以看到有一个双重循环:外层循环控制着训练的轮数。每一轮训练都包括了几个步骤:首先利用参数进行目标值的预测,然后计算梯度,接着根据梯度调整参数。在每一轮训练中,内层循环遍历了静态数据集中的所有样本,对每个样本进行了前向计算,计算了损失和梯度。通过这些计算,我们可在反向传播中对参数进行调整。

这个数据集是静态的,内循环的主要任务是把样本传递给反向传播算法。需要注意的是,每个样本都是独立的,样本是以相同的概率选择的。举例来说,当采样到一张白马的图片后,下一张图片可能(或不可能)是黑松鸡或蓝月亮,这两种情况的概率是一样的。

2. "自举" Q 值

现在让我们来看看 Q-learning。强化学习以不同方式选择训练样本。对于像 Q-learning 这样的算法,为了达到收敛效果,选择规则必须保证环境最终会对所有状态进行采样[82]。然而,对于大规模问题,情况并非如此;这个值函数收敛的条件并不成立。

代码清单 3-2 显示了前一章中关于表格 Q-learning 的伪代码的简短版本。与前一章中的深度学习算法一样,这个算法也有一个双重循环。外层循环控制 Q 值的收敛过程,每个收敛轮次包含从起始状态到终止状态的一系列时间步骤。Q 值被存储在一个 Python 数组中,用状态 s 和动作 a 进行索引,因为 Q 代表了状态-动作值。当足够多的轮次被采样后,我们假设 Q 值已经收敛。Q 公式说明了如何通过对之前的值进行引导来逐步构建 Q 值,以及 Q-learning 如何进行离线学习(选择动作时取最大值)。

代码清单 3-2   Q-learning 伪代码[72, 82]

```
1 def qlearn(environment, alpha=0.001, gamma=0.9, epsilon=0.05):
2     Q[TERMINAL,_]= 0 #策略
3     for episode in range(max_episodes):
4         s = s0
5         while s not TERMINAL: #执行一个完整回合的步骤
6             a = epsilongreedy(Q[s], epsilon)
7             (r, sp) = environment(s, a)
8             Q[s,a]= Q[s,a]+ alpha*(r+gamma*max(Q[sp])-Q[s,a])
9             s = sp
10    return Q
```

与监督学习不同的是,在 Q-learning 中,后续样本并不是独立的。下一个动作由当前策略决定,很可能是状态的最佳动作(ε-贪婪)。此外,下一个状态将与轨迹中的上一个状态关联。例如,采样了位于球场左上角的球的状态后,下一个样本非常可能是球靠近球场左上角的状态。训练可能陷入局部最小值,因此需要进行探索。

3. 深度强化学习的目标误差

这两种算法——深度学习和 Q-learning——在结构上看起来很相似。它们都包含一个双重循环,用来优化一个目标。我们可以思考是否可以将"自举"方法与损失函数最小化相结合。这类似于 Mnih 等人在 2013 年展示的情形[53]。代码清单 3-3 展示了一个简单的深度学习版本的 Q-learning[53,55],它是基于双重循环的。这个版本通过调整 θ 参数来最小化损失函数,从而实现了对 Q 值的"自举"更新。

代码清单 3-3   用于强化学习的神经网络训练伪代码

```
1 def train_qlearn(environment, Qnet, alpha=0.001, gamma=0.0,
     epsilon=0.05
2     s = s0 #初始化起始状态
3     for epoch in range(max_epochs): #一个轮次就是一次遍历
4         sum_sq = 0 #每次遍历都会重置为零
5         while s not TERMINAL: #执行一个完整回合的步骤
6             a = epsilongreedy(Qnet(s,a)) #网络:Q[s,a]值
```

```
7                    (r, sp) = environment(a)
8                    output = Qnet.forward_pass(s, a)
9                    target = r + gamma * max(Qnet(sp))
10                   sum_sq += (target - output)**2
11                   s = sp
12               grad = Qnet.gradient(sum_sq)
13               Qnet.backward_pass(grad, alpha)
14           return Qnet # Q值
```

确实，可以通过最小化一系列损失函数来使用梯度训练 Q 网络。这个"自举"过程的损失函数实际上基于 Q-learning 的更新公式。损失函数是前向传递得到的新 Q 值 $Q_{\theta_t}(s, a)$ 与旧的更新目标 $r + \gamma \max_{a'} Q_{\theta_{t-1}}(s', a')$ 之间的平方差[1]。

一个重要的观察是，更新目标依赖于之前的网络权重 θ_{t-1}，也就是说，优化过程中目标在变化；而在监督学习过程中，使用的目标在学习开始前就已经固定下来了。换句话说，深度 Q-learning 的损失函数所最小化的是一个移动目标，这个目标会随着正在被优化的网络不断变化。

3.2.2　三个挑战

让我们更详细地了解深度强化学习面临的挑战。我们的简单深度 Q 学习器存在三个问题。首先，收敛到最优 Q 函数要求完整覆盖状态空间，但实际上状态空间太大，无法完全采样。其次，连续的训练样本之间存在很强的相关性，可能导致陷入局部最优解。最后，梯度下降的损失函数实际上具有一个移动目标，并且"自举"方法可能会发散。让我们更详细地分析一下这三个问题。

1. 覆盖范围

为证明像 Q-learning 这样的算法收敛到最优策略，需要假设我们能够涵盖所有可能的状态和动作的组合。也就是说，必须对所有可能的情况进行尝试。如果没有尝试所有的情况，算法就不能保证在每个状态下都找到最佳动作方案。当状态空间很大而无法尝试所有状态时，就无法确保算法能收敛到最优解。

2. 相关性

在强化学习中，智能体和环境之间会形成一个循环，产生一系列连续的状态。这些状态之间只有一个动作的差别，可能是一个移动或一个决策，其他状态的特征保持不变。因此，后续样本的值是关联的，可能导致训练出现偏差。训练过程可能只涵盖

---

1 深度 Q-learning 是一个固定点迭代过程 [52]。这个损失函数的梯度是 $\nabla_{\theta_i}\mathcal{L}_i(\theta_i) = \mathbb{E}_{s,a\sim\rho(\cdot);s'\sim\varepsilon}$ $[(r + \gamma \max_{a'} Q_{\theta_{i-1}}(s', a') - Q_{\theta_i}(s, a)) \nabla_{\theta_i} Q_{\theta_i}(s, a)]$，其中 ρ 是行为分布，ε 是 Atari 模拟器。更多细节可以参考[53]。

了状态空间的一部分，尤其是当贪婪的动作选择增加了倾向于选择少量动作和状态的情况。这种偏差可能导致所谓的专业化陷阱，即过于依赖已知策略而过少探索新的可能性。

后续状态之间的相关性导致了我们之前讨论过的覆盖范围较低，从而降低了收敛到最优 Q 函数的能力，增加了陷入局部最优和反馈循环的可能性。例如，在国际象棋程序中，当训练集包含特定开局，而对手采用不同的开局时，就会出现这种情况。当测试实例与训练实例不同时，泛化能力会受到影响。这个问题与分布外训练有关，可以参考[48]。

3. 收敛

当我们天真地将深度监督方法应用于强化学习时，会遇到一个问题，即在 bootstrap 过程中，优化目标本身就是 bootstrap 过程的一部分。深度监督学习使用静态数据集来逼近函数，因此损失函数的目标是稳定的。然而，深度强化学习使用的 bootstrap 目标来自前一时间步的 Q 值更新，而这个值在优化过程中会发生变化。

损失是 Q 值 $Q_{\theta_t}(s, a)$ 与旧的更新目标 $r + \gamma \max_{a'} Q_{\theta_{t-1}}(s', a')$ 之间的平方差。由于两者都依赖于优化的参数 θ，存在超过目标值的风险，优化过程可能变得不稳定。因此需要付出相当大的努力来寻找能够容忍这些移动目标的算法。

4. 致命三元组

多项研究[3, 25, 77]表明，将策略外强化学习与非线性函数逼近(如深度神经网络)相结合可能导致 Q 值发散。Sutton 和 Barto[72]进一步分析了导致训练发散的三个因素：函数逼近、"自举"和策略外学习。这三个因素一起被称为致命三元组。

函数逼近可能会不准确地为状态赋值。与旨在准确识别各个单独状态的精确表格方法不同，神经网络旨在捕捉状态的各个特征。这些特征可能被不同的状态共享，而赋予这些特征的值也会被其他状态共享。因此，函数逼近可能导致状态和奖励值的错误识别，以及未正确分配的 Q 值。如果对真实函数值的逼近准确度足够高，就可能准确地辨识状态，从而减少或防止发散的训练过程和循环[54]。

值的"自举"是基于旧值来构建新值的过程。这种情况在 Q-learning 和时序差分学习中出现，其中当前的值取决于先前的值。"自举"可以提高训练效率，因为不必从头开始计算所有值。然而，初始值中的错误或偏差可能持续存在，并且由于函数逼近而导致值被错误地传播到其他状态。"自举"和函数逼近可能增加训练过程中的发散现象。

策略外学习使用一个不同于我们正在优化的目标策略的行为策略(见第 2.2.4 节的第 10 小节)。当行为策略得到改进时，策略外的值可能不会得到改善。由于策略外学习与行为策略独立收敛，所以通常比策略内学习的收敛效果差。在使用函数逼近时，由于为值分配了错误状态，收敛可能变得更慢。

3.2.3　稳定的基于值的深度学习

多年来，这些考虑因素阻碍了深度强化学习的进一步研究。相反，研究一度集中在线性函数逼近器上，这些逼近器具有更好的收敛保证。尽管如此，关于收敛性的深度强化学习的研究仍在持续进行[8, 29, 50, 66]，并且发展出了一些算法，如神经拟合Q-learning；这些算法显示出一些潜力[44, 47, 64]。DQN 进一步的研究结果[53]表明可以在复杂问题中实现收敛和稳定的学习，因此进行了更多的实验研究，以找出在哪些情况下可以实现收敛，以及如何克服所谓的致命三元组问题。还有更多关于收敛和增强多样性的技术被开发出来，其中一些将在第 3.2.4 节中介绍。

虽然理论上存在函数逼近可能导致不稳定的强化学习问题，但实际上有迹象表明稳定训练是可能的。从 20 世纪 80 年代末开始，Tesauro 编写了一个基于神经网络的非常强大的 Backgammon(双陆棋)程序。该程序被称为 Neurogammon，使用来自国际象棋大师比赛的监督学习进行训练[73]。为了提升程序的强度，他转向了从自我对弈游戏中进行时序差分强化学习[75]。TD-Gammon[74]通过与自己对弈进行学习，在一个浅层网络中实现了稳定的学习。TD-Gammon 的训练使用了类似于 Q-learning 的时序差分算法，利用一个具有一个隐藏层的网络来逼近值函数，并使用原始的棋盘输入结合手工设计的启发式特征进行增强[74]。或许在某种程度上，稳定地强化学习是可能的，至少在浅层网络中是如此。

TD-Gammon 的成功促使人们尝试在跳棋[11]和围棋[13, 71]中使用 TD 学习。遗憾的是，在这些游戏中无法复制这种成功，因此有一段时间人们认为 Backgammon(双陆棋)是一个特例，非常适合强化学习和自我对弈[63, 69]。

然而，随着深度神经网络在强化学习环境中的成功应用[29, 66]，更多的研究也随之展开。在 Atari 游戏[54]和后来的围棋[70]中以及其他进一步的研究[78]中，已经提供了明确的证据，证明稳定训练和泛化能力强的深度强化学习确实是可能的。这些研究结果还改进了我们对影响稳定性和收敛性的情况的认识。

让我们更详细地看一下用于实现稳定的深度强化学习的方法。

1. 解相关状态

2013 年，Mnih 等人[53, 54]发表了他们关于 Atari 游戏的端到端强化学习的研究成果。DQN 最初的重点在于打破后续状态之间的关联性，以及减缓训练过程中参数的变化，以提高稳定性。DQN 算法采用了两种方法来实现这一点：①经验回放；②降低权重更新频率。首先，我们将详细介绍经验回放。

2. 经验回放

在强化学习训练中，训练样本是在与环境的一系列交互中逐步生成的。后续的训练状态与前面的状态之间存在强烈的相关性。存在这样一种趋势，即网络会在某种类型或某个区域的样本上进行过多的训练，而状态空间的其他部分则未能得到充分探索。此外，通过函数逼近和"自举"采样，某些行为可能会被遗忘。当智能体在游戏中达到一个与之前不同的新关卡时，它可能会忘记如何玩其他关卡。

为了减少相关性以及由此产生的局部极小值问题，我们可以通过添加少量的监督学习进行干预。为了打破这种相关性，创造一个更多样化的训练样例集，DQN(深度 Q 网络)采用了经验回放的方法。经验回放引入了一个回放缓冲区[46]，这是一个存储先前探索过状态的缓存，从中随机抽样用于训练状态[1]。在经验回放中，将最近的 N 个样例存储在回放内存中，并在更新时进行均匀抽样。通常，N 的典型值为 106[83]。通过使用这个缓冲区，我们从一个动态的数据集中抽样最近的训练样例，从而在训练中涵盖更多样化的状态，而不仅仅是最近的状态。经验回放的目标是增加后续训练样例之间的独立性。在训练中，下一个要处理的状态不再仅仅是当前状态的直接后继，而是来自先前状态长时间历史中的某个状态。通过这种方式，回放缓冲区将学习过程分散到更多先前遇到的状态中，从而打破了样例之间的时间相关性。DQN 的经验回放缓冲区有两个主要作用：①提升了训练样例的覆盖范围；②减少了样例之间的相关性。

DQN 对待所有的样本都一样，无论是旧的还是最近的。下一节将介绍一种重要性抽样的形式，可区分出重要的转换。

在这里需要特别注意并且引人深思的是，通过经验回放进行训练实际上是一种策略外学习的形式，因为用于生成样本的参数与用于目标的参数是不同的。策略外学习是"致命三元组"的三个要素之一，令人惊讶的是，我们发现稳定的学习实际上可以通过解决其中一个问题的特殊形式来改进。

经验回放在 Atari 游戏中取得了良好效果[54]。然而，对回放缓冲区的进一步分析指出了可能的问题。Zhang 等人[83]对经验回放进行了致命三元组的研究，并发现较大的网络导致了更多的不稳定性，但也发现更长的多步回报能够减少不现实的高奖励值。在第 3.2.4 节中，我们将看到许多类似 DQN 的算法的进一步增强措施。

3. 目标权重的不频繁更新

DQN 的第二项改进是减少权重更新的频率，这一概念最早在 2015 年的 DQN 论文中提出[54]。这一改进的目的是通过降低目标 Q 值权重频繁更新所引起的发散问题。同样，这个改进的目标通过提升损失函数中的 Q 目标的稳定性，从而改善网络优化的稳定性。

每经过 n 次更新，网络 Q 被克隆以获得目标网络 $\hat{Q}$，这个目标网络 $\hat{Q}$ 用于为接下来 n 次对 Q 的更新生成目标。在最初的 DQN 实现中，使用了一组网络权重 θ，并且网络在一个不断移动的损失目标上进行训练。现在，通过减少更新频率，目标网络的权

---

1 最初，经验回放就像人工智能中的许多内容一样，是受生物学启发的机制[47, 51, 59]。

重变化比行为策略的变化慢得多，从而提高了 Q 目标的稳定性。

第二个网络提升了 Q-learning 的稳定性。在正常情况下，对 $Q_\theta(s_t, a_t)$ 的更新也会在每个时间步骤改变目标，很可能导致振荡和策略的发散。通过使用较旧的参数集生成目标，可以在进行 Q_θ 更新后到更新实际影响目标之间引入一段延迟时间，减少了振荡的可能性。

4. 实践操作：DQN 与打砖块游戏 Gym 示例

为了获得一些关于 DQN 的实际经验，现在将介绍一下如何使用 DQN 来玩 Atari 游戏《打砖块》。

深度强化学习领域是一个开放的领域，其中大多数算法代码都可以在 GitHub 上免费获取，且有很多测试环境可供使用。最常用的环境是 Gym，其中包括一些基准环境（如 ALE 和 MuJoCo），详见附录 C。软件的开放性使得容易进行复制研究，而且重要的是，还能进一步改进这些方法。让我们更详细地看一下 DQN 的代码，以了解它的工作原理。

DQN 的论文附带了源代码。最初的 DQN 代码[54]可在 Atari DQN 中找到[1]，使用 Lua 编程语言编写。如果你对这种编程语言很熟悉，那么研究这份代码可能很有趣。现代化的 DQN 参考实现，经过进一步的改进，位于稳定基线模型中[2]。"强化学习基线模型动物园"(RL Baselines Zoo)甚至提供了一系列预训练的智能代理，可以在"动物园"[22, 62]中找到[3]。如果你的应用恰好在"动物园"中，那么 Network Zoo 尤其有用，可使漫长的训练时间得以缩短。

5. 安装稳定基线模型

环境只是强化学习实验的一部分，我们还需要一个智能体算法来学习策略。OpenAI还在 Gym GitHub 存储库 Baselines 中提供了智能体算法的实现,称为Baselines[4]。本书涵盖的大多数算法都在其中。你可下载这些代码，研究它们，并进行实验，以获得对它们行为的洞察。

除了 OpenAI 的 Baselines 之外，还有稳定基线(Stable Baselines)模型，它是 OpenAI 算法的一个变种，拥有更多的文档和其他功能。你可在稳定基线模型的网站找到它[5]，文档可在 docs 中查阅[6]。

为从稳定基线模型中安装稳定版本，只需要键入以下命令：

---

1 见[link1]。
2 见[link2]。
3 见[link3]。
4 见[link4]。
5 见[link5]。
6 见[link6]。

```
pip install stable-baselines
```

或者键入以下命令：

```
pip install stable-baselines[mpi]
```

如果希望支持 OpenMPI(一种用于集群计算机的并行消息传递实现)，可以执行以下步骤。要快速检查是否一切正常，可以运行代码清单 3-4 中的 PPO 训练器。PPO 是一种基于策略的算法，将在下一章的 4.2.5 节中进行讨论。此时，Cartpole 游戏应该会再次出现，但现在智能体应该能够学会在短时间内稳定控制杆。

代码清单 3-4　在 Gym 的 Cartpole 环境中运行稳定基线模型的 PPO 算法

```
 1 import gym
 2
 3 from stable_baselines.common.policies import MlpPolicy
 4 from stable_baselines.common.vec_env import DummyVecEnv
 5 from stable_baselines import PPO2
 6
 7 env = gym.make('CartPole-v1')
 8
 9 model = PPO2(MlpPolicy, env, verbose=1)
10 model.learn(total_timesteps=10000)
11
12 obs = env.reset()
13 for i in range(1000):
14     action, _states = model.predict(obs)
15     obs, rewards, dones, info = env.step(action)
16     env.render()
```

6. DQN 代码

在第 2.2.4 节的 14 小节中学习了关于出租车游戏的表格 Q-learning 之后，现在让我们看一下网络模型的 DQN 在实际中是如何工作的。代码清单 3-5 演示了在 Atari 打砖块环境中使用稳定基线模型实现 DQN 有多么容易(请参阅第 2.2.4 节了解 Gym 的安装说明)。

代码清单 3-5　使用稳定基线模型的 DQN 在 Atari 打砖块游戏的示例

```
 1 from stable_baselines.common.atari_wrappers import make_atari
 2 from stable_baselines.deepq.policies import MlpPolicy, CnnPolicy
```

```
 3 from stable_baselines import DQN
 4
 5 env = make_atari('BreakoutNoFrameskip-v4')
 6
 7 model = DQN(CnnPolicy, env, verbose=1)
 8 model.learn(total_timesteps=25000)
 9
10 obs = env.reset()
11 while True:
12     action, _states = model.predict(obs)
13     obs, rewards, dones, info = env.step(action)
14     env.render()
```

运行了 DQN 代码并确认其正常工作后，值得研究一下代码的实现方式。在你深入研究稳定基线(Stable Baselines)模型的 Python 实现之前，让我们来看一下伪代码，以便回顾一下 DQN 的各个元素是如何协同工作的。请参阅代码清单 3-6。在这份伪代码中，我们遵循了 2015 年版本的 DQN[54](2013 年版本的 DQN 没有使用目标网络[53])。

代码清单 3-6　DQN 的伪代码(基于[54])

```
 1 def dqn:
 2     initialize replay_buffer empty
 3     initialize Q network with random weights
 4     initialize Qt target network with random weights
 5     set s = s0
 6     while not convergence:
 7         #在 Atari 上使用的 DQN 会进行预处理，但这里没有展示出来
 8         epsilon-greedy select action a in argmax(Q(s,a)) #动作
                 selection depends on Q (moving target)
 9         sx,reward = execute action in environment
10         append (s,a,r,sx) to buffer
11         sample minibatch from buffer #打破时序相关性
12         take target batch R (when terminal) or Qt
13         do gradient descent step on Q #损失函数使用目标值
                 Qt network
```

DQN 基于 Q-learning，额外增加了回放缓冲区和目标网络以提高稳定性和收敛性。首先，在代码开始时，回放缓冲区被初始化为空，Q 网络的权重和单独的 Q 目标网络的权重也被初始化。状态 s 被设定为起始状态。

接下来是优化循环，该循环会一直运行，直至收敛。每次迭代开始时，在状态 s 处采用 ε-贪婪方法选择一个动作。该动作在环境中执行，新的状态和奖励被存储到回放缓冲区的一个元组中。然后，我们训练 Q 网络。从回放缓冲区随机抽样一个小批次，并执行一步梯度下降。在这一步中，损失函数是使用独立的 Q 目标网络 $\hat{Q}_\theta$ 计算的，该

网络的更新频率低于主要的 Q 网络 Q_θ。这样一来，损失函数

$$\mathcal{L}_t(\theta_t) = \mathbb{E}_{s,a\sim\rho(\cdot)}\left[\left(\mathbb{E}_{s'\sim\mathcal{E}}(r + \gamma \max_{a'} \hat{Q}_{\theta_{t-1}}(s',a')|s,a) - Q_{\theta_t}(s,a)\right)^2\right]$$

变得更加稳定，带来更好的收敛性。$\rho(s,a)$是在状态 s 和动作 a 上的行为分布，$\mathcal{E}$ 是 Atari 模拟器[53]。小批次抽样减少了强化学习中连续状态之间固有的相关性。

结论

总结一下，DQN 成功地学会了许多不同游戏的端到端行为策略(尽管这些游戏相似且来自同一基准集)。系统几乎没有使用任何先前的知识来指导，智能体只能看到游戏画面的像素和游戏得分。每个游戏都使用相同的网络架构和流程；然而，为一个游戏训练的网络并不能用于玩另一个游戏。

DQN 的成就是深度强化学习历史上的一个重要里程碑。Mnih 等人[53]克服的主要问题是训练发散和学习不稳定性。

大多数 Atari 2600 游戏的特点是需要快速的手眼协调反应。这些游戏中包含一些策略元素；信用分配主要集中在短期内，可以通过一个令人惊讶的简单神经网络来学习。大多数 Atari 游戏更注重即时反应，而不是长期推理。从这个意义上讲，精通 Atari 游戏的问题与图像分类问题相似：这两个问题都需要找到与由一组像素构成的输入相匹配的正确响应。将像素映射到类别与将像素映射到操纵杆动作没有太大区别(可参考[40]的观点)。

Atari 的研究结果激发了许多后续的研究。许多博客文章介绍了如何复现这一结果，这并不是一项简单任务，需要对许多超参数进行微调[4]。

3.2.4 提升探索能力

DQN 的研究结果在强化学习领域引发了许多活动，以进一步提升训练的稳定性和收敛性。研究人员提出了许多改进方法，其中一些我们将在本节中进行回顾。

许多增强方法涵盖的主题都是在深度强化学习中表现良好的一些旧想法。DQN 使用了回放缓冲区的随机采样，而最早的改进之一是优先采样[68]。发现 DQN 作为一种策略外算法，通常会高估动作值(这是因为最大化操作造成的，见第 2.2.4 节的第 10 小节)。双重 DQN(Double DQN)解决了高估问题[79]，而基于优势函数的 Dueling DDQN 引入了优势函数来标准化动作值[81]。其他方法除了关注期望值外，还关注方差，测试了随机噪声对探索的影响[21]；分布式 DQN 表明使用概率分布的网络比仅使用单一期望值的网络效果更好[5]。

在 2017 年，Hessel 等人[31]进行了一项大型实验，结合了 7 个重要的改进方法。他们发现这些改进方法共同发挥了良好的效果。这篇论文因为展示了对 57 个 Atari 游

戏上的累积性能的 7 个改进而被称为"彩虹"论文，主要的图表中使用了多种颜色(见图 3-5，可扫封底二维码下载彩图，后同)。表 3-1 总结了这些改进方法，本节概述了主要思想。这些改进方法在相同的基准测试(ALE、Gym)上进行了测试，大多数算法的实现可以在 OpenAI Gym 的 GitHub 网站的 baselines 里面找到[1]。

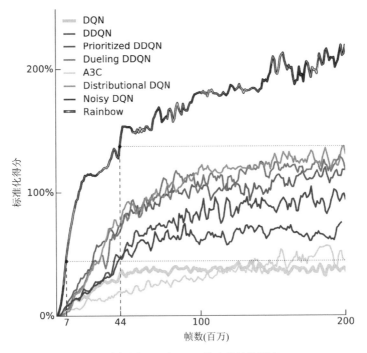

图 3-5 彩虹图：57 个 Atari 游戏的性能图表[31]

表 3-1 深度基于值的方法

名称	原则	适用场景	有效性
DQN[53]	回放缓冲区	Atari	稳定的 Q-learning
Double DQN[79]	减小值的高估	DQN	收敛
优先经验回放[68]	去相关性	回放缓冲区	收敛
分布式[5]	概率分布	稳定梯度	泛化
随机噪声[21]	参数噪声	稳定梯度	更多探索

1. 高估问题

Van Hasselt 等人引入了双重深度 Q-learning(Double Deep Q-learning，DDQN)[79]。

1 见[link7]。

DDQN 基于这样的观察：Q-learning 可能会高估动作的值。在 Atari 2600 游戏中，DQN 存在相当严重的高估问题。请记住，DQN 使用的是 Q-learning 方法。由于 Q-learning 中的"最大"操作，这会导致 Q 值被高估。为解决这个问题，DDQN 使用 Q 网络来选择动作，但使用单独的目标 Q 网络来评估动作。这种做法有效地减轻了高估问题。让我们比较一下 DQN 的训练目标 $y = r_{t+1} + \gamma Q_{\theta_t}(s_{t+1}, \operatorname{argmax}_a Q_{\theta_t}(s_{t+1}, a))$ 和 DDQN 的训练目标 $y = r_{t+1} + \gamma Q_{\phi_t}(s_{t+1}, \operatorname{argmax}_a Q_{\theta_t}(s_{t+1}, a))$（唯一的区别在于 ϕ）。DQN 的目标在选择和评估时使用相同的权重集合 θ_t 两次；而 DDQN 的目标在评估时使用一个单独的权重集合 ϕ_t，以防止因最大(max)操作符而产生过高估计。更新随机地分配给这两组权重之一。

早些时候，Van Hasselt 等人[28]在一个表格设置中引入了双重 Q-learning 算法。后来的论文表明，这个想法也适用于大型深度网络。他们声称，DDQN 算法不仅减少了高估问题，还在多个游戏中取得了更好的表现。DDQN 在 49 个 Atari 游戏上进行了测试，在相同的超参数下，其平均得分约为 DQN 的两倍，并且在调整后的超参数下，平均得分甚至达到 DQN 的四倍[79]。

2. 优先经验回放

DQN 在回放缓冲区中对整个历史进行均匀抽样，而 Q-learning 仅使用最近(且重要)的状态。因此，可以合理地考虑是否存在一种介于这两个极端之间的解决方案，并且具有良好的表现。

优先经验回放(Prioritized Experience Replay，PEX)就是这样一种尝试。它由 Schaul 等人[68]引入。在"彩虹"论文中，PEX 与 DDQN 结合在一起；正如我们可以看到的那样，使用 PEX 的蓝线确实胜过了紫线。

在 DQN 中，经验回放允许智能体重复使用过去的样本，尽管经验转换是均匀采样的，而且动作仅以与它们最初经历时相同的频率进行重放(不管它们的重要性如何)。PEX 方法提供了一个优先处理经验的框架。重要动作将更频繁地进行重放，从而提高了学习效率。作为重要性指标，采用了标准的比例优先回放，使用绝对的 TD 误差来优先处理动作。优先回放在基于值的深度强化学习中得到广泛应用。该指标可在分布设置中使用动作值的均值来计算。在"彩虹"论文中，所有分布变体都通过 Kullback-Leibler 损失来优先处理动作[31]。

3. 优势函数

原始的 DQN 使用单个神经网络作为函数逼近器；DDQN 使用一个单独的目标 Q 网络来评估动作。Dueling DDQN(也称为 DDDQN)[81]通过使用两个单独的估计器来改进这个架构：一个值函数和一个优势函数 $A(s, a)= Q(s, a)-V(s)$。

优势函数与"演员-评论家方法"(见第 4 章)密切相关。优势函数计算动作的值与

状态的值之间的差异。该函数将动作的值与状态的基准值进行标准化[26]。当许多动作
具有类似的值时，优势函数可以提供更好的策略评估。

4. 分布式方法

原始的 DQN 学习单个值，即状态值的估计均值。然而，这种方法没有考虑不确定
性。为解决这个问题，分布式 Q 学习[5]学习一个关于折扣回报的概率分布，增加了探
索性。Bellemare 等人设计了一种新的分布式算法，将贝尔曼方程应用于分布的学习，
这个方法被称为分布式 DQN。Moerland 等人提出了不确定值网络[56, 57]。有趣的是，
分布式方法与生物学之间的联系也得到推广。Dabney 等人[14]展示了分布式强化学习
算法与小鼠的多巴胺水平之间的对应关系，这暗示着大脑将潜在的未来奖励表达为概
率分布。

5. 带有噪声的 DQN

另一个分布式方法是带有噪声的 DQN[21]。带有噪声的 DQN 使用随机网络层，
向权重添加参数化噪声。这种噪声在智能体的策略中引入了随机性，从而增加了探索
性。控制噪声的参数是通过梯度下降与其余的网络权重一起学习的。在他们的实验中，
对 A3C(第 4.2.4 节)、DQN 和 Dueling 智能体(熵奖励和 ε-贪婪策略)的标准探索启发式
方法被替换为 NoisyNet。增加的探索性显著提高了 Atari 游戏的得分(深红色线)。

3.3　Atari 2600 环境

在 2013 年的论文中，Mnih 等人[53]表明一些游戏取得了类似于人类水平的游戏表
现。总共对七款 Atari 游戏进行了 5000 万帧的训练。神经网络在《打砖块》《越野车》
和《乒乓球》等游戏中的表现超过了专业的人类玩家。但是在 Seaqest、Q*Bert 以及《太
空侵略者》等游戏中，表现远不及人类。在这些游戏中，需要找到一种能够延续较长
时间的策略。在两年后的期刊文章中，他们在 ALE[54]中的 57 款游戏中实现了 49 款
的人类水平游戏表现，并在这 49 款游戏中有 29 款的表现超过人类水平。

其中一些游戏仍然被证明很难，特别是那些需要更长远规划的游戏。在这些游戏
中，有很长的游戏阶段没有奖励，比如在《蒙特祖玛的复仇》游戏中，智能体必须走
很长的距离，拾取钥匙才能进入新的房间并跳到新的关卡。从强化学习的角度看，长
时间内的延迟奖励归因是困难的。第 8 章讨论分层强化学习方法时，我们会再次遇到
《蒙特祖玛的复仇》游戏。这些方法是专门开发出来的，用于在状态空间中进行较大
幅度的跨步。Go-Explore 算法能够支持《蒙特祖玛的复仇》游戏[17, 18]。

3.3.1　网络结构

处理具有挑战性问题的端到端学习需要大量计算资源。除了这两个算法创新之外，DQN 的成功还归功于构建了一个专门的高效训练架构[54]。

对于深度神经网络而言，Atari 游戏是一项计算密集型任务：网络直接从像素帧输入中训练行为策略。因此，训练架构采用了降维步骤。网络仅包含三个隐藏层(一个全连接层，两个卷积层)，这比大多数监督学习任务中使用的结构更简单。

像素图像是高分辨率的数据。然而，由于每秒 60 帧、每帧包含 210×160 像素和128 种颜色值，使用完整的分辨率将导致计算量过大。因此，我们降低了图像的分辨率。原本的 210×160 像素图像(使用 128 种颜色的调色板)被转换为灰度图，并缩减至110×84 像素，然后裁剪为最终的 84×84 像素。神经网络的第一个隐含层采用 168×8的卷积核(也称为过滤器)，步长为 4，并使用 ReLU 激活函数。第二个隐含层采用 32个 4×4 的卷积核，步长为 2，同样使用 ReLU 激活函数。第三个隐含层为全连接层，包含 256 个 ReLU 神经元。输出层同样为全连接层，每个动作对应一个输出(共 18 个摇杆动作)。这些输出对应于各个动作的 Q 值，即预期回报。图 3-6 展示了 DQN 的体系结构。网络从模拟器中接收游戏得分变化的数值作为输入，导数更新则被映射到{-1，0，+1}，分别表示得分减少、无变化或得分提升(使用了 Huber 损失函数[4])。

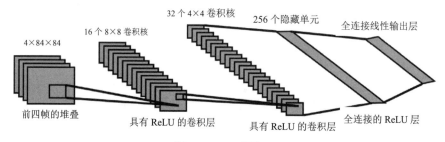

图 3-6　DQN 架构[34]

为进一步减轻计算负担，我们采取了一种称为"帧间隔跳跃"的策略。在游戏过程中，每 3~4 帧使用一帧，具体取决于游戏本身。为将游戏历史纳入考虑，神经网络以最近的四个连续帧作为输入。这使得网络能够捕捉游戏中的物体运动。在优化器方面，我们使用了 RMSprop[65]。此外，采用了 ε-贪婪策略的一种变体，初始时完全侧重于探索，ε 值为 1.0，然后逐渐下降到 0.1(90%的时间用于利用)。

3.3.2　评估 Atari 游戏表现

最后将介绍最后两个算法。在众多基于值的无模型深度强化学习算法中，我们将讨论另一个算法，即 R2D2[39]，因为它在性能方面表现出色。R2D2 并未包含在"彩虹"实验中，但它是这些算法的重要改进。R2D2 代表"循环重放分布式深度 Q 网络"，建立在优先分布式回放和 5 步双 Q-learning 的基础上。此外，它使用一种二分网络架构以及卷积堆叠后的 LSTM 层。关于架构的详细信息可在文献[27, 81]中找到。LSTM 利用循环状态来探测长期的时间依赖性，从而提升性能。作者还告诉我们 LSTM 可以更好地进行表示学习。R2D2 在所有 57 个 Atari 游戏中取得了良好结果[39]。

更近期的一个里程碑成是 Agent57。Agent57 是首个在 Atari 2600(ALE 的 57 个游戏)的所有游戏上都取得了高于人类基准得分的程序。它使用一种控制器，可根据不同游戏来调整智能体的长期和短期行为，训练一系列从极度"利用"到极度"探索"的策略，具体取决于游戏本身[2]。

结论

自从 DQN 引入重放缓冲区技术以来，我们取得了长足进步。在基于值的无模型深度强化学习领域，性能得到显著提升，现在已在 ALE 的 57 个 Atari 游戏中超越了人类的表现。许多改进方法已被开发出来，这些方法扩大了覆盖范围，提高了相关性和收敛性。明确的基准标准对于推动进步起到了关键作用，因为研究人员可以清楚地看到哪些想法奏效以及为什么会奏效。早期的迷宫和导航类游戏(特别是 OpenAI 的 Gym[9] 和 ALE[6])，为这一进展奠定了基础。

下一章将深入探讨无模型强化学习的另一个主要领域：基于策略的算法。我们将了解该算法工作方式，并发现该算法特别适用于另一种类型的应用，即具有连续动作空间的情况。

3.4 本章小结

在前一章中讨论的方法是准确的、表格型的方法。但大多数有趣的问题具有庞大的状态空间，无法一次性放入内存中。特征学习通过识别共同的特征来确定状态。函数值不会被准确计算，而是通过深度学习进行近似估计。

近年来强化学习取得的许多成功归功于深度学习方法。在强化学习中，当状态被近似表示时，会出现问题。因为在强化学习中，下一个状态是由前一个状态确定的，当不同状态共享值时，算法可能陷入局部最小值或在循环中运行。

另一个问题是训练的收敛性。监督学习使用静态数据集，训练目标也是静态的。而在强化学习中，损失函数的目标取决于正在被优化的参数，这进一步导致不稳定性。DQN 通过展示使用重放缓冲区和一个独立、更稳定的目标网络，能够获得足够的稳定性，使得 DQN 能够收敛并学会操纵 Atari 街机游戏，从而取得了突破。

已经找到了许多进一步提高稳定性的改进方法。"彩虹"论文实现了其中一些改进，并发现它们相互补充，共同实现了非常强大的游戏表现。

3.5　扩展阅读

深度学习彻底改变了强化学习。关于这个领域的综合概述可在 Dong 等人的文章[16]中找到。关于深度学习的更多信息，请参考 Goodfellow 等人的书籍[23]，其中有关于深度学习的详细内容；一篇重要的期刊文章是[45]。还有一份简要的调查报告[1]。另外请查看附录 B。

在 2013 年，提出了 Arcade Learning Environment[6, 49]。随后，通过 OpenAI 的 Gym[9]，强化学习实验变得更加便利，这是因为它提供了清晰且易于使用的 Python 绑定。

基于值的表格型算法的深度学习版本存在收敛和稳定性问题[77]，然而，稳定的深度强化学习可能是实际可行的想法[29, 66]。Zhang 等人[83]通过经验回放研究了致命三元组问题。已证明深度梯度时序法(deep gradient TD methods)对于评估固定策略具有收敛性[8]。Riedmiller 等人在神经拟合 Q-learning 算法(NFQ)中放松了固定的控制策略[64]。NFQ 基于稳定函数逼近[19, 24]、经验回放[46]的工作，以及近期的最小二乘策略迭代[43]。2013 年首次提出了 DQN 的论文，展示了在少量 Atari 游戏上的结果[53]，并使用重放缓冲区以减少时间相关性。2015 年的后续 Nature 论文报告了更多游戏的结果[54]，并使用了独立的目标网络来改善训练收敛。一个知名的综述论文是彩虹论文[31, 38]。

在可重复的强化学习实验中，使用基准测试非常重要[30, 35, 36, 41]。关于 TensorFlow 和 Keras，可以参考[12, 22]。

3.6　习题

我们将以一些习题来结束本章，以复习我们所涵盖的概念。接下来是编程练习，以获取更多关于如何实际使用深度强化学习算法的经验。

3.6.1　复习题

以下是一些习题，用于检查你对本章内容的理解。每个问题都是封闭的，请用简单的一句话来回答。

1. Gym 是什么？
2. Stable Baselines(稳定基线)是什么？
3. DQN 的损失函数使用 Q 函数作为目标。这会带来什么结果？
4. 为什么在强化学习中，探索与利用的权衡十分重要？
5. 提供一个简单的探索与利用方法。

6. 什么是"自举"?

7. 描述 DQN 中,神经网络的架构。

8. 为什么相较于深度监督学习,深度强化学习更容易出现不稳定的学习?

9. 什么是致命三元组(deadly triad)?

10. 函数逼近如何降低 Q-learning 的稳定性?

11. 回放缓冲区的作用是什么?

12. 状态之间的相关性如何导致局部最小值?

13. 为什么状态空间的覆盖范围应足够大?

14. 当深度强化学习算法不收敛时会发生什么?

15. 国际象棋的状态空间估计有多大? 10^{47}、10^{170} 还是 10^{1685}?

16. 围棋的状态空间估计有多大? 10^{47}、10^{170} 还是 10^{1685}?

17. 星际争霸的状态空间估计有多大? 10^{47}、10^{170} 还是 10^{1685}?

18. Rainbow 论文中的"彩虹"代表什么,主要信息是什么?

19. 提供 Rainbow 论文中新增到 DQN 的三个改进方法。

3.6.2　练习题

现在让我们开始一些练习。如果你还没有安装,可以安装 Gym、PyTorch[1]、TensorFlow 以及 Keras(参见 2.2.4 节和附录 B.3.3,或访问 TensorFlow 页面)[2]。请务必检查正确的 Python、Gym、TensorFlow 和 Stable Baselines 版本,以确保它们能够良好地协同工作。以下练习是用 Keras 完成的。

1. 使用 Stable Baselines 在 Gym 的《打砖块》游戏上实现 DQN。关闭 dueling 和 priorities 功能。找出 α(训练率)的值,以及 ε(探索率)的值,了解使用的神经网络架构是什么,回放缓冲区的大小是多少,以及目标网络更新的频率是多少。

2. 更改所有这些超参数,逐步增加或降低它们,并记录对训练速度和训练结果的影响:结果有多好? 性能对于超参数优化的敏感性如何?

3. 尝试使用不同的计算机,使用 GPU 版本加速训练,考虑使用 Colab、AWS 或其他提供快速 GPU(或 TPU)计算机的云服务提供商。

4. 前往 Gym 并尝试不同的问题。DQN 适用于哪种类型的问题? 对于哪些问题,它的效果不太好?

5. 访问 Stable Baselines 并实现不同的智能体算法。尝试使用 dueling 算法、优先经验回放,以及其他算法,比如"演员-评论家"算法或基于策略的算法(这些算法将在下一章中解释)。记录它们的性能。

---

1 见[link8]。

2 见[link9]

6. 使用 TensorBoard，你可以在训练过程中进行跟踪。TensorBoard 使用日志文件执行操作。在 Keras 的练习中尝试使用 TensorBoard，跟踪不同的训练指标。还可以在 Stable Baselines 中尝试使用 TensorBoard，看看可以跟踪哪些指标。

7. 在 Keras 中，长时间的训练过程需要进行检查点保存，以防在出现硬件或软件故障时丢失宝贵的计算结果。创建一个长时间的训练任务，并设置检查点。通过中断训练来测试一切是否正常，然后尝试重新加载预训练的检查点，以便从上次中断的地方重新开始训练。

第 4 章

基于策略的强化学习

深度强化学习的一些最成功应用涉及连续动作空间，如机器人、自动驾驶汽车和实时策略游戏。

之前的章节介绍了基于值的强化学习方法。这种方法通过一个两步的过程来确定策略。首先找到一个状态最好的动作值，然后通过 argmax 找到相应的动作(即能使值最大化的动作)。这在动作离散的环境中是有效的，因为最有价值的动作与次优的动作具有明显的差别。而在连续动作空间中(如机器人手臂可在任意角度移动，或者在扑克游戏中可下任意金额的赌注)，基于值的方法变得不稳定，argmax 方法也不再适用。

另一种更有效的方法是：基于策略的方法。基于策略的方法不使用独立的值函数，而是直接寻找策略本身。它们从一个策略函数开始，然后采用逐回合的策略梯度方法逐步改进。相对于基于值的方法，基于策略的方法适用于更广泛的领域，与深度神经网络和梯度学习配合得很好，是深度强化学习中最受欢迎的方法之一。本章将介绍这些方法。

本章首先讨论连续动作空间的应用。接下来，将研究基于策略的智能体算法，将介绍基本的策略搜索算法和策略梯度定理，还将讨论把基于值和基于策略的方法结合起来的算法(即所谓的“演员-评论家”算法)。在本章的结尾，将更深入地讨论基于策略的方法在更大环境中的应用，重点讨论视觉-运动机器人及其在运动环境中的发展。

核心内容

- 策略梯度
- 偏差-方差权衡；演员-评论家

核心问题

- 直接找到一个低方差的连续动作策略

核心算法

- 强化(REINFORCE)算法(算法 4-2)
- 异步优势"演员-评论家"算法(算法 4-4)
- 近端策略优化(4.2.5 节)

跳跃机器人

在机器人领域,一个最复杂的问题是学习行走,或者更一般地说,如何进行运动。人们已完成大量的工作让机器人行走、奔跑和跳跃。在 YouTube 上可以找到一个模拟机器人的视频[1],它自己学会了如何跳过障碍物[18]。

学会行走是一个挑战,人类婴儿需要几个月的时间来掌握这项技能(猫和狗学得更快)。教机器人行走是一个充满挑战的问题,在人工智能和工程领域得到广泛研究。网络上充斥着各种视频,展示了机器人尝试着打开门却摔倒,或者试图站起来却再次摔倒的情景[2]。

多足机器人的运动是一个复杂的序贯决策问题。每条腿都涉及许多不同的关节,它们必须按正确的顺序进行驱动,以正确的力量、持续时间和角度旋转。这些角度、力量和持续时间大多数是连续的。算法需要确定旋转多少度、施加多少牛顿的力以及持续多少秒才构成最佳策略。所有这些动作都是连续的量。机器人的运动是一个复杂问题,在基于策略的深度强化学习中对其进行了大量的研究。

4.1 连续问题

在这一章中,我们的动作是连续且随机的。将讨论这两个方面以及它们带来的一些挑战。我们将首先讨论连续动作策略。

4.1.1 连续策略

在前一章中,我们讨论了具有大状态空间的环境。现在,将注意力转向动作空间。迄今为止,我们见过的问题的动作空间(如网格世界、迷宫和高维度的 Atari 游戏)实际上都是小型而离散的动作空间,我们可以向北、东、西、南走,或者从 9 个摇杆运动中进行选择。在象棋等棋类游戏中,动作空间更大但仍然是离散的。当你将棋子移到 e4 时,不会把它移到 e4½。

在这一章中,问题有所不同。驾驶自动驾驶汽车需要将方向盘转动一定角度并持

---

1 见[link1]。

2 例如见[link2]。

续一段时间，同时有一定的角速度，以防止突然性运动。油门的变化也应该是平稳而连续的，机器人关节的动作应当是连续的。一个机械臂关节可以移动 1 度、2 度、90度或 180 度，或者介于其间的任何角度。

连续空间中的动作不是一组离散选择(如 $\{N, E, W, S\}$)，而是连续范围内的一个值，如 $[0, 2\pi]$ 或 $\mathbb{R}^+$；可能的值数量是无限的。我们如何在有限时间内在无限空间中找到最优值？尝试设置关节 1 为 x 度并在马达 2 中施加力 y 的所有可能组合将需要无限长的时间。一个解决方案可能是对动作进行离散化，虽然这会引入潜在的量化误差。

当动作不是离散的时候，我们无法使用 argmax 操作来确定"最佳"动作，而仅依赖基于值的方法是不够的。相比之下，基于策略的方法可以直接找到适合的连续或随机策略，省略了值函数的中间步骤，也避免了构建最终策略时需要 argmax 操作。

4.1.2　随机策略

现在我们将转向对随机策略的建模。

当一个机器人移动它的手来打开一扇门时，它必须正确地判断距离。机器人可能会产生小错误，有可能失败(正如许多视频片段所展示的那样)[1]。随机环境会给基于值的方法[29]带来稳定性问题。Q 值中的小扰动可能导致值基方法的策略发生较大变化。收敛通常只能在较慢的学习速率下实现，让随机性变得平稳。随机策略(目标分布)不会遇到这个问题。随机策略具有另一个优势，即不需要对贪婪性进行编码也不需要其他探索方法，因为随机策略会返回动作的分布。

基于策略的方法直接寻找适当的随机策略。纯粹的基于回合的策略方法的一个潜在缺点是其方差较高；它们可能找到局部最优解而不是全局最优解，且收敛速度比基于值的方法要慢。更新的演员-评论家方法，如 A3C、TRPO 和 PPO，被设计用来避免这些问题。本章后面将讨论这些算法。

在解释这些基于策略的智能体算法之前，先更细致地介绍一些需要这些算法的应用情况。

4.1.3　环境: Gym 和 MuJoCo

在强化学习中，机器人实验起着重要作用。但由于现实世界机器人实验的成本较高，通常会使用模拟机器人系统。尤其是在无模型的方法中，样本复杂度很高(进行数百万次实验会使真实机器人损耗严重)。这些软件模拟器会根据物理模型来模拟机器人的行为及其对环境的响应。这样就避免了使用真实机器人进行昂贵的实验，尽管会因为建模误差而损失一定的精度。两个著名的物理模型是 MuJoCo[48]和 PyBullet[5]。它

---

1 更糟糕的是，当机器人认为自己静止不动时，实际上可能正在倾倒过程中(当然，机器人并不能思考，只是我们希望它能够思考而已)。

们可以通过 Gym 环境轻松使用。

1. 机器人技术

大部分机器人应用比经典问题(如迷宫、山地车和平衡杆)更复杂。在机器人控制决策中，涉及的关节、运动方向以及自由度要比单独在一维空间移动的小车更多。典型问题包括学习视觉-动作技能(如手眼协调、抓取)或者学习多腿"动物"的不同行走方式。图 4-1 展示了一些抓取和行走机器人的示例。

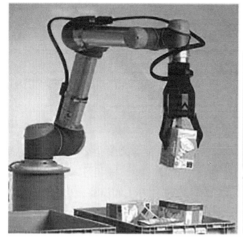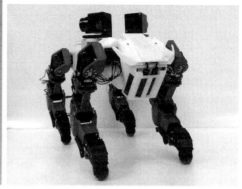

图 4-1　机器人的抓取和步态[30]

这些动作所处的环境在一定程度上是不可预测的，它们需要对诸如路面颠簸或场景中物体移动等干扰做出反应。

2. 物理模型

模拟机器人运动涉及对力量、加速度、速度和移动进行建模，还包括对弹跳球体的质量和弹性、触觉/抓取机制以及不同材料的影响进行建模。物理力学模型需要模拟真实世界中行动的结果。这样的模拟旨在对抓取、行走、步态和奔跑进行建模(另见4.3.1 节)。

这些模拟应该具备准确性。另外，由于无模型的学习算法通常涉及数百万次动作，因此物理模拟的速度也至关重要。已经开发了使用基于模型的机器人技术的不同物理环境，包括 Bullet、Havok、ODE 和 PhysX，相关比较可以参考[9]。在这些模型中，MuJoCo[48]和 PyBullet[5]在强化学习领域最受欢迎，特别是 MuJoCo 在许多实验中得到了广泛应用。

虽然 MuJoCo 的计算是确定性的，但环境的初始状态通常会随机化，因此整体上呈现出非确定性的特性。尽管 MuJoCo 进行了许多代码优化，但模拟物理仍然是一项昂贵的任务。因此，文献中的大多数 MuJoCo 实验都基于类似棍子的实体，这些实体模拟有限的运动，以限制计算需求。

图 4-2 和图 4-3 展示了强化学习中的一些常见 Gym/MuJoCo 问题的示例，包括 Ant(蚂蚁)、Half-Cheetah(半猎豹)和 Humanoid(人形机器人)。

图 4-2　Gym MuJoCo 中的 Ant 和 Half-Cheetah[4]

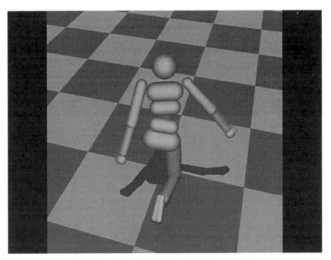

图 4-3　Gym MuJoCo 中的 Humanoid

3. 游戏

在实时视频游戏和某些纸牌游戏中，决策也是连续的。例如，在某些扑克的变体中，赌注的金额可以是任意数量，这使得动作空间相当大(尽管严格来说仍然是离散的)。在像星际争霸和夺旗这样的游戏中，对物理世界的各个方面都进行了建模，智能体的移动可以在持续时间和速度上有所不同。这些游戏的环境也是随机的：对于智能体来说，一些信息是隐藏的。这大大增加了状态空间的大小。在第 7 章讨论多智能体方法时将详细讨论这些游戏。

4.2 基于策略的智能体

既然我们已经讨论了与基于策略方法一起使用的问题和环境，现在是时候了解一下基于策略的算法是如何运作的了。在无模型的深度强化学习中，基于策略的方法是一种常用的途径。已经开发出许多表现良好的算法。在本章中，我们将介绍一些较为著名的算法，如表 4-1 所示。

表 4-1 基于策略的算法

名称	方法	参考
REINFORCE	策略梯度优化	[49]
A3C(异步优势演员-评论家)	分布式演员-评论家方法	[35]
DDPG(深度确定性策略梯度)	连续动作函数的导数	[29]
TRPO(信任区域策略优化)	动态步长	[38]
PPO(近端策略优化)	改进的 TRPO 一阶方法	[40]
SAC(软性演员-评论家)	基于方差的演员-评论家方法	[15]

我们首先直观地解释基本的基于策略方法背后的理念。接着将探讨其中的一些理论，以及基本的基于策略方法的优势和局限。然而讨论的演员-评论家方法在很大程度上缓解了这些局限性。

让我们从基于策略方法的基本思想开始。

4.2.1 基于策略的算法：REINFORCE

基于策略的方法会学习一个带有参数的策略，这个策略可在不需要借助值函数的情况下选择动作[1]。在这种方法中，策略函数直接表示出来，这使得策略能够选择连续动作，而这在基于值的方法中相对复杂。

超市导航：为了更好地理解基于策略的方法的性质，让我们再次回顾一下第 2 章中提到的超市导航任务。在这个导航问题中，可尝试用之前提到过的 Q 值函数来评估当前位置与超市的距离。Q 值函数评估了每个方向可以选择的距离；它告诉我们每个动作与目标的距离有多远。然后，我们可以利用这个距离函数找到路径。

相比之下，基于策略的方法则类似于向当地人询问路线，对方会告诉我们，例如，一直往前走，然后左转，在歌剧院处右转，继续直走，直到在左边看到超市。当地人直接给了我们一个完整的路径，而不必推断哪个动作是最近的然后确定前进的方向。接下来，我们可以尝试改进这条完整的路径。

---

1 基于策略的方法可能使用一个值函数来学习策略参数 θ，但不会将其用于动作选择。

让我们来看看如何直接优化这种直接策略，而无须借助 Q 函数的中间步骤。将开发首个通用的基于策略的算法，以便直观地看到各个部分是如何关联的。

基于策略的算法的基本框架很简单。我们从一个带参数的策略函数 π_θ 开始。具体步骤如下：①初始化策略函数的参数 θ；②抽样生成一个新的轨迹 τ；③如果 τ 是一个良好的轨迹，就将参数 θ 朝着 τ 的方向调整增加，否则减少它们；④持续进行这个过程，直到达到收敛。算法 4-1 以伪代码形式展示了这个框架。请注意，这与前一章中的代码清单 3-1 到代码清单 3-3，特别是深度学习算法中的代码，在参数优化的循环中有类似之处。

策略由一组参数 θ 表示(这些参数可以是神经网络中的权重)。这些参数 θ 共同将状态 S 映射为动作概率 A。当获得一组参数时，应该如何调整它们以改进策略呢？基本思想是随机抽样一个新策略，如果新策略更好，就稍微将参数朝着新策略的方向调整一点(如果更差，则朝相反方向调整)。让我们更详细地看看这是如何运作的。

要知道哪个策略最好，需要一种衡量其质量的方式。我们用 $J(\theta)$ 表示由这些参数定义的策略的质量。以起始状态的值函数作为质量度量是合理的选择。

$$J(\theta) = V^\pi(s_0)$$

我们希望最大化 $J(\cdot)$。当参数可微时，只需要找到一种方法来改进梯度：

$$\nabla_\theta J(\theta) = \nabla_\theta V^\pi(s_0)$$

这将最大化这个表达式的梯度，从而最大化目标函数 $J(\cdot)$。

基于策略的方法应用基于梯度的优化，使用目标函数的导数来寻找最优解。因为我们正在执行最大化操作，所以应用梯度上升法。在算法的每个时间步 t 中，我们会计算出目标函数 $J(\cdot)$ 的导数，将执行如下更新：

$$\theta_{t+1} = \theta_t + \alpha \cdot \nabla_\theta J(\theta)$$

针对学习率 $\alpha \in R+$ 和性能目标 J，请查看算法 4-1 中的梯度上升算法。

算法 4-1 梯度上升优化

输入：一个可微的目标函数 $J(\theta)$，学习率 $\alpha \in \mathbb{R}^+$，阈值 $\varepsilon \in \mathbb{R}^+$。

初始化：随机初始化 θ，其中 $\theta \in \mathbb{R}^d$。

repeat:

抽样轨迹 τ 并计算梯度 ∇_θ。

$\theta \leftarrow \theta + \alpha \cdot \nabla_\theta J(\theta)$

Until $\nabla_\theta J(\theta)$ 收敛至阈值 ε 以下

return 参数 θ

请记住，$\pi_\theta(a|s)$ 表示在状态 s 下选择动作 a 的概率。这个函数 π 由一个神经网络 θ 表示，它将输入的状态 s 映射到输出的动作概率。参数 θ 决定了函数 π 的映射方式。

我们的目标是更新这些参数，使得 π_θ 成为最优策略。动作 a 越好，我们就越希望增加参数 θ。

如果现在以某种神奇的方式知道最优动作 $a*$，那么可使用梯度将策略中每个参数 θ_t(其中 $t \in$ 轨迹)推向最优动作的方向，具体如下：

$$\theta_{t+1} = \theta_t + \alpha \nabla \pi_{\theta_t}(a^\star | s)$$

然而，我们不知道哪个动作最优，但可抽样生成一条轨迹，并对样本中动作的值进行估计。这个估计可以使用前一章中的常规 $\hat{Q}$ 函数，或使用折扣回报函数，或者是即将介绍的优势函数。然后，通过将参数的推动(概率)与我们的估计相乘，可以得到：

$$\theta_{t+1} = \theta_t + \alpha \hat{Q}(s, a) \nabla \pi_{\theta_t}(a | s)$$

这个公式存在一个问题，就是我们不仅会在具有较高值的动作上施加更大推力，而且会更频繁地这样做，因为策略 $\pi_{\theta_t}(a|s)$ 是在状态 s 下选择动作 a 的概率。因此，好的动作会得到双重改进，这可能导致不稳定性。可通过除以总体概率进行校正：

$$\theta_{t+1} = \theta_t + \alpha \hat{Q}(s, a) \frac{\nabla \pi_{\theta_t}(a|s)}{\pi_\theta(a|s)}$$

算法 4-2 蒙特卡洛策略梯度优化(REINFORCE)[49]

输入：可微的策略 $\pi_\theta(a|s)$，学习率 $\alpha \in \mathbb{R}^+$，阈值 $\varepsilon \in \mathbb{R}^+$

初始化：初始化参数 θ，其中 $\theta \in \mathbb{R}^d$

repeat

    按照 $\pi_\theta(a|s)$ 生成完整轨迹 $\tau = \{s_0, a_0, r_0, s_1, .., s_T\}$

    for $t \in 0, \ldots, T-1$ **do**   ▷对回合的每一步执行操作

        $R \leftarrow \sum_{k=t}^{T-1} \gamma^{k-t} \cdot r_k$ ▷对轨迹进行回报求和

        $\theta \leftarrow \theta + \alpha R \nabla_\theta \log \pi_\theta(a_t | s_t)$ ▷调整参数

    end for

until $\nabla_\theta J(\theta)$ 收敛至阈值 ε 以下

return 参数 θ

事实上，我们现在几乎已经接近经典的基于策略的算法，即 REINFORCE 算法，该算法由 Williams 于 1992 年引入[49]。在这个算法中，公式表达方式与对数交叉熵损失函数有相似之处。通过使用微积分的基本事实，可得到这种对数形式的公式，即：

$$\nabla \log f(x) = \frac{\nabla f(x)}{f(x)}$$

将这个公式代入方程中，得到：

$$\theta_{t+1} = \theta_t + \alpha \hat{Q}(s, a) \nabla_\theta \log \pi_\theta(a|s)$$

这个公式确实是 REINFORCE 的核心，是典型的基于策略的算法，完整的算法在

算法 4-2 中展示，带有折扣累积回报。

总之，REINFORCE 公式将策略的参数朝着更好动作的方向推动(乘以估计的动作值的大小比例)，以确定哪个动作最优。

我们已经找到了一种改进策略的方法，以直接指示应该采取的动作。无论动作是离散的、连续的还是随机的，都可以直接使用这个方法，而无须经过中间的值或 argmax 函数来找到动作。算法 4-2 展示了完整的算法。该算法称为蒙特卡洛策略梯度；之所以如此命名，是因为它对轨迹进行了抽样。

在线方法和批量方法

我们展示的梯度上升(算法 4-1)和 REINFORCE(算法 4-2)的版本在最内部的循环中更新参数。所有更新都在遍历轨迹的时间步中进行。这种方法称为在线方法。当多个进程并行工作来更新数据时，这种在线方法可确保在获取信息后立即利用。

策略梯度算法也可以批处理方式进行。所有梯度会在状态和动作上进行求和，而参数会在轨迹结束时进行更新。由于参数的更新可能很耗费时间，批处理方法可能更高效。在实际应用中经常采用的一种中间形式是使用小批量，以信息效率为代价换取计算效率。

现在让我们退一步，看看这个算法，评估它的工作效果。

4.2.2　基于策略的方法中的偏差-方差权衡

既然我们已经了解了基于策略的算法背后的原理，让我们看看基于策略的算法在实践中是如何工作的，并比较一下策略导向方法的优缺点。

让我们先来看看基于策略的方法的优势。第一，参数化是这类方法的核心，使其与深度学习相得益彰。对于基于值的方法，必须事后加入深度学习，这会带来一些复杂性(正如我们在 3.2.3 节中所看到的那样)。第二，基于策略的方法能轻松地找到随机策略；而基于值的方法则查找确定性策略。由于它们具有随机性，基于策略的方法自然而然地进行探索，无需像 ε-贪婪或更复杂的方法那样需要调整才能发挥作用。第三，基于策略的方法在处理大型或连续的动作空间时效果显著。参数 θ 的微小变化会导致策略 π 发生微小变化，进而引起状态分布的微小变化(它们变化平稳)。与大型或连续动作空间中基于 argmax 的算法相比，基于策略的算法不会受到那么多收敛和稳定性问题的困扰。

另一方面，REINFORCE 算法的回合(也称为分集)蒙特卡洛版本存在一些不足之处。需要记住的是，REINFORCE 在每次迭代中都会生成完整的随机轨迹，然后对其质量进行评估。而基于值的方法在每个时间步都会利用奖励来选择下一个动作。由于这个原因，基于策略的方法在生成完整的随机轨迹时偏差较低。然而，它们也具有较高的方差，因为完整轨迹是随机生成的(而基于值的方法在每个选择步骤都会利用值来指导)。这会导致哪些后果呢？首先，对完整轨迹进行策略评估的采样效率较低，且方差较高。因此，策略改进不太频繁；与基于值的方法相比，收敛速度较慢。另外，这种方法通常会找到局部最优解，因为达到全局最优解的过程太过漫长。

已经进行了大量研究来解决基于回合的普通策略梯度法所带来的高方差问题[2, 13, 25, 26]。这些改进方法大幅提升了性能，以至于 A3C、PPO、SAC 和 DDPG 等基于策略的方法已成为许多应用中备受青睐的无模型强化学习算法。我们要讨论的降低高方差的改进方法有：

- "演员-评论家(Actor critic)"方法引入了基于时间差值"自举"的基于值的评论家，这些评论家在一个回合内进行评价。
- "基线减法"引入了一个优势函数，以降低方差。
- "信任区域"的方法可以减少策略参数的大幅变化。
- "探索"对于摆脱局部最小值并获得更稳健的结果至关重要；常使用高熵动作分布。

让我们来看看这些增强措施。

4.2.3 演员-评论家"自举"方法

演员-评论家方法将基于值的成分与基于策略的方法结合在一起。其中，演员代表着执行动作的方法，而评论家则代表着评估值的方法[43]。

在回合 REINFORCE 中，动作选择是随机的，因此偏差较低。然而，方差很高，因为会对完整"回合"进行抽样(更新的大小和方向在不同样本之间可能会强烈变化)。演员-评论家方法旨在结合基于值的方法(方差较低)的优势和基于策略的方法(偏差较低)的优势。演员-评论家方法因其良好的表现而受到欢迎。这是一个活跃的领域，已经开发出许多不同的算法。

策略方法的方差问题主要来自两个方面：①累积奖励估计的方差较大；②梯度估计的方差较大。针对这两个问题，已经提出了解决方案：引入"自举"法来改善奖励估计，以及引入基线减法来降低梯度估计的方差。这两种方法都利用了已学习的值函数，我们用 $V_\phi(s)$ 来表示。值函数可以采用单独的神经网络，具有独立的参数 ϕ，或者可在演员参数 θ 的基础上添加一个值头部。在后一种情况下，演员和评论家共享网络的底层结构，网络拥有两个独立的头部：一个策略头部和一个值头部。为了区分，我们将使用 ϕ 表示值函数的参数，使用 θ 表示策略参数。

时序差分"自举"

为降低策略梯度的波动，我们可增加采样的轨迹数量 M。然而，对于给定的随机策略，不同轨迹的可能数量会随着轨迹长度呈指数增长，因此我们无法在一次更新中对所有轨迹进行采样。在实际操作中，我们通常只采样少量轨迹，甚至可能只有一个轨迹(M=1)，然后用这个轨迹来更新策略参数。由于轨迹的回报受到许多随机动作选择的影响，因此更新的波动性很高。解决这个问题的方法是运用从时序差分学习中学到的一个原则，逐步自举(也称为"自助采样")值函数。自举的思想是使用值函数来计算每个回合中的中间 n 步值，从而在方差和偏差之间进行权衡。这些 n 步值介于完整回合蒙特卡洛和单步时序差分目标之间。

算法 4-3 基于演员-评论家的自举方法

输入： 一个策略 $\pi_\theta(a|s)$，一个值函数 $V_\phi(s)$

估计深度为 n，学习率为 α，以及总共的回合数为 M

初始化： 随机初始化 θ 和 ϕ

repeat
    for $i \in 1, \ldots, M$ **do**
        根据 $\pi_\theta(a|s)$ 采样轨迹 $\tau = \{s_0, a_0, r_0, s_1, .., s_T\}$。
        for $t \in 0, \ldots, T-1$ **do**
            $\hat{Q}_n(s_t, a_t) = \sum_{k=0}^{n-1} \gamma^k r_{t+k} + \gamma^n V_\phi(s_{t+n})$ ▷ n 步目标
        end for
    end for
    $\phi \leftarrow \phi - \alpha \cdot \nabla_\phi \sum_t \left(\hat{Q}_n(s_t, a_t) - V_\phi(s_t) \right)^2$ ▷ 值损失下降
    $\theta \leftarrow \theta + \alpha \cdot \sum_t [\hat{Q}_n(s_t, a_t) \cdot \nabla_\theta \log \pi_\theta(a_t|s_t)]$ ▷ 策略梯度上升
until $\nabla_\theta J(\theta)$ 收敛至小于 ε
return 参数 θ

可使用自举来计算 n 步目标：

$$\hat{Q}_n(s_t, a_t) = \sum_{k=0}^{n-1} r_{t+k} + V_\phi(s_{t+n})$$

然后可更新值函数，例如，使用平方损失：

$$\mathcal{L}(\phi|s_t, a_t) = \left(\hat{Q}_n(s_t, a_t) - V_\phi(s_t) \right)^2$$

并使用改进的值 $\hat{Q}_n$ 进行标准策略梯度的更新：

$$\nabla_\theta \mathcal{L}(\theta|s_t, a_t) = \hat{Q}_n(s_t, a_t) \cdot \nabla_\theta \log \pi_\theta(a_t|s_t)$$

在这个算法中，我们突出地使用了由单独一组参数(用 ϕ 表示)来描述的值函数，而策略的参数仍然用 θ 表示。同时使用策略和值函数是演员-评论家方法得名的原因。

算法 4-3 中展示了一个示例算法。将这个算法与算法 4-2 进行比较时，可以看到策略梯度上升更新现在使用了 n 步的 $\hat{Q}_n$ 值估计，而不是轨迹回报 R。此外可看到，这次参数的更新是以批处理方式进行的，各自有独立的求和过程。

4.2.4 基线减法与优势函数

另一种降低策略梯度方差的方法是基线减法。从一组数字中减去一个基线可以减少方差，但不会影响期望值。想象一个给定状态下有三个可选的动作，分别得到的动作回报是65、70和75。策略梯度算法会试图提高每个动作的概率，因为每个动作的回报都是正的。然而，上述方法可能引发一个问题，因为我们会将所有动作都推向更高的概率(其中一个动作可能更难一些)。最好只提高高于平均值的动作的概率(在这个例子中，动作75高于平均值70)，并减少低于平均值的动作的概率(在这个例子中是65)。可通过基线减法来实现这一点。

算法 4-4 带有自举和基线减法的演员-评论家方法

输入：一个策略 $\pi_\theta(a|s)$，一个值函数 $V_\phi(s)$

估计深度为 n，学习率为 α，总回合数为 M

初始化：随机初始化 θ 和 ϕ

while 未收敛 **do**

    for $i = 1, \ldots, M$ **do**

        根据 $\pi_\theta(a|s)$ 采样轨迹 $\tau = \{s_0, a_0, r_0, s_1, .., s_T\}$。

        for $t = 0, \ldots, T-1$ **do**

            $\hat{Q}_n(s_t, a_t) = \sum_{k=0}^{n-1} \gamma^k r_{t+k} + \gamma^n V_\phi(s_{t+n})$ ▷ n 步目标

            $\hat{A}_n(s_t, a_t) = \hat{Q}_n(s_t, a_t) - V_\phi(s_t)$ ▷ 优势

        end for

    end for

    $\phi \leftarrow \phi - \alpha \cdot \nabla_\phi \sum_t \left(\hat{A}_n(s_t, a_t) \right)^2$ ▷ 优势损失下降

    $\theta \leftarrow \theta + \alpha \cdot \sum_t [\hat{A}_n(s_t, a_t) \cdot \nabla_\theta \log \pi_\theta(a_t|s_t)]$ ▷ 策略梯度上升

end while

return 参数 θ

基线最常见的选择是值函数。当我们从状态-动作值估计 Q 中减去值 V 时，该函数被称为优势函数：

$$A(s_t, a_t) = Q(s_t, a_t) - V(s_t)$$

A 函数从状态-动作值中减去状态 s 的值。它现在估计了特定动作相对于特定状态的预期优势程度。

可将基线减法与任何自举方法结合起来，以估计累积奖励 $\hat{Q}(s_t, a_t)$。我们计算：

$$\hat{A}_n(s_t, a_t) = \hat{Q}_n(s_t, a_t) - V_\phi(s_t)$$

然后使用下式更新策略：

$$\nabla_\theta \mathcal{L}(\theta|s_t, a_t) = \hat{A}_n(s_t, a_t) \cdot \nabla_\theta \log \pi_\theta(a_t|s_t)$$

我们已经了解了构建完整演员-评论家算法的要素。算法 4-4 展示了一个示例算法。

通用策略梯度公式

有了这两个概念,我们可以制定一整套策略梯度方法,根据它们所用的累积奖励估计方法的不同而变化。通常情况下,策略梯度估计器的形式如下,现在引入一个新的目标值 t,该值从轨迹 τ 中采样得到:

$$\nabla_\theta J(\theta) = \mathbb{E}_{\tau_0 \sim p_\theta(\tau_0)} \left[\sum_{t=0}^{n} \psi_t \nabla_\theta \log \pi_\theta(a_t | s_t) \right]$$

针对目标值 ψ_t,有多种潜在的选择,可以基于自举和基准值减法进行考虑:

$$\psi_t = \hat{Q}_{MC}(s_t, a_t) = \sum_{i=t}^{\infty} \gamma^i \cdot r_i \qquad \text{蒙特卡洛目标}$$

$$\psi_t = \hat{Q}_n(s_t, a_t) \quad = \sum_{i=t}^{n-1} \gamma^i \cdot r_i + \gamma^n V_\theta(s_n) \qquad \text{自举}(n \text{ 步目标})$$

$$\psi_t = \hat{A}_{MC}(s_t, a_t) = \sum_{i=t}^{\infty} \gamma^i \cdot r_i - V_\theta(s_t) \qquad \text{基准值(基线)减法}$$

$$\psi_t = \hat{A}_n(s_t, a_t) \quad = \sum_{i=t}^{n-1} \gamma^i \cdot r_i + \gamma^n V_\theta(s_n) - V_\theta(s_t) \quad \text{基准值+自举}$$

$$\psi_t = Q_\phi(s_t, a_t) \qquad Q \text{ 值近似}$$

在实际应用中,演员-评论家算法是最受欢迎的无模型强化学习算法之一,因为它们表现出色。讨论相关的理论背景后,现在是时候看一下如何在实际的高性能算法中实现演员-评论家算法了。我们将从 A3C 算法开始讲解。

异步优势演员-评论家算法(A3C)

许多高性能的实现都基于演员-评论家方法。对于大规模问题,通常会将算法进行并行化,并在大型集群计算机上实施。其中一个知名的并行算法是异步优势演员-评论家算法(A3C)。A3C 是一个框架,它利用异步(并行和分布式)梯度下降来优化深度神经网络控制器[35]。

还有一种非并行版本的 A3C,称为同步变体 A2C[50]。这两者共同推广了这种演员-评论家方法。图 4-4 展示了 A3C 的分布式架构[22];算法 4-5 展示了来自 Mnih 等人的伪代码[35]。A3C 网络将同时估计值函数 $V_\phi(s)$、优势函数 $A_\phi(s,a)$ 以及策略函数

$\pi_\theta(a|s)$。在 Atari 实验中[35]，神经网络的顶部(图 4-4 中的橙色部分)是独立的全连接策略和值头部，然后是联合卷积网络(蓝色部分)。这个网络架构在分布式 worker 之间进行复制。每个 worker 在独立的处理器线程上运行，并定期与全局参数进行同步。

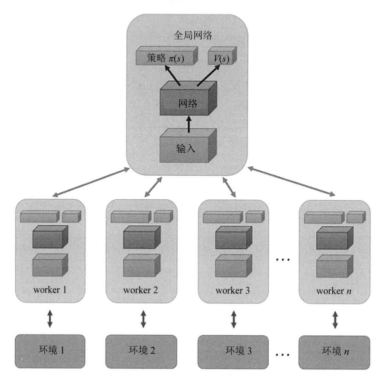

图 4-4　A3C 网络[22]

　　A3C 对经典的 REINFORCE 算法进行了多方面的改进。首先，它采用了优势演员-评论家的结构；其次，引入了深度学习技术；最后，充分利用了训练阶段中的并行计算。代码末尾的梯度累积步骤实际上是对基于小批量随机梯度更新的并行计算方法的重新表述：在每个训练线程中，分别调整 φ 或 θ 的值。A3C 的一个重要贡献来自其并行化和异步化的架构：多个演员-学习者被分配到不同的环境实例中，它们与环境交互，收集经验，并将梯度更新异步推送到一个中央的目标网络(类似于 DQN 的方式)。

　　研究发现，并行的演员-学习者对训练具有稳定化的效果。A3C 在 Atari 领域不仅在性能上超越了先前的技术水平，还在各种连续动作控制问题上表现出色，同时成功地完成了一项新任务，该任务要求利用高分辨率视觉输入来导航随机生成的 3D 迷宫[35]。

算法 4-5　每个演员-学习者线程的异步优势演员-评论家伪代码[35]
输入：
假设存在全局共享的参数 θ 和 φ，以及全局共享的计数器 $T = 0$

假设线程特定的参数为 θ 和 φ'

初始化线程步数计数器 t 为 1

repeat

    重置梯度：$\mathrm{d}\theta \leftarrow 0$ 且 $\mathrm{d}\varphi \leftarrow 0$

    同步线程特定的参数：$\theta = \theta$ 且 $\varphi' = \varphi$

    $t_{start} = t$

    得到状态 s_t

    repeat

        根据策略 $\pi(a_t|s_t; \theta)$ 执行动作 a_t

        接收奖励 r_t 和新状态 s_{t+1}

        $t \leftarrow t + 1$

        $T \leftarrow T + 1$

    until 终止状态 s_t 或 t - $t_{start} = t_{max}$

    $R = \begin{cases} 0 & \text{对于终止状态} s_t \\ V(s_t, \phi') & \text{对于非终止状态 } s_t \text{ // 从上一个状态进行自举} \end{cases}$

    for $i \in \{t-1, \ldots, t_{start}\}$ **do**

        $R \leftarrow r_i + \gamma R$

        累积梯度 wrtθ'：$\mathrm{d}\theta \leftarrow \mathrm{d}\theta + \nabla_{\theta'} \log \pi(a_i|s_i; \theta')(R - V(s_i; \phi'))$

        累积梯度 wrtϕ'：$\mathrm{d}\phi \leftarrow \mathrm{d}\phi + \partial \left(R - V(s_i; \phi')\right)^2 / \partial \phi'$

end for

使用 $\mathrm{d}\theta$ 异步更新 θ，同时使用 $\mathrm{d}\phi$ 异步更新 ϕ。

until $T > T_{max}$

4.2.5 信任域优化

进一步降低策略方法方差的另一个重要方法是信任域方法。信任区域策略优化 (TRPO)通过在优化问题中使用特殊的损失函数，并添加附加约束，来进一步减少策略参数的高度变化性[38]。

加速算法的一种朴素方法是尝试增加超参数(如学习率和策略参数)的步长。然而，这种方法无法揭示那些隐藏在更细粒度轨迹中的解决方案，而且优化会收敛到局部最优解。因此，步长不应过大。一种更智能的方法是使用自适应步幅，其基于优化进度的输出。

信任域在一般的优化问题中用于限制更新的幅度[42]。这些算法的工作原理通过计算逼近质量来判断；如果逼近仍然良好，信任域就会扩大。相反，如果新的策略与当前策略的差异变得很大,信任域就会缩小。

Schulman 等人[38]基于这些思想引入了 TRPO,其目标是在策略上尝试采取最大可能的参数改进步骤,同时避免意外地引起性能下降。

为实现这个目标,TRPO 在抽样不同策略时,会对比旧策略和新策略:

$$\mathcal{L}(\theta) = \mathbb{E}_t \left[\frac{\pi_\theta(a_t|s_t)}{\pi_{\theta_{\mathrm{old}}}(a_t|s_t)} \cdot A_t \right]$$

为提升学习的步幅,TRPO 致力于最大化损失函数 $\mathcal{L}$,同时遵循一个限制条件,即确保旧策略和新策略之间的差异不会太大。在 TRPO 中,使用 Kullback-Leibler 散度[1]来达成这个目标:

$$\mathbb{E}_t[\mathrm{KL}(\pi_{\theta_{\mathrm{old}}}(\cdot|s_t), \pi_\theta(\cdot|s_t))] \leqslant \delta$$

TRPO 适用于复杂的高维问题。最初的实验展示了它在模拟机器人的游泳、跳跃、行走等动作以及 Atari 游戏中的稳健表现。TRPO 在实验中经常用作基准,用于新算法的开发。不过,TRPO 的一个缺点是它是一个使用二阶导数的复杂算法,这里不会详细介绍其伪代码。你可以在 Spinning Up[2] 和 Stable Baselines[3] 中找到具体实现。

PPO(近端策略优化)[40]是在改进 TRPO 的基础上开发的。PPO 在保留了一些 TRPO 优点的同时,更容易实施,更通用,具有更好的实证样本复杂性和更高的运行时效率。它受到与 TRPO 相同的问题的启发,即在不导致性能崩溃的前提下,尽可能大幅度地改进策略参数。

PPO 有两个变种:PPO-Penalty 和 PPO-Clip。PPO-Penalty 近似解决了 KL 受限更新(类似于 TRPO),但仅在目标函数中对 KL 散度进行惩罚,而不是将其作为硬约束。PPO-Clip 在目标函数中不使用 KL 散度项,也没有约束。相反,它依赖于在目标函数中进行剪裁,以消除"新策略远离旧策略"的激励;它会将旧策略和新策略之间的差异剪裁在固定范围 $[1 - \epsilon, 1 + \epsilon] \cdot A_t$ 内。

虽然比 TRPO 简单,但 PPO 在实现时仍然是一个复杂的算法,这里省略了代码。PPO 的作者提供了一个基准实现[4]。TRPO 和 PPO 都是在线算法。此外,Hsu 等人在文献[20]中对 PPO 的设计选择进行了深入思考。

4.2.6 熵和探索

在许多深度强化学习实验中,只对状态空间的一小部分进行抽样会引发一个问题,即脆弱性:算法容易陷入局部最优解,而不同的超参数选择可能导致性能出现很大的

---

1 Kullback-Leibler 散度是衡量概率分布之间距离的一种方法[3, 28]。

2 见[link3]。

3 见[link4]。

4 见[link5]。

差异。甚至随机数生成器的不同种子选择，也可能导致许多算法的性能有很大差异。

在处理大规模问题时，无论是基于值的方法还是基于策略的方法，探索都至关重要。我们必须鼓励在某些情况下尝试一些看起来不太理想的动作，即使它们目前似乎不是最优选择[36]。探索过少会导致结果不稳定、局限和次优。

当我们学习一个确定性策略 $\pi_\theta(s) \to a$ 时，可以手动地向行为策略添加探索性噪声。在连续动作空间中，可使用高斯噪声，而在离散动作空间中，可使用狄利克雷噪声[27]。例如，在一维连续动作空间中，可以使用：

$$\pi_{\theta,\text{behavior}}(a|s) = \pi_\theta(s) + \mathcal{N}(0, \sigma)$$

这里的 $\mathcal{N}(\mu, \sigma)$ 是具有超参数均值 $\mu=0$ 和标准差 σ 的高斯(正态)分布；其中，σ 是探索超参数。

软性演员-评论家(Soft Actor-Critic，SAC)算法

当学习一个随机策略 $\pi(a|s)$ 时，由于策略的随机性质，探索已经在一定程度上得到了保证。举个例子，当我们预测一个高斯分布时，简单地从这个分布中采样会为所选择的动作引入变化。

$$\pi_{\theta,\text{behavior}}(a|s) = \pi_\theta(a|s)$$

然而，当探索不足时，一个潜在的问题是策略分布的崩溃。分布变得过于狭窄，我们失去了良好性能所需的探索压力。

虽然我们可以简单地添加额外的噪声，另一个常见的方法是使用熵正则化(详见 A.2 节)。我们会在损失函数中额外添加一个惩罚项，将分布的熵 H 维持较大的范围内。软性演员-评论家(SAC)算法是一个着重于探索的著名算法[15, 16][1]。SAC 将策略梯度方程扩展至：

$$\theta_{t+1} = \theta_t + R \cdot \nabla_\theta \log \pi_\theta(a_t|s_t) + \eta \nabla_\theta H[\pi_\theta(\cdot|s_t)]$$

其中，$\eta \in \mathbb{R}^+$ 是一个常数，它决定了熵正则化的程度。SAC 确保我们将策略 $\pi_\theta(a|s)$ 转移到最优策略，同时确保策略保持尽可能宽广(在两者之间进行权衡)。

熵的计算公式为 $H = -\sum_i p_i \log p_i$，其中 p_i 是处于状态 i 的概率；在 SAC 中，熵是随机策略函数的负对数，即 $-\log\pi_\theta(a|s)$。

高熵策略有助于促进探索。首先，这种策略鼓励更广泛地进行探索，同时放弃那些明显不太可能成功的途径。其次，随着探索能力的增加，学习速度也会提高。

大多数基于策略的算法(包括 A3C、TRPO 和 PPO)通常只优化期望值。通过在优化目标中明确包含熵，SAC 能够提高结果策略的稳定性，使得在不同的随机种子下都能得到稳定结果，并减少对超参数设置的敏感性。将熵纳入优化目标已经被广泛研究，可以参考文献[14, 23, 37, 47, 52]。

---

1 见[link6]。

SAC 为了提高稳定性和样本效率，还引入了一个回放缓冲区。许多基于策略的算法都是基于现行策略的学习者(包括 A3C、TRPO 和 PPO)。在现行策略算法中，每次策略改进都根据最新版本的行为策略的动作反馈进行。虽然现行策略方法能够很好地收敛，但通常需要大量样本。相比之下，许多基于值的算法是离线策略的学习者：每次策略改进都可以使用在训练过程的任何早期阶段收集的反馈，而不管当时行为策略在探索环境时的行为如何。回放缓冲区就是这种机制，它能跳出局部最大值。较大的回放缓冲区会导致离线策略行为，不仅通过从过去的行为中学习来提高样本效率，还可能导致收敛问题。与 DQN 类似，SAC 已经解决了这些问题，并实现了稳定的离线策略性能。

4.2.7 确定性策略梯度

演员-评论家方法通过融合不同的基于值的思想，对基于策略的方法进行了改进，取得了良好效果。另一种将策略和值方法结合的方式是将一个学习到的值函数作为可微分的目标，用于优化策略——我们让策略按照值函数的指导进行更新[36]。一个示例是确定性策略梯度(Deterministic Policy Gradient，DPG) [41]方法。假设我们收集了数据 D 并训练了一个值网络 $Q_\phi(s,a)$。然后，可以尝试通过优化值网络的预测来调整确定性策略的参数 θ：

$$J(\theta) = \mathbb{E}_{s \sim D}\left[\sum_{t=0}^{n} Q_\phi(s, \pi_\theta(s))\right]$$

应用链式法则，可得到以下梯度表达式：

$$\nabla_\theta J(\theta) = \sum_{t=0}^{n} \nabla_a Q_\phi(s, a) \cdot \nabla_\theta \pi_\theta(s)$$

实质上，我们首先基于抽样数据训练一个状态-动作值网络，然后通过链式计算梯度，让策略遵循值网络。这样，我们将策略网络朝着那些能够提升值网络预测的动作 a 的方向调整，朝着表现更好的动作方向前进。

Lillicrap 等人提出了深度确定性策略梯度(Deep Deterministic Policy Gradient，DDPG)[29]。它在 DQN 的基础上进行了改进，旨在应用于连续动作函数。在 DQN 中，如果我们知道最优的动作值函数 $Q^*(s, a)$，那么最优的动作 $a^*(s)$ 可以通过 $a^*(s)$=argmax$_a Q^*(s,a)$来找到。DDPG 利用了连续函数 $Q(s, a)$关于动作参数的导数，以有效地逼近 max$_a Q(s, a)$。DDPG 还基于 DPG (Deterministic Policy Gradients，确定性策略梯度)[41]和 NFQCA(Neurally Fitted Q-learning with Continuous Actions，适用于连续动作的神经网络拟合 Q-learning)[17]算法，这两种算法都是演员-评论家算法。

算法 4-6 DDPG 算法[29]

随机初始化评论家网络 $Q_\phi(s,a)$ 和演员 $\pi_\theta(s)$，分别使用权重 ϕ 和 θ。

使用权重 ϕ 初始化目标网络 Q' 和 π'，即 $\phi' \leftarrow \phi$ 和 $\theta' \leftarrow \theta$。

初始化回放缓冲区 R：

for episode = 1, M **do**

　　初始化一个用于动作探索的随机过程 N。

　　接收初始观测状态 s_1。

　　for t = 1, T **do**

　　　　　　根据当前策略和探索噪声，选择动作 $a_t=\pi_\theta(s_t)+N_t$。

　　　　　　执行动作 a_t，观察奖励 r_t，并观察新状态 s_{t+1}。

　　　　　　将转换 (s_t,a_t,r_t,s_{t+1}) 存储在回放缓冲区 R 中。

　　　　　　从回放缓冲区 R 中随机抽取一个大小为 N 的小批量转换数据 (s_i, a_i, r_i, s_{i+1})。

　　　　　　设置 $y_i = r_i + \gamma Q_{\phi'}(s_{i+1}, \pi_{\theta'}(s_{i+1}))$。

　　　　　　通过最小化损失来更新评论家网络 $\mathcal{L} = \frac{1}{N} \sum_i (y_i - Q_\phi(s_i, a_i))^2$。

　　　　　　使用抽样的策略梯度来更新演员策略：

$$\nabla_\theta J \approx \frac{1}{N} \sum_i \nabla_a Q_\phi(s, a)|_{s=s_i, a=\mu(s_i)} \nabla_\theta \pi_\theta(s)|_{s_i}$$

　　　　　　更新目标网络：

$$\phi' \leftarrow \tau\phi + (1 - \tau)\phi'$$

$$\theta' \leftarrow \tau\theta + (1 - \tau)\theta'$$

　　end for

end for

DDPG 的伪代码在算法 4-6 中展示。DDPG 能够直接从原始像素输入中学习策略，在模拟物理任务中表现出色，可处理经典问题(如倒立摆、夹具、行走者和车辆驾驶)。DDPG 是一种离线策略方法，利用回放缓冲区和独立的目标网络，实现了与 DQN 类似的稳定的深度强化学习。

DDPG 是一种流行的演员-评论家算法。除了原始论文[29]外，还可在 Spinning Up[1] 和 Stable Baselines[2] 中找到带有注释的伪代码和高效的实现。

1　见[link7]。

2　见[link8]。

结论

我们已经看到了许多将策略和值方法结合起来的算法，也看到了如何将这些构建块进行可能的组合，以创建有效的算法。图 4-5 提供了一个概念性地图，展示了不同方法之间的关系，还包括后面章节中将讨论的两种方法(AlphaZero 和进化方法)。

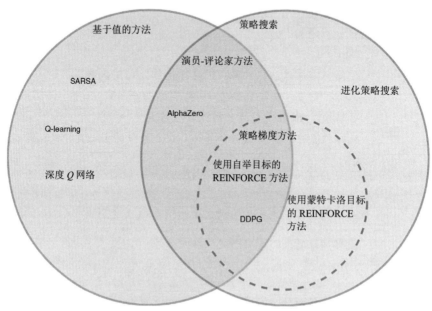

图4-5　基于值的方法、基于策略的方法和演员-评论家方法[36]

研究人员构建了许多算法并进行实验，以确定它们在何种情况下表现最佳。已经开发出了许多演员-评论家算法。高性能的 Python 实现可在 GitHub 的 Stable Baselines 项目中找到[1]。

4.2.8　实际操作：MuJoCo 中的 PPO 和 DDPG 示例

OpenAI 的 Spinning Up 提供了关于策略梯度算法的教程，包括使用 TensorFlow 和 PyTorch 版本的 REINFORCE 来学习 Gym 的倒立摆问题[2]。可以使用 TensorFlow 代码[3] 或 PyTorch 代码[4]进行学习。

既然我们已经讨论了这些算法，让我们看看它们在实践中是如何运作的，以更好地理解算法及其超参数。MuJoCo 是在基于策略的学习实验中最常用的物理模拟器。

1　见[link9]。

2　见[link10]。

3　见[link11]。

4　见[link12]。

Gym、稳定基线和 Spinning Up 允许我们运行各种混合的学习算法和实验环境。我们鼓励你亲自尝试这些实验。

然而，请注意，试图安装所有必要的软件可能导致一些小版本兼容性问题。你的操作系统、Python 版本、GCC 版本、Gym 版本、Baselines 版本、TensorFlow 或 PyTorch版本以及 MuJoCo 版本都需要保持一致，才能在屏幕上看到流畅移动的手臂、腿部和跳跃的人像。遗憾的是，并非所有这些版本都向后兼容，尤其是从 Python 2 升级到 3以及从 TensorFlow 1 升级到 2 时引入了不兼容的语言变更。

确保所有组件正常运行可能需要一些努力，可能需要切换设备、操作系统和编程语言，但你真的应该尝试一下。这就是参与机器学习研究中一个快速发展领域的不足之处。如果你的当前操作系统和Python版本无法正常工作,通常建议从Linux Ubuntu(或macOS)、Python 3.7、TensorFlow 1 或 PyTorch、Gym 以及 Baselines 的组合开始尝试。在遇到错误消息时，可以在 GitHub 存储库或 Stack Overflow 上搜索答案。有时可能需要使用较旧的版本，或者进行一些更改以包括路径或库路径。

如果一切顺利, Spinning Up 和 Baselines 都提供了便捷的脚本，可以通过命令行方便地组合和匹配算法与环境。

例如，要在 MuJoCo 的 Walker 环境上运行 Spinup 的 PPO 算法，使用一个 32×32的隐藏层，可使用以下命令行完成任务：

```
python -m spinup.run ppo
--hid "[32,32]" --env Walker2d-v2 --exp_name mujocotest
```

要在 Half-Cheetah 环境上使用 Baselines 训练 DDPG 算法，命令如下：

```
python -m base-lines.run
--alg=ddpg --env=HalfCheetah-v2 --num_timesteps=1e6
```

所有超参数都可以通过命令行进行控制，为运行实验提供了灵活的方式。最后一个示例的命令是：

```
python scripts/all_plots.py
-a ddpg -e HalfCheetah Ant Hopper Walker2D -f logs/
-o logs/ddpg_results
```

Stable Baselines(稳定基线)网站解释了这个命令行的作用。

4.3　运动与视觉-运动环境

我们已经了解了许多不同的基于策略的强化学习算法，可以在具有连续动作空间的智能体中使用。让我们更仔细地看看它们所应用的环境以及它们的表现如何。

基于策略的方法,尤其是演员-评论家策略/值混合方法,在许多问题中都表现良好,无论是在离散动作空间还是连续动作空间中。这些方法通常在复杂的高维机器人应用上进行测试[24]。让我们看看已经用于开发 PPO、A3C 和其他算法的环境类型。

有两个应用领域是机器人运动和视觉-运动交互。这两个问题吸引了许多研究人员，也产生了许多新的算法，其中一些算法能够获得令人印象深刻的性能表现。对于这两个问题，我们将详细讨论一些具体结果。

4.3.1 机器人运动

在四足生物的运动问题中，学习步态是一个关键挑战。人类有两条腿，可以进行行走、奔跑和跳跃等动作。而四足动物(如狗和马)则有不同的步态，它们的腿可能以更有趣的方式移动，例如小跑、慢跑和飞奔。对机器人而言，我们通常提出的挑战更简单。典型的强化学习任务包括让单腿机器人学会跳跃，让双足机器人学会行走和跳跃，以及让四足机器人学会协调使用多条腿来向前运动。学习这些动作的策略可能需要相当大的计算成本，但也出现了一个成本较低的模拟虚拟生物：双足"半猎豹"，它的任务是向前奔跑。我们已经在图 4-2 和图 4-3 中看到了这样一些机器人生物。

我们要讨论的第一种方法是由 Schulman 等人提出的[39]。他们报告了一系列实验，其中人形双足动物和四足动物需要学会站立和学习奔跑步态。这些任务都属于具有挑战性的三维运动任务，之前曾尝试使用手工设计的策略来解决。图 4-6 展示了一系列状态。

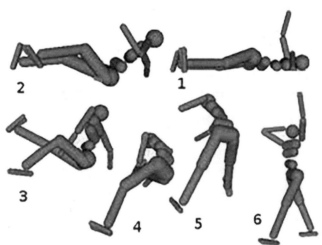

图 4-6 人形机器人的站立[39]

这些情况下，挑战实际上相当引人注目：智能体只有在向前移动时才会获得正面奖励；仅凭这一点，它必须通过反复试错来自主学会如何控制所有肢体；没有任何提示来告诉它如何控制一条腿或其作用是什么。这些结果最好通过关于学习过程的视频来观看[1]。

作者采用了一种带有信任区域的优势演员-评论家算法。这个算法完全不依赖模型，使用模拟的物理环境进行学习，据报道需要一到两周的训练时间。学会行走是一个相当复杂的挑战。

在另一项研究中，Heess 等人[18]报告了一种从像素输入到模拟电机执行的复杂机器人运动的端到端学习方法。图 4-7 展示了一个双足机器人如何跨越障碍，而图 4-8 展示了一个四足动物机器人跨越障碍的过程。智能体学会在环境需要的情况下奔跑、跳跃、蹲下和转向，无需明确的奖励设计或其他手工制定的特征。在这个实验中，采用了分布式版本的 PPO 算法。有趣的是，研究人员强调使用丰富多样且具有挑战性的环境有助于促进复杂行为的学习，并且这种学习在各种任务中都表现出了鲁棒性。

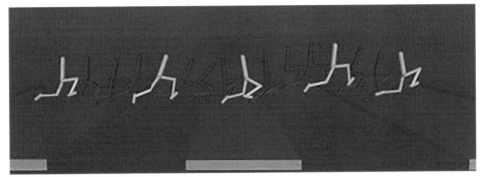

图 4-7　双足机器人跨越障碍

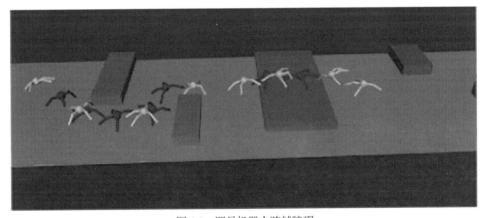

图 4-8　四足机器人跨越障碍

4.3.2　视觉-运动交互

在进行机器人运动的"端到端"学习实验时，通常会从仿真软件计算出的状态派

1　见[link13]。

生特征直接获取输入。而进一步逼近真实世界的交互则直接从相机像素学习。这种情况下，我们需要对视觉-运动交互任务中的手-眼协调进行建模，环境的状态必须从相机或其他视觉手段中推断出来，然后转化为关节(肌肉)的动作。

视觉-运动互动是一项困难的任务，需要多种技术协同工作。不同的环境被引入来测试算法。Tassa 等人报告了机器人自主运动中的基准测试工作(使用 MuJoCo[45])，引入了 DeepMind 控制套件，该套件由不同 MuJoCo 控制任务组成的环境组成(见图 4-9)。作者还提出了使用 A3C、DDPG 和 D4PG(分布式深度确定性策略梯度的分布式版本——DDPG 的扩展算法)的学习智能体的基准实现。

除了从状态派生特征中学习外，还展示了智能体从 84×84 像素的信息中学习，这是一种模拟的视觉-运动交互形式。DeepMind 控制套件专门为领域内的进一步研究而设计[31~34, 46]。其他环境套件包括 Meta-World[51]、Surreal[10]和 RLbench[21]。

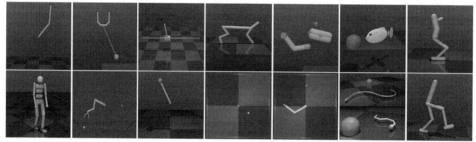

图 4-9　DeepMind 控制套件。顶部：摆动杆、杯中小球、倒立摆、猎豹、手指、鱼类、跳跃者。底部：人形、操纵器、摆锤、质点、触手、游泳者(6 和 15 的连接)、行者(双足机器人)[45]

视觉-运动交互是一个具有挑战性的问题，仍然是一个活跃的研究领域。

4.3.3　基准测试

基准测试工作在这个领域中非常重要[7]。Henderson 等人[19]发表了一项有影响力的研究，探讨了不同超参数设置和不确定性对结果的影响，他们试图重现领域内许多已发表的研究。他们发现结果变化很大，总体上，结果的可复现性存在问题。他们得出的结论是，如果没有明确的评估指标和更统一的实验报告标准，很难确定新方法是否真正超越了之前的最优方法[19]。更多的研究[1][1] 也证实了这些发现。如今，越来越多的研究在发表时附上了代码、超参数以及实验环境的信息。

受到在游戏领域取得成功的街机学习环境的启发，人们引入了一些针对具有高度状态和动作复杂性的连续控制任务的基准测试套件[7, 12][2]。这些任务包括 3D 人形角色的运动、部分可见性任务，以及带有层次结构的任务。在运动任务中，包括了游泳者、

---

1 见[link14]。

2 该论文中提到的套件被称为 RLlab。套件的更新版本被命名为 Garage。另参见附录 C。

跳跃者、行者(双足机器人行走)、半猎豹、蚂蚁、简单人形和完整人形等,目标是以尽可能快的速度前进。由于这些任务的动作自由度很高,因此很具有挑战性。部分可见性任务是通过增加噪声或者省略掉观测数据的某些部分来实现的。而层次任务则包括底层任务(如学会移动)和高层任务(如找到迷宫出口)。

4.4 本章小结

基于策略的无模型方法是深度强化学习中最受欢迎的方法之一。对于大型连续动作空间,间接的基于值的方法并不太适合,因为它们使用 argmax 函数来找到与值最匹配的动作。与基于值的方法逐步进行不同,纯粹的基于策略的方法会预测整个未来的轨迹或者一个完整的回合(分集)。基于策略的方法使用参数化的当前策略,这在神经网络作为策略函数的逼近器时非常合适。

在完整轨迹展开之后,会计算轨迹的奖励和值,并使用梯度上升来更新策略参数。由于值只在一个回合结束时才知道,经典的基于策略的方法比基于值的方法具有更高的方差,可能会收敛到局部最优解。最著名的经典基于策略的方法被称为 REINFORCE。

演员-评论家方法将值网络添加到策略网络中,以兼具两种方法的优点。为了减少方差,可以添加 n 步时序差分自举,并减去一个基准值,从而得到所谓的优势函数(通过从未来状态的动作值中减去父状态的值,将它们的期望值更接近于零)。著名的演员-评论家方法包括 A3C、DDPG、TRPO、PPO 和 SAC[1]。A3C 采用异步(并行、分布式)实现,DDPG 是适用于连续动作空间的 DQN 演员-评论家版本,TRPO 和 PPO 利用信任区域在非线性空间中实现自适应步长,而 SAC 则优化策略的期望值和熵。基准研究表明,这些演员-评论家算法的性能与基于值的方法不相上下,甚至更优[7, 19]。

机器人学习是基于策略方法最受欢迎的应用之一。无模型方法的样本效率较低,为了避免在进行数百万次样本采样后造成磨损成本,大多数实验使用物理仿真作为环境,比如 MuJoCo。机器人学习的两个主要应用领域是运动(学习行走、学习奔跑)和视觉-运动交互(直接从摄像头图像中学习自己的动作)。

4.5 扩展阅读

基于策略的方法长时间以来一直是一个活跃的研究领域。它们在"机器人学"应用以及其他具有连续动作空间的应用中,天然地适用于深度函数逼近,因此引起了研

---

1 分别是异步优势演员-评论家(A3C)、深度确定性策略梯度(DDPG)、信任区域策略优化(TRPO)、近端策略优化(PPO)、软性演员-评论家(SAC)。

究界的广泛关注。经典的基于策略的算法是 Williams 的 REINFORCE[49]，它基于策略梯度定理，详情可见[44]。我们的解释基于[6, 8, 11]。在演员-评论家方法中将策略和基于值的方法结合在一起，这个想法在 Barto 等人的研究中进行了讨论[2]。Mnih 等人[35]引入了一种高效的现代并行实现，名为 A3C。在深度 Q 网络(DQN)取得成功后，Lillicrap 等人提出了适用于连续动作空间的基于策略的方法，称为 DDPG[29]。Schulman 等人致力于信任区域的研究，提出了广受欢迎的高效算法 TRPO[38]和 PPO[40]。

关于基于策略的方法的重要基准研究包括 Duan 等人[7]和 Henderson 等人[19]的工作。这些论文在强化学习研究中促进了可复现性的发展。

用于测试基于策略的方法的软件环境包括 MuJoCo[48]和 PyBullet[5]。Gym[4]和 DeepMind 控制套件[45]都集成了 MuJoCo，并提供了易于使用的 Python 界面。围绕 DeepMind 控制套件已经形成一个活跃的研究社区。

4.6　习题

我们已经来到本章的末尾，现在是测试学习成果的时候了。

4.6.1　复习题

以下是一些简单问题，以检查你对本章内容的理解。对于每个问题，使用简单的一句话进行回答。

1. 为什么基于值的方法在连续动作空间中难以使用？
2. 什么是 MuJoCo？能否列举一些示例任务？
3. 基于策略的方法的一个优势是什么？
4. 全轨迹策略型方法的缺点是什么？
5. 演员-评论家方法和纯基于策略的方法之间的区别是什么？
6. 演员-评论家方法使用多少组参数集？它们如何在神经网络中表示？
7. 蒙特卡洛 REINFORCE、n 步方法和时序差分自举之间的关系是什么？
8. 什么是优势函数？
9. 描述一个 MuJoCo 任务；PPO 等方法可以学习并很好地执行该任务。
10. 在 PPO 和 SAC 等高性能算法中，列举两种可进一步改进自举和优势函数的演员-评论家方法。
11. 为什么从图像输入中学习机器人动作很难？

4.6.2　练习题

现在让我们来看一下编程练习。如果尚未安装 MuJoCo 或 PyBullet，请安装它们，并安装 DeepMind 控制套件 [1]。我们将使用 Stable Baselines 中的智能体算法。此外，请浏览 DeepMind 控制套件在 GitHub 上的示例目录，并研究 Colab notebook。

1. REINFORCE。前往 Medium 博客 [2]，重新实现 REINFORCE 算法。你可以选择 PyTorch 或 TensorFlow/Keras，如果选择后者，你需要进行适当调整。在一个具有离散动作空间的环境中运行该算法，并与 DQN 进行比较。哪个效果更好？然后在一个具有连续动作空间的环境中运行。请注意，Gym 提供了 Mountain Car 的离散版本和连续版本。

2. 算法。在 Baselines 中的 Walker(行者)环境运行 REINFORCE 算法。运行 DDPG、A3C 和 PPO 算法。对它们运行不同的时间步数。制作图表。比较训练速度和结果质量。通过调整超参数来加深对影响的直觉。

3. 套件。探索一下 DeepMind 控制套件。查看提供了哪些环境以及如何使用它们。考虑是否可以扩展一个环境。你有没有想过要引入什么样的学习挑战？首先，对已经发表的关于 DeepMind 控制套件的文献进行概览。

1　见[link15]。

2　见[link16]。

第 5 章

基于模型的强化学习

之前的章节讨论了无模型方法，在视频游戏和模拟机器人领域取得了成功。在无模型方法中，智能体会根据环境提供的反馈直接更新策略。环境负责执行状态转换并计算奖励。然而，深度无模型方法的一个不足之处是它们的训练速度可能比较慢；为了稳定地达到收敛或降低方差，通常需要数以百万计的环境样本，策略函数才能收敛到高质量的最优状态。

相反，基于模型的方法中，智能体首先根据环境的反馈构建自己的内部转移模型。然后，智能体可以利用这个局部转移模型来了解动作对状态和奖励的影响。智能体可以使用规划算法进行"假设性游戏"，生成策略更新，而无需在环境中引起任何状态变化。这种方法承诺在更少样本的情况下获得更高质量的结果。从内部模型中生成策略更新被称为规划或想象。

基于模型的方法通过间接途径更新策略：智能体首先从环境中学习本地的转移模型，然后利用该模型来更新策略。通过间接学习策略函数会带来两个结果。从积极的方面看，一旦智能体建立起对状态转移的内部模型，它便可以免费学习最佳策略，无需进一步在环境中采取行动的代价。因此，基于模型的方法在样本复杂度方面可能更具优势。然而，问题在于所学的转移模型可能存在不准确性，从而导致获得的策略质量较低。无论从模型中能够免费获得多少样本，如果智能体的本地转移模型无法准确反映环境的实际转移模型，那么在环境中学到的策略函数将无法奏效。因此，在基于模型的强化学习中，处理不确定性和模型偏差是重要的组成部分。

最初的思路是首先学习环境转移函数的内部表征，这个想法很早就被提出了，并且转移模型已经用许多不同的方式实现过。这些模型可以是表格形式的，也可以基于各种深度学习方法，接下来我们会详细介绍。

本章将以一个示例开始，展示基于模型的方法是如何运作的。随后，我们会更详细地介绍不同类型的基于模型的方法：一类专注于学习准确模型的方法；另一类则是针对不完美模型进行规划的方法。最后会描述一些实际应用环境，这些环境中已经使用了基于模型的方法，以便了解这些方法的表现如何。

核心内容

- 想象力
- 不确定性模型
- 世界模型与潜在模型
- 模型预测控制
- 深度端到端规划与学习

核心问题

- 在高维问题中学习和使用准确的转移模型

核心算法

- Dyna-Q 算法(算法 5-3)
- 集成和模型预测控制(算法 5-4 和算法 5-6)
- 值预测网络(算法 5-5)
- 值迭代网络(第 5.2.2 节)

构建导航地图

为阐述基于模型的强化学习的基本概念,我们回到超市的例子。

让我们比较一下无模型和基于模型的方法在一个新城市中如何找到去超市的路[1]。在这个例子中,将使用基于值的 Q-learning;策略 $\pi(s, a)$ 将直接从 $Q(s, a)$ 值中通过 argmax 操作得出,这里的 Q 等同于 π。

无模型 Q-learning:智能体选择起始状态 s_0,并在动作值函数 $Q(s, a)$ 上使用 ε-贪婪等行为策略来选择下一个动作。然后环境执行该动作,计算下一个状态 s' 和奖励 r,并将它们返回给智能体。智能体使用熟悉的更新规则来更新其动作的值函数 $Q(s, a)$。

$$Q(s, a) \leftarrow Q(s, a) + \alpha[r + \gamma \max_a Q(s', a) - Q(s, a)]$$

智能体重复执行这个过程,直到 Q 函数中的值不再发生显著变化为止。

因此,在城市中选择起始位置,按照 ε-贪婪策略朝一个街区的方向行走,并记录我们到达的新状态以及获得的奖励。使用这些信息来更新策略,然后从新位置再次按照 ε-贪婪策略行走。如果找到超市,会重新开始,试图找到一条更短的路径,直到策略值不再发生变化为止(可能需要与环境的多次互动)。然后,最佳策略就是最短距离的路径。

---

1 使用超市的距离作为负奖励,以便将其构建为一个距离最小化问题,同时仍能在我们熟悉的奖励最大化环境中进行推理。

基于模型的规划与学习：智能体会像之前一样使用 $Q(s, a)$ 函数作为行为策略，从环境中采样新的状态和奖励，然后更新策略(Q 函数)。但另一方面，智能体还会将新的状态和奖励记录在局部的转移函数 $T_d(s, s')$ 和奖励函数 $R_d(s, s')$ 中。因为现在智能体有了这些局部条目，我们可以从这些局部函数中采样来更新策略。可从成本较高的环境转移函数中采样，也可从成本较低的局部转移函数中采样。然而，局部采样有一个需要注意的地方。局部函数可能包含较少的条目(尤其是在早期阶段)，当环境样本较少时，可能只包含高方差的条目。然而，值得注意的是，在进行更多的环境抽样时，局部函数的实用性将逐渐增加。

因此，我们现在有了一个本地地图，用于记录新的状态和奖励。我们可以随时在该地图上查看，而且没有成本，从而更新 Q 函数。随着更多环境样本的不断采集，地图上会有越来越多的位置，并记录了到超市的距离。当地图的查看不再改进策略时，我们需要再次在环境中行走，然后像以前一样，更新地图和策略。

总之，无模型方法从环境反馈中获取所有的策略更新，但这些更新都是在智能体之外进行的。而基于模型的方法则在智能体内部使用策略更新[1]，利用来自本地地图的信息(参见图 5-1)。在这两种方法中，所有对策略的更新最终都是从环境反馈中得出的；然而，基于模型的方法通过一种不同的方式利用信息来更新策略，更具信息效率，因为它会将每个样本的信息保存在智能体的转移模型中，并对这些信息进行重复利用。

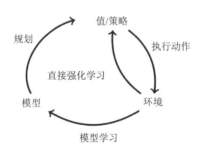

图 5-1　直接和间接强化学习[85]

5.1 高维问题的动态模型

基于模型的强化学习与基于无模型的强化学习相同，适用于相同的应用环境；然而，我们的目标是在相同的时间内通过更低的样本复杂度和对环境更深入的理解来解决更大、更复杂的问题。这种方法可以实现更高效的问题求解。

---

1 其中一种选择是仅从智能体的内部转移模型中更新策略，不再通过环境样本进行更新。然而，另一种选择是继续使用环境样本，以基于无模型的方式来更新策略。Sutton 的 Dyna[83]方法是后一种混合方法的一个著名例子。还可以比较图 5-2 和图 5-4。

转移模型和知识传递

基于模型的学习原则如下：无模型的方法通过对环境进行采样，从中学习状态到动作的策略函数 $\pi(s,a)$，这依赖于动作的奖励情况。而基于模型的方法则通过环境采样，学习状态到状态转移函数 $T_a(s,s')$，同样以动作奖励为基础。一旦这个局部转移函数足够准确，智能体便可随意从中采样，以改进策略 $\pi(s,a)$，而不必付出实际环境采样的成本。在基于模型的方法中，智能体构建了自己的本地状态到状态的转移模型(以及奖励模型)，从理论上讲，它不再需要依赖环境。

这让我们更深刻地体会到对基于模型方法的兴趣所在。在处理连续决策问题时，了解转移函数是以一种自然方式捕捉环境运作本质——策略 π 指导下一个动作，而状态转移函数 T 揭示下一个状态。

这在某些情况下非常有用，如切换到一个相关的环境时。当智能体知道环境的转移函数时，它可以迅速适应，无须通过对环境进行采样来学习全新的策略。当智能体熟悉领域(domain)内良好的局部转移函数时，就可以高效地解决相关的新问题。因此，基于模型的强化学习对于有效的迁移学习有着积极的贡献(详见第 9 章)。

样本利用效率

智能体算法的样本利用效率是指为使策略达到一定准确度，所需的环境样本数量。

为达到较高的样本利用效率，基于模型的方法会学习一个动态模型。然而，对于高维问题，学习高精度、高容量的模型需要大量的训练样本，以防止过度拟合(详见 B.2.7 节)。因此，降低在学习转移模型时的过度拟合，可能减弱基于模型学习策略函数所带来的低样本复杂度优势。在实践中，构建准确的深度转移模型可能有一定难度，对于许多复杂的序贯决策问题，最好的结果通常是通过无模型方法实现的，尽管深度基于模型的方法正在变得更加强大(例如，参见 Wang 等人的研究[88])。

5.2 学习与规划智能体

基于模型的强化学习的优势在于通过构建局部世界模型，以较低的成本找到高准确度的行为策略。然而，这只有在学习到的转移模型能提供准确预测，且通过模型进行规划所带来的额外成本是合理的情况下才能实现。

让我们来探索一下已经针对深度基于模型的强化学习开发的解决方案。在第 5.3 节中，我们将更详细地考察在不同环境下的性能表现。首先，在本节中，我们将研究几种不同的算法方法，以及一个经典方法：Dyna 的表状态空间想象。

表格化想象

一个经典的方法是 Dyna[83]，它在基于模型的强化学习中提出一个重要思想。在 Dyna 中，我们以混合方式利用环境样本，既进行无模型学习，又用于基于模型的学习，通过训练转移模型并运用规划来改进策略，同时直接训练策略函数。

　　为什么 Dyna 是一种混合方法？严格的基于模型的方法仅通过使用智能体的转移模型进行规划，从而更新策略，详见算法 5-1。然而，在 Dyna 中，除了使用智能体的转移模型外，还会使用环境的转移模型来更新策略函数(详见图 5-2 和算法 5-2)。因此，我们得到一个结合了基于模型和无模型学习的混合方法。这种混合的基于模型的规划被称为"想象"，因为使用智能体自身的动态模型来展望想象的环境样本，超越了真实环境。在这种方法中，想象出的样本在不增加样本成本的情况下增强了真实(环境)样本[1]。

算法 5-1　严格学习动态模型

repeat

　　采样环境 E 以生成数据 $D=(s, a, r', s')$

　　使用数据 D 来学习转移模型 $M = T_a(s, s')$ 和奖励模型 $R_a(s, s')$　　　　▷ 学习

　　for $n = 1, \ldots, N$ **do**

　　　　使用模型 M 来更新策略 $\pi(s,a)$　　　　　　　　　　　　　　▷ 规划

　　end for

until π 收敛

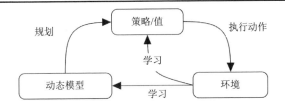

图 5-2　混合基于模型的想象方法

算法 5-2　混合基于模型的想象

repeat

　　从环境 E 中采样生成数据 $D=(s,a,r',s')$

　　使用数据 D 来更新策略 $\pi(s,a)$　　　　　　　　　　　　　　　　▷ 学习

　　使用数据 D 来学习转移模型 $M=T_a(s,s')$ 和奖励模型 $R_a(s,s')$　　　▷ 学习

　　for $n=1,\ldots, N$ **do**

　　　　使用模型 M 来更新策略 $\pi(s,a)$　　　　　　　　　　　　　　▷ 规划

　　end for

until π 收敛

---

　　1 在这个领域中，"想象(imagination)"这个术语的使用较为宽泛。从严格意义上讲，想象仅指通过规划从内部模型更新策略。更广义上讲，想象指的是混合方案，其中策略从内部模型和环境两方面进行更新。有时，术语"梦想(dreaming)"也用于描述智能体想象环境的情况。

想象是基于模型和无模型强化学习的结合。在想象中，我们进行常规的直接强化学习，即根据行为策略对环境进行采样，然后利用反馈来更新相同的行为策略。同时，想象还利用环境样本来更新动态模型 $\{T_a, R_a\}$。在没有模型更新的间隙，该额外模型也会被采样，为行为策略提供附加的更新。

图 5-2 中的图示展示了样本反馈如何同时用于直接更新策略和更新模型，然后通过规划"想象的"反馈来更新策略。在算法 5-2 中，我们展示了一种通用的想象方法，它以伪代码形式呈现。

算法 5-3 Dyna-Q[83]

初始化 $Q(s, a)$ 为随机值 $\mathbb{R}$。

以随机值 $\mathbb{R} \times S$ 初始化 $M(s, a)$。 ▷ 模型

repeat

    选择 $s \in$ 随机 S

    $a \leftarrow \pi(s)$ ▷对于策略 $\pi(s)$，可基于 Q 采用 ε-贪婪策略

    $(s', r) \leftarrow E(s, a)$ ▷从环境中学习新的状态和奖励

    $Q(s, a) \leftarrow Q(s, a) + \alpha \cdot [r + \gamma \cdot \max_{a'} Q(s', a') - Q(s, a)]$

    $M(s, a) \leftarrow (s', r)$

    for $n = 1, \ldots, N$ **do**

        随机选择 $\hat{s}$ 和 $\hat{a}$。

        $(s', r) \leftarrow M(\hat{s}, \hat{a})$ ▷ 从模型中规划想象的状态和奖励

        $Q(\hat{s}, \hat{a}) \leftarrow Q(\hat{s}, \hat{a}) + \alpha \cdot [r + \gamma \cdot \max_{a'} Q(s', a') - Q(\hat{s}, \hat{a})]$

    end for

until Q 收敛

Sutton 的 Dyna-Q[83,85]是想象方法的一个具体实现，更详细的细节可在算法 5-3 中看到。Dyna-Q 使用 Q 函数作为行为策略 $\pi(s)$，对环境进行 ε-贪婪采样。然后，它使用奖励和明确的模型 M 来更新这个策略。当模型 M 被更新后，通过使用随机动作规划，它会被使用 N 次来更新 Q 函数。伪代码显示了来自环境 E 的学习步骤以及来自模型 M 的 N 个规划步骤。这两种情况下，Q 函数的状态-动作值都会被更新。然后，最佳动作通常是根据 Q 值导出的。

因此，可增加策略更新的次数，而不必获取更多环境样本。通过选择 N 的值，我们可以调整有多少策略更新是基于环境样本的，以及有多少是基于模型样本的。在本章稍后看到的更大问题中，环境样本与模型样本的比率通常被设定为诸如 1:1000 的值，从而极大地减少了样本复杂性。这样一来，问题自然而然地变成了，模型的质量如何，以及生成的策略相对于无模型基准有多大差异？

实际操作：出租车示例的想象

现在是时候通过一个示例来说明 Dyna-Q 的工作原理了。为此，我们转向最喜欢的示例之一，出租车世界。

让我们看一下使用模型想象的效果。请参考图 5-3。我们将使用简单迷宫示例：出租车迷宫；在示例中，将对比没有想象的情况($N = 0$)以及大量想象的情况($N = 50$)。假设环境返回的所有状态的奖励除了目标状态为+1 之外，其他奖励都为 0。在各个状态中，通常都存在四种动作(北、东、西、南)，但在边界或墙壁处可能不适用。

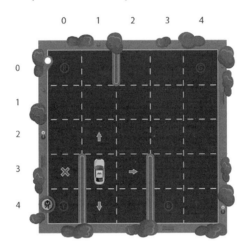

图 5-3　出租车迷宫[44]

当 N=0 时，Dyna-Q 正好执行 Q-learning，随机采样动作奖励，逐步构建 Q 函数，并使用 Q 值遵循 ε-贪婪策略进行动作选择。Q 函数的目的是作为信息媒介，以帮助找到目标。那么信息媒介如何累积信息呢？采样一开始是随机的，因此 Q 值会逐渐填充，因为奖励地图是平坦或者稀疏的：只有目标状态的奖励是+1，其他所有状态的奖励都是 0。为将 Q 值填充满有关如何找到目标的有用信息，首先算法必须足够幸运，选择一个紧邻目标的状态，并采取适当的动作到达目标。只有这样，才能找到第一个有用的奖励信息，并在 Q 函数中填入第一个非零步骤，朝着实现目标的方向迈进。我们可以得出结论，当 N=0 时，由于奖励稀疏，Q 函数填充得很慢。

当启用规划时会发生什么呢？如果将 N 设置为一个较大的值，如 50，那么在每个学习步骤中，我们会进行 50 次规划步骤。根据算法，模型是在环境的反馈中与 Q 函数一同建立起来的。只要 Q 函数仍然完全是零，那么使用模型进行规划也不会有用。但一旦一个目标条目被添加到 Q 和 M 中，规划就开始发挥作用：它将在 M 模型上执行 50 次规划样本，很可能会找到目标信息，且可能构建整个轨迹，在 Q 函数中填充状态，以便朝着目标执行动作。

在某种程度上，基于模型的规划会放大智能体从环境中学到的任何有用的奖励信息，并迅速注入策略函数中。策略可以更快地学习，使用更少的环境样本。

可逆规划与不可逆学习

无模型方法对环境进行采样，并直接一步学习策略函数 $\pi(s, a)$。有模型方法通过采样环境来间接学习策略，使用动态模型 $\{T_a, R_a\}$(正如我们在图 5-1 和图 5-4 以及算法 5-1 中所看到的)。

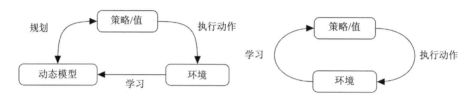

图 5-4 基于模型(左)和无模型(右)。学习使环境状态发生不可逆转的改变(单箭头)，而规划对智能体状态的改变是可逆的(撤销，双箭头)

让我们稍微退后一步，来考虑一下在强化学习范式中学习和规划算法的作用。请参考表 5-1，了解规划和学习之间的主要区别。

表 5-1 规划和学习之间的区别

	规划	学习
转移模型	智能体	环境
智能体可以撤销	是	否
状态	可被智能体逆转	不可以被智能体逆转
动态	可回溯	仅向前
数据结构	树形	路径
新状态	来自智能体	从环境采样
奖励	由智能体给出	从环境采样
同义词	想象，模拟	采样，展开

使用内部的转移模型进行规划是可逆的。当智能体在本地状态上执行局部动作时，它使用自己的转移模型，这些动作是可以被撤销的，因为智能体实际上是在自己的内存中复制的状态上应用这些动作[61][1]。通过维护本地状态内存，智能体可以回到之前的状态，从而撤销了先前由局部动作引起的本地状态变化。然后，智能体可以尝试另一种可能的动作(同样也可被撤销)。智能体可以利用树遍历方法遍历状态空间，进行回溯以尝试其他状态。

与规划相反，学习是在智能体无法访问自己的转移函数 $T_a(s, s')$ 时进行的。智能体

---

1 在梦境中，我们可以撤销动作，进行假设性思考，并想象替代情况。

可以通过在环境中采样真实动作来获取奖励信息。这些动作不是在智能体内部播放，而在实际环境中执行；它们是不可逆的，智能体无法撤销。"学习"使用的动作会不可逆地改变环境的状态。学习不允许回溯；学习算法通过反复采样环境来学习策略。

请注意学习和规划之间的相似性：学习从外部环境中采样奖励，而规划则从内部模型中采样；两者都使用这些样本来更新策略函数 $\pi(s,a)$。

基于模型的方法有四种类型

在基于模型的强化学习中，挑战在于从有限数据中学习复杂的高维转移模型。我们的方法需要能够考虑模型的不确定性，并在这些模型上进行规划，以获得与无模型方法相当甚至更好的策略和值函数。让我们详细地看看特定的基于模型的强化学习方法，以了解如何实现这一目标。

多年来，已经提出了许多用于高准确性高维模型的基于模型的强化学习方法。根据[69]，我们将这些方法分为四个主要方法。首先介绍两种用于学习模型的方法，然后介绍两种使用模型进行规划的方法。对于每种方法，我们会从文献中选择几篇代表性的论文，进行更详细的描述。这样做之后，我们将查看它们在不同环境下的性能。但是让我们先从学习深层模型的方法开始。

5.2.1 学习模型

在基于模型的方法中，转移模型是通过对环境进行采样来学习的。如果这个模型不准确，那么规划不会改善值函数或策略函数，该方法的性能将不如无模型方法。当学习和规划的比率被设置为 1/1000 时，就像在某些实验中一样，模型的不准确性将迅速在策略函数的低准确度中显现出来。

许多研究致力于实现高维问题的高准确度动态模型。实现更高准确度的两种方法是不确定性建模和潜在模型。我们将从不确定性建模开始介绍。

1. 不确定性建模

通过增加环境样本的数量可以减小转移模型的方差，但还有其他方法，我们将讨论这些方法。对于较小的问题，一种流行的方法是使用高斯过程，其中动态模型是通过提供函数的估计以及整个数据集上函数不确定性的协方差矩阵来学习的[5]。高斯模型可从少量数据点中学习，并且转移模型可以成功地用于规划策略函数。这种方法的一个示例是 PILCO 系统，该系统用于概率推断以实现学习控制[13,14]。这个系统在 Cartpole 和 Mountain car 上表现良好，但不适用于更大的问题。

还可从经过成本优化的轨迹分布中进行采样，并使用基于策略的方法来训练策略[57]。然后，可借助局部线性模型和随机轨迹优化器来优化策略。这就是引导策略搜索 (guided policy search，GPS) 中使用的方法，该方法已经被证明可以训练具有数千个参数的复杂策略，用于学习 MuJoCo 等环境中的任务，如游泳、跳跃和行走。

算法 5-4 使用模型集合进行规划[52]

初始化策略 π_θ 和模型 $\hat{m}_{\phi_1}, \hat{m}_{\phi_1}, ..., \hat{m}_{\phi_K}$ ▷ 集成

初始化一个空数据集 D

repeat

    $D \leftarrow$ 使用策略 π_θ 从环境 E 中进行采样

    使用数据集 D 学习模型 $\hat{m}_{\phi_1}, \hat{m}_{\phi_1}, ..., \hat{m}_{\phi_K}$ ▷ 集成

    repeat

        $D' \leftarrow$ 使用策略 π_θ 从 $\{\hat{m}_{\phi_i}\}_{i=1}^K$ 中进行采样

        使用数据集 D' 更新策略 π_θ，使用 TRPO 算法   ▷ 规划

        对于 $i = 1, ..., K$，估计轨迹性能 $\hat{\eta}_\tau(\theta, \phi_i)$

    until 性能收敛

until 策略 π_θ 在环境 E 中表现良好

    另一种减少机器学习中方差的流行方法是集成方法。集成方法将多个学习算法组合在一起，以实现更好的预测性能；例如，决策树的随机森林通常比单个决策树具有更好的预测性能[5, 68]。在基于深度的模型方法中，集成方法用于估计方差并在规划过程中对其进行考虑。一些研究人员已经在较大的问题上报告了使用集成方法的良好结果[10, 40]。例如，Chua 等人在他们命名为概率集成轨迹采样(probabilistic ensembles with trajectory sampling，PETS)的方法中使用了一个概率神经网络模型的集成[9]。他们在高维模拟机器人任务(如 Half-Cheetah 和 Reacher)上报告了良好的结果。Kurutach 等人[52]将 TRPO 与模型集成在一起，形成了 ME-TRPO[1]。在 ME-TRPO 中，使用深度神经网络的集成来保持模型的不确定性，而 TRPO 用于控制模型参数。在规划器中，从集成预测中对每个设想的步骤进行采样(参见算法 5-4)。

    不确定性建模试图通过概率方法来提高高维模型的准确性。另一种方法是专门设计用于高维深度模型的潜在模型方法，接下来将讨论这种方法。

2. 潜在模型

    潜在模型关注高维问题的降维。潜在模型背后的思想是在大多数高维环境中，一些元素的重要性较低，比如背景中不会移动且与奖励无关的建筑物。可将这些不重要元素从模型中抽象出来，从而降低空间的有效维数。

    潜在模型通过学习输入和奖励的元素的表示来实现降维。这样做的好处是，在较低维度的潜在空间中进行规划和学习变得更加容易，从而提高了从潜在模型中学习的

---

1 视频地址为[link1]。代码位于[link2]。相关博客文章可在[38]找到。

采样效率。

　　虽然潜在模型方法通常设计复杂，但已经有许多发表的论文表明它们具有良好的结果[29, 31~33, 41, 76, 81]。潜在模型使用多个神经网络，以及不同的学习和规划算法。

　　为理解这个方法，我们将简要讨论其中一种潜在模型方法：Oh 等人提出的 Value Prediction Network(VPN)[67][1]。VPN 使用了四个可微分的函数，这些函数被称为抽象层，被训练来预测价值[25]。图 5-5 展示了 VPN 的核心思想如何通过将状态表示转换为一个较小的潜在表示模型来工作。在 VPN 中，其他函数(如值、奖励和下一个状态)首先在较小的潜在状态上进行计算，而不是直接在复杂的高维状态上进行计算。这样做的好处是，规划和学习发生在一个鼓励状态只包含影响价值变化的元素的空间中。由于潜在空间较小，训练和规划变得更高效。这种基于深度学习的方法在处理高维问题时具有优势，且已取得良好结果。

　　VPN 中的四个函数是①编码函数 $f_{\theta_e}^{enc}$，②奖励函数，③值函数，④转移函数。所有这些函数都使用它们自己的参数集进行参数化。为区分基于潜在模型的函数与传统的基于观测值的函数 R、V、T，它们被标记为 $f_{\theta_r}^{reward}$，$f_{\theta_v}^{value}$ 和 $f_{\theta_t}^{trans}$。

- 编码函数 $f_{\theta_e}^{enc}$：$s_{actual} \to s_{latent}$ 将观察 s_{actual} 通过神经网络 θ_e(如用于视觉观察的 CNN)映射到抽象状态 s_{latent}。这是执行降维的函数。
- 潜在奖励函数 $f_{\theta_r}^{reward}$：$(s_{latent}, o) \to r, \gamma$ 将潜在状态 s 和选项 o(一种动作)映射到奖励和折扣因子。如果选项采用 k 个基本动作，网络应该预测 k 个即时奖励的折扣总和作为一个标量值(选项的作用在文献[67]中有解释)。网络还预测了用于选项所采取步数的选项折扣因子 γ。
- 潜在值函数 $f_{\theta_v}^{value}$：$s_{latent} \to V_{\theta_v}(s_{latent})$ 将抽象状态映射到其值，使用一个独立的神经网络 θ_v。这个值是潜在状态的值，而不是实际观察状态的值 $V(s_{actual})$。
- 潜在状态转移函数 $f_{\theta_t}^{trans}$：$(s_{latent}, o) \to s'_{latent}$ 将潜在状态映射到下一个潜在状态，具体取决于所选的选项。

　　图 5-5 展示了在较小的潜在空间中，核心函数是如何协同工作的。在图中，x 代表观察到的实际状态，而 s 代表经过编码的潜在状态[67]。

　　这幅图展示了一个单步滚动的过程，计划向前迈出一步。然而，模型也可以通过进行多步滚动来深入未来展望。当然，这需要一个高度准确的模型；否则，累积的不准确性会降低远期展望的准确性。算法 5-5 展示了值预测网络的 d 步规划器(d-step planner)的伪代码。

1　请查看此代码，链接为[link3]。

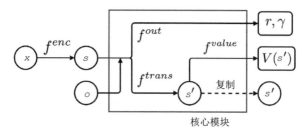

图 5-5　潜在模型的架构[67]

算法 5-5　多步规划[67]

函数 Q-P$_{\text{LAN}}$(s, o, d)

　　$r, \gamma, V(s'), s' \to f_\theta^{core}(s, o)$ 　　　　　▷ 执行四个潜在函数

　　if $d = 1$ **then**
　　　　return $r + \gamma V(s')$
　　end if

　　$A \leftarrow b$-best options based on $r + \gamma V_\theta(s')$ 　▷ 请查看论文以获取其他扩展策略

　　for $o' \in A$ **do**
　　　　$q_{o'} \leftarrow$ Q-Plan($s', o', d - 1$)
　　end for
　　return $r + \gamma[\frac{1}{d} V(s') + \frac{d-1}{d} \max_{o' \in A} q_{o'}]$

函数结束

这些网络使用了 n 步 Q-learning 和 TD 搜索[80]进行训练。通过采用来自算法 5-5 的 ε-贪婪策略生成轨迹。VPN 在 Atari 游戏中表现出色，如 Pacman 和 Seaquest，明显优于无模型的 DQN，并在随机领域中超越了基于观测的规划方法。

Hafner 等人在一系列论文中提出了另一种相关方法[31~33]。他们的 PlaNet 和 Dreamer 方法使用基于循环状态空间模型(Recurrent State Space Model，RSSM)的潜在模型，该模型包括转移模型、观测模型、变分编码器和奖励模型，旨在提高潜在空间中一步和多步预测之间的一致性[7, 16, 45]。

潜在模型方法降低了观测空间的维度。维度降低与无监督学习(1.2.2 节)和自编码器(附录B.2.6.3 节)有关。潜在模型方法还与"世界模型"相关，这是 Ha 和 Schmidhuber[28, 29]所使用的术语。世界模型灵感来自人类构建所生活的世界的心理模型的方式。Ha 等人使用生成型循环神经网络实现了世界模型，该模型使用变分自编码器[48, 49]和循环网络生成用于模拟的状态。他们的方法学习了对环境进行压缩时空表示。通过将从世界模型中提取的特征作为智能体的输入，可训练出紧凑且简单的策略来解决问题，规划也发生在压缩后的世界中。术语"世界模型"最早可以追溯到 1990 年，详见

Schmidhuber[72]。

潜在模型和世界模型已经取得了令人鼓舞的成果，尽管它们很复杂，但仍然是一个备受关注的研究领域，详见[90]。接下来将深入探讨潜在模型的性能，但首先将研究两种使用深度转移模型进行规划的方法。

5.2.2　使用模型进行规划

我们已经深入讨论了提高模型准确性的方法。现在，我们将从创建深度模型的方法转向如何使用它们。我们将描述两种规划方法，它们旨在容忍包含不准确性的模型。这些规划方法试图降低模型不准确性的影响，例如通过使用有限的规划范围提前规划，以及在轨迹的每一步重新学习和重新规划。我们将首先讨论有限范围内的规划方法。

1. 轨迹展开和模型预测控制

在每个规划步骤中，局部转移模型 $T_a(s) \rightarrow s'$ 用于计算新状态，并利用局部奖励来更新策略。由于内部模型存在不准确性，执行很多规划步骤会迅速积累模型误差[26]。因此，完整展开长时间不准确轨迹存在问题。为了减小积累模型误差的影响，我们可以不要求规划得太远。例如，Gu 等人[26]进行了实验，使用局部线性模型展开长度为 5~10 的规划轨迹，据报道，在 MuJoCo 仿真环境的 Gripper 和 Reacher 任务中，这种方法表现良好。

在另一个实验中，Feinberg 等人[20]允许模拟固定的前瞻深度，之后将值估计分为近期基于模型的部分和远期无模型的部分(基于模型的值扩展，model-based value expansion，MVE)。他们尝试了前瞻深度为 1、2 和 10 的不同情况，并发现对于典型的 MuJoCo 任务(如 Swimmer、Walker 和 HalfCheetah)，前瞻深度为 10 通常表现最佳。与 DDPG[78]等无模型方法相比，他们的实验中样本复杂性更好。其他研究者也报告了类似的良好结果[40, 42]，其中模型的前瞻深度远远短于任务的前瞻深度。

模型预测控制

将规划轨迹长度在学习和实际决策时保持较短的概念进一步演变为决策时规划[55]，也称为模型预测控制(model-predictive control，MPC)[23, 53]。模型预测控制在过程工程中是一个众所周知的方法，用于控制需要在有限时间范围内频繁重新规划的复杂过程。模型预测控制利用了许多真实世界过程在小范围内近似为线性(尽管它们在较长范围内可能并非线性)的事实。在 MPC 中，模型被优化，以预测有限未来时间内的行为，然后在每个环境步骤之后重新学习。这种方式可以防止小错误积累并严重影响结果。与 MPC 相关的还有其他局部重新规划方法。它们旨在通过不进行远期规划并频繁更新模型来减小使用不准确模型的影响。这些方法在汽车工业和航空航天领域都有应用，例如用于地形跟随和避障算法[43]。

MPC 已在各种深度模型学习方法中得到广泛应用。Finn 等人和 Ebert 等人[18, 22]在他们的视觉预测机器人操控系统的规划中都采用了一种 MPC 的形式。MPC 部分使用一个模型，基于图像生成未来帧的序列，以选择成本最低的动作序列。这种方法能够执行多物体操控、推动、拾取、放置以及布料折叠等任务(这增加了在操控过程中物料形状变化的难度)。

另一种方法是使用集成模型来学习转移模型，并结合 MPC 进行规划。PETS[9]使用概率集成[54]，基于交叉熵方法(cross-entropy methods，CEM)[6, 11]进行学习。与MPC 类似，只使用 CEM 优化序列中的第一个动作，并在每个环境步骤都重新进行规划。许多基于模型的方法将 MPC 和集成方法结合使用，正如我们将在表 5-2 中看到的那样。算法 5-6 以伪代码示例展示了模型预测控制的方式(基于[63]，仅显示了基于模型的部分)[1]。

表 5-2　基于模型的强化学习方法[69]

名称	学习	规划	环境	参考
PILCO	不确定性	轨迹	摆钟	[13]
iLQG	不确定性	MPC	小型	[87]
GPS	不确定性	轨迹	小型	[56]
SVG	不确定性	轨迹	小型	[34]
VIN	CNN	e2e	迷宫	[86]
VProp	CNN	e2e	迷宫	[64]
Planning	CNN/LSTM	e2e	迷宫	[27]
TreeQN	潜在的	e2e	迷宫	[19]
I2A	潜在的	e2e	迷宫	[70]
Predictron	潜在的	e2e	迷宫	[81]
World Model	潜在的	e2e	赛车	[29]
Local Model	不确定性	轨迹	MuJoCo	[26]
Visual Foresight	视频预测	MPC	操控	[22]
PETS	集成	MPC	MuJoCo	[9]
MVE	集成	轨迹	MuJoCo	[20]
Meta-policy	集成	轨迹	MuJoCo	[10]
Policy Optim	集成	轨迹	MuJoCo	[40]
PlaNet	潜在的	MPC	MuJoCo	[32]
Dreamer	潜在的	轨迹	MuJoCo	[31]

---

1 代码位于[link4]。

(续表)

名称	学习	规划	环境	参考
Plan2Explore	潜在的	轨迹	MuJoCo	[76]
L^{3}p	潜在的	轨迹	MuJoCo	[90]
Video prediction	潜在的	轨迹	Atari	[66]
VPN	潜在的	轨迹	Atari	[67]
SimPLe	潜在的	轨迹	Atari	[41]
Dreamer-v2	潜在的	轨迹	Atari	[33]
MuZero	潜在的	e2e/MCTS	Atari/Go	[74]

MPC 是一种简单而有效的规划方法，非常适合与不准确的模型一起使用，通过限制规划范围和重新规划。它也已成功与潜在模型[32, 41]结合使用。

现在是时候看一下最后的方法，这是一种与传统规划非常不同的方法。

2. 端到端学习和基于网络的规划

迄今为止，动态模型的学习和使用是由不同的算法执行的。在前一小节中，我们通过反向传播学习了可微分的转移模型，然后这些模型被传统的手工设计的程序规划算法(例如有限深度搜索)所使用，带有手工编写的选择和备份规则。

在机器学习领域，一个趋势是逐渐用可通过示例进行端到端训练的可微分方法取代所有手工设计的算法。与手工设计版本相比，这些可微分方法更通用且性能更好[2]。我们可以提出一个问题，即是否可能将规划阶段也变得可微分？或者是否可将规划的推演过程整合到单一的计算模型(即神经网络)中？

乍一看，将神经网络视为能够执行规划和回溯的工具可能会显得奇怪，因为我们通常将神经网络视为无状态的数学函数。神经网络通常执行变换和过滤操作，以实现选择或分类。规划包括动作选择和状态展开。然而，需要注意的是，循环神经网络和 LSTM 包含隐含状态，这使它们成为用于规划的潜在选择(请参考 B.2.5 节)。或许在神经网络中实现规划并不那么奇怪。让我们来看看使用神经网络进行规划的尝试。

算法 5-6 基于神经网络的动态模型，用于基于模型的深度强化学习(基于[63])

初始化模型 $\hat{m}_\phi$

初始化一个空数据集 D

for i=1, ..., I **do**

---

2 请注意，这里使用术语"端到端"来指代使用可微分方法来学习和应用深度动态模型，以替代手工设计的规划算法，从而使用已学到的模型。而在其他地方，尤其是在监督学习中，术语"端到端"的用法略有不同，描述的是从原始像素中学习特征以及将这些特征用于分类，以取代手工设计的特征识别器对原始像素进行预处理，然后使用手工设计的机器学习算法。

$D \leftarrow E_a$ ▷ 从环境中随机采样一个动作

使用梯度下降法，基于数据集 D，训练 $\hat{m}_\phi(s,a)$，以最小化误差

for $t=1, ...,$ 时间步长(Horizon)T ▷ 规划

    $A_t \leftarrow \hat{m}_\phi$ ▷ 使用有限的 MPC(模型预测控制)时间步长来估计
                                 最优的动作序列

    执行序列 A_t 中的第一个动作 a_t

    $D \leftarrow (s_t, a_t)$

    end for

end for

Tamar 等人[86]引入了值迭代网络(value iteration networks，VIN)，这是用于在网格世界中进行规划的卷积网络。VIN 是一个可微分的多层卷积网络，可以执行一个简单规划算法[65]的步骤。其核心思想是，在网格世界中，可以通过多层卷积网络来实现值迭代：每一层都执行一个前瞻步骤(请参考清单 2-1 中的值迭代)。这些值迭代在网络层 S 中有 A 个通道，并且 CNN 架构专门针对每个问题任务进行了设计。通过反向传播，模型学习了值迭代参数，包括转移函数。其目标是学习一个通用模型，可以在未知环境中导航。

让我们更详细地了解一下价值迭代算法。这是一个简单算法，包括一个嵌套循环，循环遍历不同的状态和动作，计算奖励之和 $\sum_{s' \in S} T_a(s, s')(R_a(s, s') + \gamma V[s'])$，并执行后续的最大化操作 $V[s]=\max_a(Q[s,a])$。这个双重循环会一直迭代直到收敛。其关键思想是，可以通过将之前的值函数 V_n 和奖励函数 R 通过卷积层和最大池化层来实现每一次迭代。这样，卷积层中的每个通道都对应于特定动作的 Q 函数(内循环)，而卷积核的权重则对应于状态转移。因此，通过重复应用卷积层 K 次，实现了 K 次值迭代。

值迭代模块就是一个简单的神经网络，能有效地逼近值迭代的计算过程。这种方式的表示使得学习 MDP(马尔可夫决策过程)的参数和函数变得更加自然，就像在标准的卷积神经网络中进行反向传播一样。通过这种方法，我们可用神经网络来逼近经典的值迭代算法。

我们已经有一个完美的经典过程实现，可以精确计算值函数 V，为什么要使用一个完全可微分的算法(它只能提供一个近似值)呢？

原因在于泛化能力。精确算法仅适用于已知的转移概率情况。而神经网络可以在没有给定 $T(\cdot)$ 的情况下，从环境中学习，同时学习奖励和值函数。通过以端到端的方式同时学习所有这些函数，动态模型和值函数会更好地相互协同，不像手工制定的规划算法那样依赖于学习的动态模型的结果。实际上，已报告的结果表明，对于未知的问题情况，有很好的泛化能力[86]。

以梯度下降进行规划的想法已经存在一段时间，实际上，通过示例学习所有函数的概念也存在已久。一些作者研究了在神经网络中学习动态逼近的方法[39, 47, 73]。

VIN 可用于离散和连续路径规划,并已在网格世界问题和自然语言任务中进行了尝试。

后续研究通过引入抽象网络[71, 81, 82],已将这种方法扩展到更不规则形状的其他应用。添加潜在模型进一步增强了端到端学习规划和转移的能力和灵活性。让我们简要了解一种 VIN 的扩展,以了解潜在模型和规划是如何结合的。Farquhar 等人的 TreeQN[19]是一个完全可微分的模型学习器和规划器,通过观察抽象化,使其适用于比迷宫更不规则的应用场景。

TreeQN 由五个可微分函数组成,其中四个在前一章节中已经在值预测网络中介绍过[67];见图 5-5。

- 编码函数由一系列卷积层组成,将实际状态嵌入低维状态中 $s_{latent} \leftarrow f_{\theta_e}^{enc}(s_{actual})$。
- 转移函数使用每个动作的全连接层来计算下一个状态的表示 $s'_{latent} \leftarrow f_{\theta_t}^{trans}(s_{latent}, a_i)_{i=0}^l$。
- 奖励函数使用 ReLU 层 $r \leftarrow f_{\theta_r}^{reward}(s'_{latent})$ 来预测状态 s_{latent} 中的每个动作 $a_i \in A$ 的即时奖励。
- 状态的值函数估计使用权重向量 $V(s_{latent}) \leftarrow \boldsymbol{\omega}^T s_{latent} + \boldsymbol{b}$。
- 备份函数递归应用 softmax 函数 [1] 来计算树备份值 $b(x) \leftarrow \sum_{i=0}^l x_i \, \text{softmax}(x)_i$。

这些函数一起可以学习一个模型,并且可以执行 n 步 Q-learning,利用模型来更新策略。更多细节可以在[19]和 GitHub 代码中找到 [2]。TreeQN 已经应用在游戏中,如推箱子游戏和一些 Atari 游戏,并且表现优于无模型的 DQN。

VIN 的一个限制在于它与问题领域、迭代算法和网络架构之间的紧密关系,这限制了它在其他问题上的适用性。另一个系统 Predictron,解决了这个问题。与 TreeQN 类似,Predictron[81]引入了一个抽象模型来克服这个限制。与 VPN 类似,这个潜在模型由四个可微分组件组成:表示模型、下一个状态模型、奖励模型和折扣模型。Predictron 中的抽象模型的目标是促进值预测(而不是状态预测),或者预测伪奖励函数,可以编码特殊事件,如保持存活或达到下一个区域。规划部分将其内部模型向前推进 k 步。与 VPN 不同,Predictron 使用联合参数。Predictron 已在程序生成的迷宫和模拟池领域得到应用,这两种情况下,它都表现出色,胜过了无模型的算法。

端到端的基于模型的学习和规划是一个活跃的研究领域。其中的挑战包括理解规划和学习之间的关系[1, 24],达到与传统规划算法和无模型方法同等的性能水平,以及拓展应用的范围。在 5.3 节,我们将介绍更多方法。

---

1 softmax 函数将实数输入向量归一化为概率分布[0, 1];$p_\theta(y|x) = \text{softmax}(f_\theta(x)) = \frac{e^{f_\theta(x)}}{\sum_k e^{f_{\theta,k}(x)}}$。
2 请访问[link5]查看 TreeQN 的代码。

结论

在前几节中，我们已经讨论了两种减少模型不准确性的方法和两种减小不准确模型使用影响的方法。我们已经介绍了各种不同的基于模型的算法。其中许多算法是最近才开发出来的。深度基于模型的强化学习是一个充满活力的研究领域。

集成方法和MPC已经显著改进了基于模型的强化学习的性能。潜在模型或世界模型的目标是学习领域的本质特征，降低问题的维度，同时将规划过程纳入学习中。它们的主要目标是在根本层面上进行泛化。与之不同，无模型方法学习如何在每个状态下选择最佳的动作策略，而基于模型的方法则学习状态之间的转移模型(通过采取动作)。无模型方法教会你如何在环境中更好地对不同的动作进行响应，而基于模型的方法则有助于你更好地理解环境。通过学习转移模型(甚至可能学会如何最合理地进行规划)，我们希望能够开发出新的泛化方法。

基于模型的方法的第一个目标是深入了解环境，以降低样本需求的复杂性，同时保持与无模型方法相近的解决方案质量。第二个目标是提高这些方法的泛化能力，以便解决新问题。研究文献十分丰富，包含了在不同环境中对这些方法进行的许多实验。现在让我们来观察这些环境，看看是否已经取得了成功。

5.3 高维度环境

现在，让我们从智能体的角度切换到环境的角度，来看看这些方法能解决哪些类型的环境问题。

5.3.1 基于模型的实验概览

模型驱动的强化学习的主要目标是准确学习转移模型，不仅仅是找到最佳动作的策略函数，而是找到下一个状态的函数。通过全面理解环境的本质，可以大幅降低样本需求的复杂性。此外，我们希望这个模型能够帮助我们解决新的问题类型。在本节中，我们将尝试回答这些方法是否取得了成功。

对于这个问题的答案可以从训练时间和运行性能两个方面来衡量。在性能方面，大多数基准领域提供了容易测量的指标，例如在Atari游戏中的得分。对于基于模型的方法，DQN、DDPG、PPO、SAC和A3C等最先进的无模型算法取得的分数可以作为有用的基准。至于训练时间，降低样本复杂性是一个明显的目标。然而，许多基于模型的方法使用固定的超参数来确定外部环境样本和内部模型样本之间的关系(如1:1000)。因此，达到高性能所需的时间步数成为一个重要的衡量标准，大多数模型作者都会发布这个信息。对于基于模型的方法，每个时间步可能需要比无模型方法更长的时间，因为需要执行更多的学习和规划处理。最终，实际运行时间也很重要，这也经常出现在作者的报告中。

还有两个额外的事项需要考虑。第一个事项是，我们想知道基于模型的方法能否解决那些无法通过无模型方法解决的新类型问题。第二个事项涉及脆弱性。在许多实验中，数值结果对于不同的超参数设置(包括随机种子)都非常敏感，这适用于许多无模型和基于模型的结果[35]。然而，当转移模型准确时，方差可能会减小，使得一些基于模型的方法更加稳健。

表 5-2 列出了 26 个基于模型的实验[69]。除了实验名称外，表格还提供了智能体所使用的模型学习类型、规划类型以及应用环境的指示。表中的类别在前一节已经解释过，其中 e2e 代表端到端。

在表格中，这些方法根据不同的环境进行了分组。顶部是一些较小的应用，如迷宫和导航任务。中间是一些较大的 MuJoCo 任务。底部则是一些高维度的 Atari 游戏任务。现在让我们更深入地探讨这三组环境：小型导航、机器人和 Atari 游戏。

5.3.2　小型导航任务

我们可以看到，有一些方法使用较小的二维网格世界导航任务(如迷宫)或块状拼图(如推箱子和吃豆人游戏)。网格世界任务是强化学习中最古老的问题之一，它们经常用于测试新的想法。像 Dyna 这样的表格想象方法，以及一些潜在模型和端到端学习和规划方法，已经在这些环境中进行了评估。因为这些问题的复杂性适中，所以通常能取得良好的结果。

网格世界导航问题是典型的连续决策问题。导航问题通常具有如下特点：低维度，不需要进行视觉识别，转移函数容易学习。

导航任务也用于潜在模型和端到端学习。表 5-2 中的三种潜在模型方法使用了导航问题。I2A 通过引入一个基于 Chiappa 等人[8]和 Buesing 等人[7]的潜在模型来处理模型的不完善性。I2A 被应用于 Sokoban 和 Mini-Pacman[7, 70]。与无模型学习和规划算法(MCTS)相比性能表现更好。

值迭代网络引入了端到端可微分学习和规划的概念[65, 86]，这是在之前的研究[39, 47, 73]之后取得的进展。通过反向传播，模型学会了执行值迭代。虽然在处理更复杂的环境时需要进行不同的扩展，但成功地学习了一个通用模型，并可在未知环境中进行导航。

5.3.3　机器人应用

接下来，我们将看一些使用 MuJoCo 来建模连续机器人问题的论文。机器人问题通常涉及高维度问题和连续的动作空间。在这个类别中，大多数实验都使用 MuJoCo 来模拟机器人运动的物理行为和环境。

通过集成方法和 MPC 重新规划，旨在降低或控制不准确性。正如我们在 PILCO 和 PETS 等个别方法中所看到的那样，将集成方法与 MPC 结合在一起非常适用于机器人问题。

机器人应用比网格世界更加复杂；无模型方法可能需要很多时间步才能找到良好的策略。有必要了解基于模型的方法是否成功地减少了这些问题的样本复杂性。更仔细的研究发现，不确定性建模和 MPC 在实现我们的第一个目标时的结果各不相同。

Wang 等人[88]的基准研究探究了集成方法和模型预测控制在 MuJoCo 任务上的性能。研究发现，这些方法通常能找到良好的策略，并且所需时间步数明显少于无模型方法，通常是 20 万个时间步，而无模型方法需要 100 万个时间步。因此，似乎实现了较低的样本复杂性。然而，他们还指出，每个时间步，更复杂的基于模型的方法需要更大的处理量，而较简单的无模型方法则相对较少。尽管样本复杂性可能较低，但运行时间较长，对于许多问题，像 PPO 和 SAC 这样的无模型方法仍然显得更快。此外，策略达到的分数在不同问题上差异很大，并对不同的超参数值敏感。

另一个发现是，在一些具有大量时间步的实验中，基于模型的方法的性能在很低的水平上趋于稳定，远远低于无模型方法，而且不同的基于模型方法之间性能差异较大。因此，有必要深入研究深度基于模型的方法，特别是研究结果的稳健性。需要进行更多的基准研究，比较不同方法的性能。

5.3.4 Atari 游戏应用

表 5-2 中的某些实验使用了 Arcade Learning Environment(ALE)。ALE 提供了高维度的输入数据，并提供了表格中最具挑战性的环境之一。尤其值得注意的是，潜在模型选择了 Atari 游戏来展示它们的性能，一些实验确实取得了令人印象深刻的结果，能够很好地解决新问题，比如在所有 57 款 Atari 游戏中表现出色的 Dreamer v2[33]以及学习掌握 Atari 和国际象棋规则的 MuZero[74]。

Hafner 等人发表了题为"通过潜在想象学习行为"的论文以及 Dreamer v2[31, 33]。他们的研究在 VPN 和 PlaNet 的基础上引入了更先进的潜在模型和强化学习方法[32, 67]。Dreamer 采用了演员-评论家方法来学习考虑超出未来视野的奖励的行为。值信息通过价值模型进行反向传播，类似于 DDPG[59]和软演员-评论家[30]的方法。

基于模型强化学习的一个重要优势是它可以泛化到具有相似动态的未知环境[76]。Dreamer 的实验结果表明，与无模型方法相比，潜在模型对未知环境更加稳健。Dreamer 在 DeepMind 控制套件的应用中进行了测试(见 4.3.2 节)。

值预测网络是另一种潜在方法。它们在迷宫和 Atari 游戏(如 Seaquest、QBert、Krull 和 Crazy Climber)方面表现优于无模型的 DQN。在深入研究端到端学习者/规划者(如 VPN 和 Predictron)的基础上，出现了 MuZero 的工作[25, 37, 74]。在 MuZero 中，采用了一种新的架构来学习不同游戏的转移函数，这些游戏范围从 Atari 游戏到象棋、将棋

和围棋等棋盘游戏。MuZero 通过与环境的互动来学习所有游戏的转移模型[1]。MuZero
模型包括不同的模块：表示、动态和预测功能。与 AlphaZero 类似，MuZero 使用了经
过改进的蒙特卡洛树搜索(MCTS)进行规划(请参阅下一章的 6.2.1 节)。这个 MCTS 规
划器在自我对弈的训练循环中用于策略改进。MuZero 的成就令人印象深刻：它能学习
Atari 游戏和棋盘游戏的规则，并从头开始学会玩这些游戏。MuZero 的成就已经引发
了后续研究，以更深入地探讨实际表示和潜在表示之间的关系，并降低了计算需求[1, 4,
12, 24, 25, 36, 75, 89]。

潜在模型将观测数据的维度降低到一个较小的模型中，以便在潜在空间中进行规
划。端到端的学习和规划能够实现我们两个目标之一：它能够学会泛化导航任务，同
时能学习象棋和 Atari 游戏的规则。这些都是全新的问题，对于无模型方法来说难以解
决(尽管 MuZero 的样本相当复杂)。

结论

在基础的深度模型强化学习中，基准测试是推动进步的关键。我们已经在连续问
题中使用集成和本地重新规划获得了良好的结果，在离散问题中则使用潜在模型。在
一些应用中，我们成功实现了第一个目标(即更合理的样本复杂性)，也实现了其他目标，
如学习新应用和减少脆弱性。

在实验中，我们使用了来自 ALE 和 MuJoCo 套件的许多不同环境，这些环境的难
度从较难到更加困难不等。在接下来的两章中，我们将研究多智能体问题，将引入一
组新的基准测试，其中包括许多状态组合，包括隐藏信息和同时进行的动作。这些问
题为深度强化学习方法带来更大的挑战。

5.3.5 实际操作: PlaNet 示例

在进入下一章之前，让我们仔细分析其中一种方法如何实现对复杂高维任务的有
效学习。将研究 PlaNet，这是由 Hafner 等人[32]充分记录的项目。它提供了代码[2]、脚
本、视频以及一个博客[3]，鼓励我们进一步进行实验。这项工作的名称是"从像素中学
习潜在动态"，它描述了算法的功能：使用高维视觉输入，将其转换为潜在空间，并在
潜在空间中进行规划，以学习机器人的运动规则。

---

1 这对于棋盘游戏的应用有些不寻常。大多数研究者之所以选择棋盘游戏，是因为其转移函数已知(可参阅下一章)。
MuZero 却不知晓象棋的规则，而是从与环境的互动中开始学习这些规则，从头开始建立起了对规则的认知。

2 见[link6]。

3 见[link7]。

　　PlaNet 解决了一系列复杂的连续控制任务，这些任务包括接触动力学、部分可观测性以及奖励信号稀疏的情况。在 PlaNet 的实验中，使用了以下应用：杆车、探索者、猎豹、手指、杯子以及行者(详见图 5-6)。杆车任务是一个摆动任务，具有固定的视角。小车有时会消失在视野中，这需要智能体具备记忆先前帧的能力。手指旋转任务则要求智能体能够预测两个独立物体的位置以及它们之间的相互作用。猎豹任务涉及学习奔跑(包括脚与地面的接触)，需要模型能够预测多种未来可能性。杯子任务要求将一个球接到杯子里，一旦接住球，将获得稀疏的奖励信号；这需要对未来进行准确预测。行者任务涉及一个虚拟机器人，开始时躺在地上，需要学会站起来然后行走。PlaNet在这些任务中表现出色，甚至在 DeepMind 的控制任务中，其性能都高于 A3C 或 D4PG智能体，而与环境互动的次数大幅减少，减幅达到惊人的 5000%。

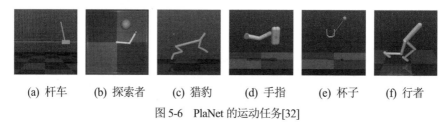

(a) 杆车　　(b) 探索者　　(c) 猎豹　　(d) 手指　　(e) 杯子　　(f) 行者

图 5-6　PlaNet 的运动任务[32]

　　通过对 PlaNet 进行实验具有启发性。相关代码可在 GitHub 上找到 [1]，我们提供了简化实验流程的脚本，以便你可以轻松运行实验：

```
python3 -m planet.scripts.train --logdir /path/to/logdir
--params '{tasks: [cheetah_run]}'
```

　　和通常一样，这需要安装正确版本的必要库，这可能会是一个挑战，需要你运用一些创新思维来解决。所需库的版本信息可在 GitHub 页面上找到。博客中还包括了与DeepMind 控制套件中的无模型基准(A3C、D4PG)进行比较的视频和图片，以帮助你了解预期的实验结果。

　　实验结果表明，使用奖励和价值将实际状态压缩成低维潜在状态，然后利用这些潜在状态进行规划是可行的。基于价值的压缩方法可减少高维实际状态中与提高价值函数无关的噪声，从而简化了问题。为更好地理解实际状态如何映射到潜在状态，可以参考相关文献，如[12, 46, 58]。

5.4　本章小结

　　模型无关的方法通过使用奖励信号对环境进行采样，以学习策略函数，为环境中

---

1 见[link8]。

的所有状态提供行动方案。与之不同，基于模型的方法则使用奖励信号来学习状态转移函数，然后使用规划方法从内部模型中生成策略。无模型方法学习如何在环境中执行动作，而基于模型的方法学习如何模拟环境。学到的转移模型充当了从每个环境采样中利用信息的增益器。一个结果是，基于模型的方法具有更低的样本复杂性，尽管当智能体的转移模型无法完美地反映环境的状态转移函数时，策略的性能可能不如模型无关策略(因为后者总是利用环境进行采样)。

模型化方法的另一个更重要方面是泛化。基于模型的强化学习构建了领域的动态模型。这个模型可以多次使用，不仅用于新的问题实例，还用于相关的问题类别。通过学习转换和奖励模型，基于模型的强化学习更能捕捉领域的本质，因此有能力对问题的各种变化进行泛化。

模拟学习(也称作"想象")展示了如何学习一个模型并利用它来生成额外的样本数据，而不是依赖于环境本身。对于那些适用于表格方法的问题，模拟学习往往比无模型方法更高效，效率提升了多倍。

当智能体能够访问转移模型时，它不仅可以使用样本进行单向学习，还可以应用可逆规划算法。有大量关于回溯和树遍历算法的文献可供参考。使用超过一个步骤的前瞻可以进一步提高奖励的质量。当问题规模增加或者进行深度多步前瞻时，模型的准确性变得至关重要。对于高维问题，通常会使用高容量的神经网络，但这需要大量样本以防止过拟合。因此，需要在样本复杂度和其他因素之间找到平衡，一般选择较低的样本复杂度。

像 PETS 这样的方法旨在考虑模型的不确定性，以提高建模的准确性。模型预测控制方法在每个环境步骤重新规划，以防止过度依赖模型的准确性。传统的表格方法和高斯过程方法在解决小规模问题时取得了相当大的成功，以实现低样本复杂度[15, 50, 85]。

潜在模型观察到在许多高维问题中，影响值函数变化的因素通常具有较低的维度。例如，在图像中，背景景色可能与游戏的质量无关，对值没有影响。潜在模型使用编码器将高维的实际状态空间映射到较低维度的潜在状态空间。随后的规划和值函数计算在这个(比之前小很多的)潜在空间中进行。

最后，我们考虑了端到端的基于模型的算法。这些完全可微分的算法不仅学习动态模型，还学习使用该模型的规划算法。值迭代网络的研究[86]激发了最近关于端到端学习的研究，其中不仅学习了转移模型，还学习了规划算法，实现了端到端的学习。组合的潜在模型(或称世界模型[29])取得了令人印象深刻的成果[81]，模型和规划的准确性得到提高，以至于在 Muzero[74]中实现了从零开始自学习棋类、将棋、围棋以及 Atari 游戏的游戏规则。

5.5 扩展阅读

基于模型的强化学习承诺具有更高效的样本利用率。这个领域拥有悠久的历史。在精确的表格方法中，Sutton 的 Dyna-Q 是一个经典示例，它阐明了基于模型学习的基本概念[83, 84]。

本章讨论的方法有大量的文献支持。关于不确定性建模，请参考[13, 14, 87]；而关于集成方法，请参考[9, 10, 22, 34, 40, 41, 52, 56, 57, 68]。至于模型预测控制，请参考[3, 20, 23, 26, 51, 60, 63]。

潜在模型是一个活跃的研究领域。早期的两项研究工作是[66, 67]，尽管这些思想可追溯到世界模型[29, 39, 47, 73]。随后，关于 PlaNet 和 Dreamer 的一系列论文对该领域产生了重要影响[31~33, 76, 91]。

关于端到端学习和规划的文献也非常丰富，如 VIN[86]，请参考[2, 19, 21, 27, 64, 74, 77, 79, 81]。

随着应用领域变得更具挑战性，尤其是在机器人领域，我们也发展出其他方法，这些方法主要基于不确定性，详细信息请参考综述文献[15, 50]。随后，随着高维问题的普及，潜在模型和端到端方法也得以发展。本节关于环境的基础是最近基于模型的方法的综述[69]。另一份综述文献是[62]，而一项全面的基准研究可参考[88]。

5.6 习题

让我们看看本章的练习。

5.6.1 复习题

对于每个问题，请使用简洁的文字进行回答，以检查你对本章内容的理解。

1. 基于模型的方法相比无模型方法的优势有哪些？
2. 为什么在高维问题中，基于模型的方法的样本复杂度可能受到影响？
3. 哪些函数是动力学模型的一部分？
4. 给出四种深度基于模型的方法。
5. 基于模型的方法相比无模型方法能够取得更好的样本复杂度吗？
6. 基于模型的方法能够取得比无模型方法更好的性能吗？
7. 在 Dyna-Q 中，策略是通过两个机制更新的：从环境中采样学习和什么其他机制？
8. 为什么集成学习方法的方差低于组成该集成的单个机器学习方法的方差？
9. 什么是模型预测控制，为什么这种方法适用于精度较低的模型？

10. 使用潜在模型规划与使用实际模型规划相比，有什么优势？
11. 潜在模型是如何训练的？
12. 给出构成潜在模型的四种典型模块。
13. 端到端的规划和学习有什么优势？
14. 给出两种端到端的规划和学习方法。

5.6.2　练习题

现在是时候引入一些编程练习了。这些练习的主要目的是让你更加熟悉本章介绍的方法。通过实际操作算法并尝试不同的超参数设置，你将逐渐了解不同方法对性能和运行时间的影响。这有助于提升你在深度学习领域的专业技能。

这些实验可能使用昂贵的计算资源。你可以考虑在云上运行它们，使用 Google Colab、Amazon AWS 或 Microsoft Azure。它们可能提供学生折扣，并且配备了最新的 GPU 或 TPU，可用于执行 TensorFlow 或 PyTorch 任务。这将有助于你以更高效的方式进行深度学习实验。

1. 实现 Dyna-Q 算法，针对 Gym 出租车环境使用表格型表示。改变规划次数 N，观察其对性能的影响。

2. 使用 Keras 创建 Dyna-Q 和出租车的函数逼近版本。改变网络容量和规划次数。与纯无模型版本进行比较，注意不同任务和计算需求的性能差异。

3. 在 Dyna-Q 算法中，目前只使用了单步模型样本进行规划。现在，我们要实现一个简单的、有深度限制的多步前瞻规划器，并观察不同前瞻深度对性能的影响。

4. 请阅读 Nagabandi 等人的论文[63]，并下载其代码[1]。确保获取正确版本的库，并使用提供的脚本运行代码，仅运行基于模型的版本。请注意，脚本还支持绘图功能。在不同的 MPC 规划范围下运行代码，尝试不同的集成规模。请观察这些操作对不同应用任务的性能和运行时间产生的影响。

5. 前往 PlaNet 的博客并阅读它(请参考之前的章节)[2]。然后前往 PlaNet 的 GitHub 页面，下载并安装其代码[3]。同时，安装 DeepMind 控制套件[4]以及所有必要版本的支持库。

在 PlaNet 中运行 Reacher 和 Walker 任务，然后与无模型方法 D4PG 和 A3C 进行比较。改变编码网络的大小，并记录其对性能和运行时间的影响。接下来，关闭编码器并在实际状态上进行规划(可能需要调整网络大小以实现此目标)。改变潜在模型、值函数和奖励函数的容量。同时，调整规划次数，并记录其影响。

1　见[link9]。
2　见[link10]。
3　见[link11]。
4　见[link12]。

6. 正如你所了解的，这些实验需要大量计算资源。现在，我们将转向端到端的规划和学习，即值迭代网络(VIN)和 MuZero。请注意，这个练习同样需要大量的计算资源。我们将使用小型应用程序，如小迷宫和 Cartpole。请查找并从 GitHub 下载 MuZero 的实现，然后运用你从之前的练习中积累的经验来探索它。着重理解潜在空间的结构。你可以尝试使用 MuZero-General[17][1] 或 MuZero 可视化[12]来深入了解潜在空间[2](这是一个具有挑战性的练习，适合作为学期项目或论文的研究课题)。

---

1 见[link13]。
2 见[link14]。

第6章

双智能体自对弈

前几章重点介绍了单一智能体如何在其环境中学习最优行为。而本章有所不同，我们将探讨涉及两个智能体的问题(第7章将涉及更多智能体)，并对它们的行为进行建模。

双智能体问题之所以引人关注，有两个重要原因。首先，我们生活的世界充满了互动的主体，因此对两个智能体进行建模，并了解它们之间的相互作用，比仅建模单一智能体更接近于理解现实世界。其次，在双智能体问题中，已经取得了卓越成就——强化学习智能体可以自我训练，变得比人类世界冠军更强大。通过研究这些方法，我们或许能够找到在其他问题领域取得类似成果的途径。

在本章中，我们所建模的互动类型是"零和博弈"：我的胜利意味着你的失败，反之亦然。这种双智能体的零和动态与单一智能体的动态存在根本性区别。在单一智能体问题中，环境允许你探索它，允许你了解其运作方式，并让你找到良好的行动策略。尽管环境可能对你不太友好，但也不会与你对抗。然而，在双智能体的"零和问题"中，环境会努力争取战胜你，并积极调整其响应，根据它从你的行为中学到的信息，使你的奖励最小化。在学习最优策略时，应考虑所有可能的对抗行为。

一种常见方法是通过自我对弈来实现与环境的对抗：将环境替换为自身的副本。通过这种方式，可以让自己与一个具备我们当前所有知识的对手进行对弈，智能体可以相互学习。

首先我们将简要回顾双智能体问题，然后深入探讨自我学习。我们将研究的情境是，两个智能体都完全了解转移函数，因此模型的准确性不再是问题。这种情况在象棋和围棋等游戏中较常见，因为游戏规则决定了我们如何从一个状态转移到另一个状态。

在自我学习中，我们利用环境生成训练示例，用于训练智能体以改进策略。然后，这个改进后的智能体策略在同一环境中用于智能体的训练，反复进行，形成了自我学习和相互改进的良性循环。智能体可能在没有任何先前知识的情况下自我教导，这被称为"空白板学习法"，即从空白状态开始学习。

本章中,我们将介绍自我对弈系统;该系统采用了基于模型的方法,结合了规划和学习策略。在前面提到的规划算法中,有一个我们提到但尚未详细解释的算法,那就是蒙特卡洛树搜索(Monte Carlo Tree Search, MCTS),它是一个备受欢迎的规划算法。MCTS 可用于单智能体和双智能体情境,并且是许多成功应用的核心,包括 MuZero 和自我学习的 AlphaZero 程序系列。将解释为什么 AlphaGo Zero 中的自我学习和自我对弈方法如此有效,以及它们的运作原理。此后将讨论课程化学习的概念,这是自我学习成功的一个关键。

核心内容
- 自我对弈
- 课程化学习法

核心问题
- 使用给定的转移模型进行自我对弈,以便超越当前最强的玩家。

核心算法
- minimax 算法(代码清单 6-2)
- 蒙特卡洛树搜索(代码清单 6-3)
- AlphaZero 空白板学习法(代码清单 6-1)

游戏中的自我对弈

在第 5 章中,我们已经看到,当智能体拥有对环境的转移模型时,可以获得更高的性能,当模型的准确性很高时尤其如此。如果模型十分准确,如果智能体的转移函数与环境的相同,那会带来怎样的结果呢?如果能够在学习过程中改进环境,即通过环境的反馈来不断优化模型,是否有可能实现智能体在深度学习任务中超越其导师,实现类似于学徒超越师傅的情况呢?

为本章铺垫背景,让我们描述一下发生这种情况的第一个游戏:双陆棋。

学习如何玩双陆棋

在第 3.2.3 节中,简要讨论了关于双陆棋的研究。早在 20 世纪 90 年代初期,程序 TD-Gammon 通过浅层网络实现了稳定的强化学习。这项工作始于 20 世纪 80 年代末,由 IBM 实验室的研究员杰拉尔德·特萨罗(Gerald Tesauro)开展。特萨罗面临的问题是让一个程序拥有超越任何现有实体的能力(在图 6-1 中,我们看到特萨罗站在他的程序前面;图片由 IBM Watson Media 提供)。

在 20 世纪 80 年代,计算机技术与今天相比存在显著差异。计算机运算速度较慢,可用数据集较小,神经网络结构较为浅层。在这个背景下,特萨罗的成就显得格外卓越。

图 6-1　特萨罗与双陆棋

　　他的程序基于神经网络，通过学习游戏中的良好策略不断提高性能。他的第一个程序叫作 Neurogammon，使用监督学习方法，依赖于人类专家的游戏数据进行训练。在监督学习中，模型不能超越其训练数据中人类游戏的水平。Neurogammon 达到了中等水平的游戏表现[115]。而他的第二个程序 TD-Gammon 则采用了强化学习，利用时序差分学习和自我对弈。结合手工设定的启发式规则和一些规划策略，它在 1992 年达到了人类锦标赛水平，成为首个在技巧游戏中达到此水平的计算机程序[118]。

　　TD-Gammon 之所以被称为时序差分学习，是因为它在每一步棋后都会更新神经网络，以减小先前和当前位置评估之间的差距。该神经网络采用了一个拥有最多 80 个单元的隐藏层。TD-Gammon 最初从零知识状态(即空白板状态)开始学习。特萨罗将 TD-Gammon 的自我对弈过程描述如下：选择的着法是使得落子方的期望结果最大的着法。换句话说，神经网络是通过与自身对弈的结果来学习的。这种自我对弈训练方法在学习的初始阶段就被使用，即使在神经网络的权重是随机初始化的情况下也是如此，因此初始策略也是随机的[117]。

　　TD-Gammon 采用了空白板学习法，其神经网络权重被初始化为小范围的随机数。它纯粹通过与自己对弈来达到世界冠军水平，在游戏过程中逐步对游戏进行学习。

　　这种自主学习是人工智能的主要目标之一。TD-Gammon 的成功激发了许多研究人员尝试神经网络和自我对弈方法，最终在多年后取得了备受关注的成就，包括在 Atari[75]和 AlphaGo[107, 109]等领域，这些成就将在本章中详细介绍[1]。

　　在第 6.1 节，将介绍双智能体"零和博弈"环境。在第 6.2 节，将详细阐述空白板

---

　　1 在 GitHub 上可以找到 TD-Gammon 的最新 TensorFlow 实现，链接是[link1]。

自我对弈方法。在第 6.3 节，将重点关注自我对弈方法的成就。现在，让我们从双智能体的"零和问题"开始。

6.1 双智能体的"零和问题"

在我们深入研究自我对弈算法之前，让我们稍微看一下那些长期以来一直吸引着人工智能研究者的双智能体游戏。

游戏有各种形态和规模，有些简单，有些复杂。游戏的特征通常可以通过一种标准的分类系统来描述。其中，游戏的重要特征包括玩家数量、游戏是零和还是非零和、信息是完美的还是不完美的、决策的复杂程度以及状态空间的复杂度。稍后将更详细地探讨这些特征。

- 玩家数量。游戏中一个非常重要的元素是玩家的数量。一人游戏通常被称为谜题，并可以建模为标准的马尔可夫决策过程(MDP)。谜题的目标是寻找解决方案。而两人游戏则被认为是"真正"的游戏。有很多两人游戏存在，它们对玩家(以及计算机程序员)来说既不太容易也不太难，提供了良好的平衡[34]。在人工智能领域，一些受欢迎的两人游戏示例包括国际象棋、跳棋、围棋、黑白棋和将棋。

多人游戏是由三名或更多玩家参与的游戏形式。一些知名的多人游戏包括桥牌、扑克牌以及征服世界、外交风云和星际争霸等策略游戏。

- 零和与非零和。游戏的一个重要方面是确定它是竞争性还是合作性的。大多数两人游戏是竞争性的：玩家 A 的胜利(+1)就等同于玩家 B 的失败(-1)。这些游戏被称为零和游戏，因为玩家的胜利总和始终保持为零。竞争在现实世界中扮演着重要角色，而这些游戏为研究冲突和战略行为提供了有用的模型。

相反，在合作性游戏中，玩家会在他们找到双赢局面时获胜。合作性游戏的例子包括汉诺塔、桥牌、外交风云[37, 63]、扑克牌和征服世界。下一章将讨论多智能体与合作性游戏。

- 完美信息与不完美信息。在完美信息游戏中，所有玩家都知道所有相关信息，这类似于典型的棋类游戏，如国际象棋和跳棋。而在不完美信息游戏中，某些信息可能对某些玩家保密，这种情况常见于纸牌游戏，如桥牌和扑克，因为并非所有牌面对所有玩家都可见。不完美信息游戏可以用部分可观测的马尔可夫过程(POMDP)来建模[82, 104]。不过，还有一类特殊形式的不完美信息游戏，就是机会游戏，例如双陆棋和大富翁；这些游戏中骰子扮演着关键角色，没有信息隐藏(尽管在每次移动时存在不确定性)，但有时也被视为完美信息游戏。需要注意的是，随机性并不等同于不完美信息。

- 决策复杂度。玩游戏的难度与游戏的复杂度有关。决策复杂度指的是定义初始游戏位置价值(胜、平、负)所需的终局位置数量,也被称为关键树或证明树[60]。在一个游戏位置中可行动作的数量越多,决策复杂度就越高。例如,像井字游戏(3×3)这样的小棋盘游戏,其复杂度要比像五子棋(19×19)这样的大棋盘游戏低。当动作动空间非常大时,通常可将其视为连续动作空间。以扑克为例,其中的货币赌注可以是任意大小,从而定义了实际上它是连续的动作空间。
- 状态空间复杂度。一个游戏的状态空间复杂度是指从游戏的初始位置出发可以达到的合法位置数量。通常情况下,状态空间复杂度和决策复杂度呈正相关,因为具有高决策复杂度的游戏通常具有高状态空间复杂度。确定一个游戏的确切状态空间复杂度是一项富有挑战性的任务,因为某些位置可能是非法的或无法到达的[1]。对于许多游戏,已经计算了状态空间的近似值。总的来说,具有更大状态空间复杂度的游戏对于人类和计算机来说更难玩(需要更多地考虑)。需要注意,状态的维度可能与状态空间的大小无关,例如,一些较简单的 Atari 游戏的规则限制了可到达状态的数量,尽管这些状态本身具有较高的维度(由许多视频像素组成)。

零和完全信息游戏

零和完全信息的双人游戏,例如国际象棋、跳棋和围棋,是人工智能领域最古老的应用之一。图灵和香农在 70 多年前首次提出了编写下棋程序的想法[105, 125]。这些游戏经常被用来研究人工智能中的战略推理。在这些游戏中,策略或政策决定了游戏的结果。表 6-1 总结了在人工智能研究中扮演重要角色的一些游戏。

表 6-1　游戏的特征

游戏名称	棋盘	状态空间	零和/非零和	完美信息/非完美信息
国际象棋	8 × 8	10^{47}	零和	完美信息
跳棋	8 × 8	10^{18}	零和	完美信息
奥赛罗(也称为翻转棋)	8 × 8	10^{28}	零和	完美信息
双陆棋	24	10^{20}	零和	不确定
围棋	19 × 19	10^{170}	零和	完美信息
将棋	9 × 9	10^{71}	零和	完美信息
扑克	卡牌	10^{161}	非零和	非完美信息

---

1 以井字游戏(tic-tac-toe)为例,它的最大状态空间包括 19683 个(3^9)位置,这是通过考虑 9 个格子中每个格子可以是 X、O 或空白所得到的结果。然而,如果排除掉对称的和非法的位置,那么可用的合法位置将减至 765 个[96]。

6.1.1 困难的围棋游戏

1997 年国际象棋世界冠军加里·卡斯帕罗夫输给 IBM 的 Deep Blue 计算机(见图 6-2，由 Chessbase 提供的图像)之后，围棋(图 1-4)成为下一个基准游戏，也可以说是人工智能领域的 Drosophila[1]，围绕围棋的研究活动大幅增加。

图 6-2　1997 年 5 月，在纽约，Deep Blue 和加里·卡斯帕罗夫的对弈

围棋比国际象棋更具挑战性。它在一个较大棋盘上进行(19×19 对 8×8)，可行动作更多(每个位置大约有 250 个可行动作，而国际象棋只有约 25 个)，游戏时间更长(通常需要 300 步，而国际象棋通常只需要 70 步)，状态空间复杂度远高于国际象棋：围棋是 10^{170}，而国际象棋是 10^{47}。此外，在围棋中，奖励稀缺。只有在一场长时间的比赛结束，经过许多步骤后，我们才能知道结果(胜负)。在围棋中，捕获并不像国际象棋那么频繁，也没有找到良好且高效的可计算启发式方法。相反，在国际象棋中，棋子的平衡可以有效计算，并且可很好地指示领先程度。对于计算机来说，围棋中的大部分决策都是在无法事先确定结果的情况下进行的。然而，对于人类来说，可以争论说围棋的视觉模式比国际象棋的深度组合线路更容易解释。

在强化学习中，围棋中的信用分配具有挑战性。奖励仅在经过长时间的一系列棋局后才出现，不清楚哪些棋步对此结果做出了最大贡献，或者是否所有棋步都具有相同的贡献。需要进行许多游戏以获得足够的结果。总之，相对于国际象棋，围棋更难让计算机掌握(见图 6-3)。

---

1 Drosophila Melanogaster 也称为果蝇，是遗传学研究中的常用物种，因为实验可以迅速产生清晰的答案。

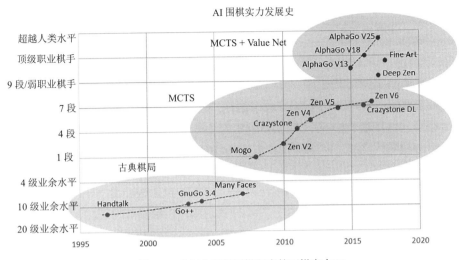

图 6-3　多年来顶级围棋程序的下棋实力[3]

传统上，计算机围棋程序采用了国际象棋设计的方式，使用 minimax 搜索结合启发式评估函数。而在围棋中，这个评估函数基于棋子的影响力(请参阅第 6.2.1 节和图 6-4)[71]。然而，这种国际象棋的方法在围棋中并不适用，至少表现不佳。多年来，围棋程序的水平一直停滞在中级业余水平。

主要问题在于围棋的分支因子较大，缺乏高效且良好的评估函数。

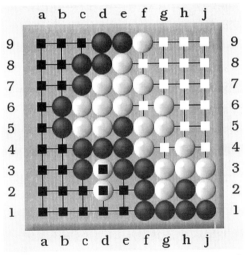

图 6-4　围棋中的影响力。空白的交叉点被标记为属于黑子或白子的领地

随后，蒙特卡洛树搜索(Monte Carlo Tree Search，MCTS)在 2006 年被开发出来。MCTS 是一种可变深度自适应搜索算法，不需要启发式函数，而使用随机模拟来估计棋盘的强度。MCTS 程序使得棋局水平从 10 级业余水平提高到 2~3 段甚至更高，在小

型 9×9 棋盘的表现尤其好[1]。然而，再次出现了性能停滞的问题，研究人员认为达到世界冠军水平还需要很多年的时间。曾经尝试过神经网络，但速度较慢，并没有显著提高性能。

围棋的下棋实力

让我们比较一下几款不同年代的围棋程序，它们采用了不同的编程范式(见图 6-3)。这些程序可以划分为三类。首先是使用启发式规划的程序，即采用 minimax 算法的程序。其中，GNU Go 是这类程序的著名代表。这些程序中的启发式规则是人工编写的，它们的下棋水平达到中等业余水平。接下来是基于 MCTS 的程序，它们的水平达到了较高的业余水平。最后，我们有 AlphaGo 程序，它结合了 MCTS 和深度自我对弈。AlphaGo 系列程序的表现超越人类水平。图中还展示了其他采用类似方法的程序。

因此，围棋提供了一个庞大且稀疏的状态空间，为我们提供了一个极具挑战性的测试，以评估自我对弈结合完美转移函数能够达到的极限。让我们更详细地探讨一下 AlphaGo 的成就。

6.1.2 AlphaGo 的成就

2016 年，经过数十年的研究，围棋领域迎来了一次重大突破。在 2015 年至 2017 年期间，DeepMind 的 AlphaGo 团队参加了三场比赛，分别击败了樊麾、李世石和柯洁等人类冠军。AlphaGo 的突破性表现令人意外。电子游戏领域的专家原本预计，要达到国际象棋大师级别的水平至少还需要 10 年的时间。

AlphaGo 所用的技术是多年研究的成果，涵盖了广泛的主题。围棋游戏在这方面表现得非常出色，可以被看作"果蝇"(Drosophila)一样的模型。重要的新算法被开发出来，其中最显著的是 MCTS，同时在深度强化学习领域取得了重大进展。接下来，我们将提供一个高层次的概述，介绍带来 AlphaGo(击败冠军)和其后继者 AlphaGo Zero(空白板学习围棋)的研究成果。首先将描述围棋比赛。

2015 年 10 月，作为 AlphaGo 开发过程的一部分，进行了与欧洲围棋冠军樊麾的比赛，地点在伦敦。当时的樊麾是 2013 年、2014 年和 2015 年的欧洲围棋冠军，拥有 2 段职业等级。2016 年 5 月，AlphaGo 与李世石进行的比赛在首尔举行，受到广泛媒体报道(请参阅图 6-5，图片由 DeepMind 提供)。虽然国际围棋界没有官方的全球排名，但在 2016 年，李世石被广泛认为是世界四大最佳围棋选手之一。一年后，在中国进行了另一场比赛，对阵的是当时在韩国、日本和中国的排名系统中都位居榜首的冠军柯洁。AlphaGo 在这三场比赛中都取得了令人信服的胜利。击败顶级围棋选手的成就甚至登上了《自然》杂志的封面，见图 6-6。

---

1 围棋中的新手从 30 级业余水平开始，逐渐提高到 10 级业余水平，然后进阶到 1 级业余水平。更强的业余选手可以达到 1 段，然后逐渐提高到 7 段，7 段是围棋业余水平的最高等级。职业围棋选手的等级范围从 1 段到 9 段，表示为 1p~9p。

图 6-5　AlphaGo 与李世石的 2016 年首尔比赛

图 6-6　AlphaGo 登上《自然》杂志封面

AlphaGo 系列实际上包括三个程序：AlphaGo、AlphaGo Zero 和 AlphaZero。AlphaGo 是击败人类围棋冠军的程序，它结合了大师级对局和自我对弈对局中的监督学习。第二个程序 AlphaGo Zero 是完全重新设计的版本，仅基于自我对弈。它以空白板学习的方式掌握围棋，并且比 AlphaGo 更强。而 AlphaZero 是对 AlphaGo Zero 的泛化，还可以下国际象棋和将棋。第 6.3 节将更详细地介绍这些程序。

现在让我们深入研究一下在 AlphaGo Zero 和 AlphaZero 中采用的自我对弈算法。

6.2 空白板自我对弈智能体

基于模型的强化学习告诉我们，通过学习局部的状态转移模型，当模型的准确性足够高时，可以实现出色的样本效率。当我们拥有完美的状态转移知识(就像在本章中一样)，那么我们可以进行远期计划，无误差地展望未来。

在常规的智能体-环境强化学习中，环境的复杂性并不会随着智能体的学习而发生变化，因此智能体策略的智能受到环境复杂性的限制。然而，在自我对弈中，发生了一种相互改进的循环：环境的智能因智能体的学习而提高。通过自我对弈，我们可以创建一个系统，它能够超越原始环境，不断增长和发展，形成一种良性的相互学习循环；就像智能从虚无中崭露头角一样。这正是当我们希望在某一领域击败已知的最佳实体时所需的系统，因为简单地从老师那里复制无法帮助我们超越它。

在某个特定领域，因为简单地模仿老师不足以使我们超越它。研究如何实现如此高水平的游戏非常有趣，原因如下：①追随 AI 成功故事令人兴奋；②了解使用了哪些技术以及如何实现超越人类智能的方法引人入胜；③探索是否可以学到一些技巧，不仅适用于其他领域，超越两个智能体的零和博弈，还可以在其他领域实现超级智能。

让我们深入探讨一下 AlphaGo Zero 所用的自学习智能体架构。我们将了解到，双智能体的自我对弈实际上包括三个层次：棋步移动级别的自我对弈、示例级别的自我对弈和锦标赛级别的自我对弈。

下面将首先讨论总体架构以及它如何创建一种良性改进的循环，接着将详细描述这些层次。

良性改进循环

与智能体/环境模型相比，我们现在有了两个智能体(见图 6-7)。与第 5 章中的基于模型的世界(见图 6-8)相比，我们学到的模型已经被转移规则的完美知识所取代，环境现在称为对手：扮演着智能体 2 的角色，是同一智能体的对立版本。

图 6-7 双智能体世界

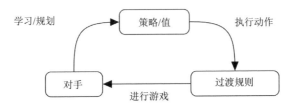

图 6-8　使用已知的转移规则进行游戏

　　本章的目标是在不使用任何手工编码的领域知识的情况下，实现尽可能高水平的游戏表现。在国际象棋和围棋等应用中，存在完美的转移模型。结合学习到的奖励函数和策略函数，我们可创建一个自我学习系统，其中发生着不断改进性能的良性循环。图 6-9 阐述了这样一个系统的运作方式：①搜索器使用评估网络来估计奖励值和策略行动，并将搜索结果用于自我对弈中与对手进行游戏；②游戏结果随后被收集到缓冲区中，用于在自我学习中训练评估网络；③通过与自身的复制进行锦标赛，创造一个不断增强功能的良性循环。

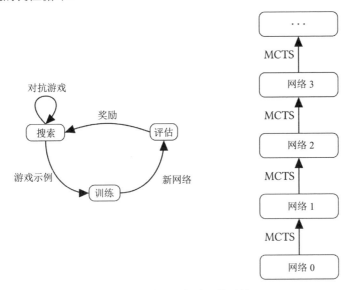

图 6-9　自我对弈循环提高网络质量

AlphaGo Zero 的自我对弈详细过程

　　让我们更详细地了解 AlphaGo Zero 中的自我学习是如何运作的。AlphaGo Zero 采用了基于模型的演员-评论家方法，其中包括一个规划器，用于改进单一的值/策略网络。对于策略的改进，它采用 MCTS(蒙特卡洛树搜索)，同时学习一个带有策略头部和值头部的单一深度残差网络(请参阅 B.2.6 节)，请参见图 6-9。MCTS 在每次迭代中提高了训练示例的质量(图中左侧部分)，然后使用这些更好的示例来训练网络，提高了网络的质量(图中右侧部分)。

MCTS 的输出用于训练评估网络，而评估网络的输出则用作同一 MCTS 中的评估函数。我们将搜索和评估函数封装在一个循环中，以不断使用游戏结果来训练网络，形成一个训练流程。现在让我们将这些概念转化为伪代码。

循环的伪代码

从概念上说，自我对弈是一种既巧妙又优雅的方法：它是围绕一个具有神经网络作为评估和策略函数的 MCTS 玩家的双重训练循环，这有助于提升 MCTS 的性能。图 6-10 和代码清单 6-1 详细展示了自我对弈的循环。图中的数字对应伪代码中的行号。

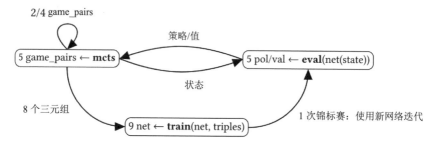

图 6-10　带有行号的自我对弈示意图

代码清单 6-1　自我对弈的伪代码

```
1    for tourn in range (1, max_tourns): #锦标赛过程
2        for game in range(1, max_games): #进行一场游戏锦标赛
3            trim(triples) #如果缓冲区已满：替换旧条目
4            while not game_over(): #生成一场游戏的状态
5                move = mcts(board, eval(net)) #移动是(状态,动作)对
6                game_pairs += move
7                make_move_and_switch_side(board, move)
8            triples += add(game_pairs, game_outcome(game_pairs))
                 #添加到缓冲区
9        net = train(net, triples) #使用(状态,动作,结果)三元组重新训练
```

让我们从外部到内部逐步解析这个系统。第 1 行是主要的自我对弈循环，控制着自我对弈锦标赛过程的执行持续时间。第 2 行执行训练周期，即自我对弈游戏的锦标赛，之后重新训练网络。第 4 行玩这样一场游戏，以便为每个移动和游戏的结果创建(状态, 动作)对。第 5 行调用 MCTS 生成每个状态的动作。MCTS 执行模拟，在 P-UCT 选择中使用网络的策略头部，在 MCTS 叶子节点使用网络的值头部。第 6 行将状态/动作对追加到游戏移动列表中。第 7 行执行棋盘上的移动，并切换到下一位玩家的颜色(棋子颜色)，为 while 循环中的下一个移动做准备。第 8 行，一场完整的游戏结束了，结果已知。第 8 行将每场游戏的结果添加到(状态, 动作)对中，以形成网络训练所需的(状态, 动作, 结果)三元组。需要注意，由于网络是一个具有两个头部(策略和价值)的

网络，因此网络训练需要动作和结果的信息。在最后一行，这个三元组缓冲区被用来训练网络。新训练的网络在下一个自我对弈迭代中被搜索者用作评估函数。使用这个网络，进行另一场锦标赛，利用搜索者的先知来生成下一批更高质量的示例，从而形成一系列更强大的网络(图 6-9 的右侧部分)。

在伪代码中，可看到三个自我对弈循环，其中使用与自己的副本对弈的原则。

(1) 棋步级别：在 MCTS 模拟中，对手实际上是我们自己的一个副本(第 5 行)，因此可在游戏棋步级别进行自我对弈。

(2) 示例级别：用于自我训练策略和奖励函数逼近器的输入是由我们自己的游戏生成的(第 2 行)，因此在价值/策略网络级别进行自我对弈。

(3) 锦标赛级别：自我对弈循环创建了一个训练计划，从零开始，并最终达到世界冠军水平。该系统在玩家与自己对抗的层面进行训练(第 1 行)，因此可称为第三种自我对弈。

这三个级别都使用了各自类型的自我对弈，接下来将详细描述这些内容。我们从棋步级别的自我对弈开始。

6.2.1　棋步级别的自我对弈

在最内层级别，我们使用智能体进行自我对弈，将其视为自身的对手。每当轮到对手移动时，我会执行移动，尝试找到对手的最佳着法(这对我来说将是最不利的着法)。这个方案使用相同的知识来表示玩家和对手。这与现实世界不同，现实中的智能体是不同的，拥有不同的大脑、不同的推理能力和不同的经验。我们的方案是对称的：当假设我们的智能体技艺很强时，对手的技艺也同样很强，我们可以希望从强力的对局中学习(因此我们假设智能体使用与我们相同的知识下棋；我们不试图有意利用对手的弱点)[1]。

1. minimax 算法

自从人工智能发展初期，就一直使用了通过在自己下棋时切换视角来生成对抗性着法的原则，这一原则被称为 minimax 算法。

国际象棋、西洋跳棋和围棋都是具有挑战性的游戏。自图灵早期论文中的设计以来，用于编程国际象棋和西洋跳棋玩家的架构一直没有大的变化[125]：这些架构包括一个基于 minimax 算法的搜索例程，该例程搜索到一定的深度，并使用启发式规则估计棋盘位置的得分。例如，在国际象棋和西洋跳棋中，玩家在棋盘上的棋子数量是一种粗略但有效的近似方法，用于衡量该玩家状态的能力。图 6-11 显示了这种经典的搜

---

1 还有一些关于对手建模的研究，其中我们试图利用对手的弱点[14, 47, 54]。这里，我们假设对手是相同的，这在象棋和围棋中通常效果最好。

索-评估架构的示意图[1]。

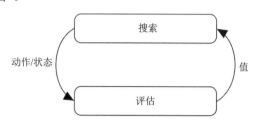

图 6-11　游戏的搜索-评估架构

基于这个原则，许多成功的搜索算法已经被开发出来，其中最著名的是 alpha-beta 算法[60, 86]。然而，由于状态空间的大小与前瞻深度呈指数关系，因此必须开发许多增强策略来管理状态空间的大小，并允许进行深度的前瞻[87]。

"minimax"这个词是"maximizing/minimizing"的缩写，然后颠倒过来以便发音。这意味着在零和游戏中，两名玩家轮流进行移动，而在偶数步骤中，当玩家 A 需要选择一个移动时，最佳移动动作是最大化玩家 A 的得分，而在奇数步骤中，最佳移动对于玩家 B 来说是最小化玩家 A 的得分的移动动作。

图 6-12 在树状结构中描述了这种情况。节点中的分数值被选择以展示 minimax 算法的工作原理。顶部是树的根节点，层级为 0，是一个方形节点，由玩家 A 进行移动。

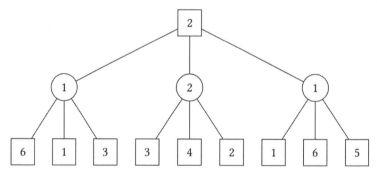

图 6-12　minimax 树

由于我们假设所有玩家都会理性地选择最佳的行动，因此根节点的值由最佳行动的值确定，即其子节点中的最大值。在第 1 层，每个子节点都是一个圆形节点，代表玩家 B 选择其最佳行动，以最小化玩家 A 的得分。在第 2 层，这棵树的叶子节点同样是最大的方形节点(尽管不再有子节点可供选择)。请注意，对于每个圆形节点，其值是其子节点中的最小值，而对于方形节点，其值是树中圆形节点的最大值。

以下是递归 minimax 算法的 Python 伪代码(见代码清单 6-2)。请注意额外的超参数

1　由于智能体知道转移函数 T，它可以为每个动作 a 计算新的状态 s'。奖励 r 是在终止状态下计算的，与值 v 相等。因此，在这个图示中，搜索函数将状态传递给评估函数。有关搜索-评估架构的详细解释，请参考[87, 125]。

d。这是从叶子节点开始计数的搜索深度。深度 0 处是叶子节点，其中调用启发式评估函数对棋盘进行评分 [1]。还要注意，代码中没有显示在棋盘上执行移动的代码，即将动作转换为新状态的代码。这被假设在 children 字典内部完成。在这些部分中，我们有时会混合动作和状态，因为动作完全决定了接下来将发生的状态。

代码清单 6-2 minimax 算法的伪代码[87]

```
1 INF = 99999 #这个值被假设为大于评估函数(eval)可能返回的任何值
2
3 def minimax(n, d):
4     if d <= 0:
5         return heuristic_eval(n)
6     elif n['type'] == 'MAX':
7         g = -INF
8         for c in n['children']:
9             g = max(g, minimax(c, d-1))
10     elif n['type'] == 'MIN':
11         g = INF
12         for c in n['children']:
13             g = min(g, minimax(c, d-1))
14     return g
15
16 print("Minimax value: ", minimax(root, 2))
```

AlphaGo Zero 使用 MCTS，这是比 minimax 更高级的搜索算法，我们将很快讨论它。

超越启发式算法

基于 minimax 的程序通过递归地遍历它们访问的每个状态中的所有动作来穿越状态空间[125]。minimax 搜索就像标准的深度优先搜索过程一样，这是我们在本科算法和数据结构课程中学到的内容。这是一种直接而刚性的方法，节点的所有分支都达到相同的搜索深度。

为将搜索工作集中在树的有前途的部分，研究人员随后引入了许多算法增强功能，如 alpha-beta 截断、迭代加深、置换表、空窗口和空步[39, 60, 62, 88, 111]。

在 20 世纪 90 年代初，人们开始尝试一种不同的方法，该方法基于单一走法的随机模拟[2, 15, 18]（见图 6-13 和图 6-14）。在图 6-14 中，展示了这种不同方法的示例。我们可以看到单一走法的搜索与完整子树的搜索进行对比。实验结果表明，通过对许多

---

1 启发式评估函数最初是一系列手工设置的启发式规则的线性组合，例如材料平衡(哪一方拥有更多棋子)或中心控制。起初，这些线性组合(系数)不仅是手工编码的，还经过手工调整。后来，它们通过监督学习进行了训练[10, 46, 91, 120]。最近，引入了 NNUE 作为非线性神经网络，用于在 alpha-beta 框架中充当评估函数[81]。

这种随机模拟进行平均计算，也可估计根节点的值，这是传统递归树搜索方法之外的一种逼近方式。到了 2006 年，人们引入了这种方法的树状版本，该方法在围棋中取得了成功。这一算法被称为蒙特卡洛树搜索[17, 30]。同年，Kocsis 和 Szepesvári 提出了一种适用于探索与开发权衡的选择规则，该规则表现出色并能收敛到 minimax 值，被称为 UCT，即上界信心边界应用于树。

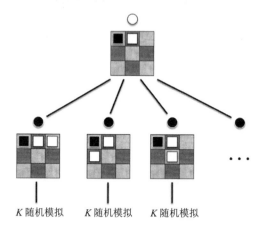

图 6-13　三行棋局[12]

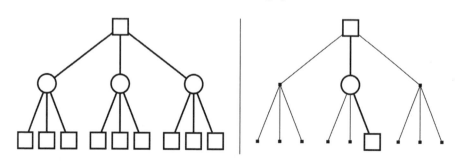

图 6-14　搜索树与搜索路径之间的对比

图 6-14 中展示了一种不同的方法。我们可以看到搜索单一游戏线路与搜索完整子树之间的比较。结果显示，对许多这种模拟进行平均化也可用于近似根节点的价值，这是经典递归树搜索方法之外的一种方法。在 2006 年，引入了这种方法的树状版本，被证明在围棋中取得了成功。这个算法被称为蒙特卡洛树搜索[17, 30]。同年，Kocsis 和 Szepesvári 提出一种用于对探索与利用进行权衡的选择规则，表现出色并趋向于 minimax 值[61]。他们的规则被称为 UCT，即上置信度边界应用于树状结构。

2. 蒙特卡洛树搜索

蒙特卡洛树搜索(见图 6-15)相对于 minimax 搜索和 alpha-beta 剪枝有两个主要优

点。首先，MCTS 基于对单个游戏线路的平均化，而不是递归地遍历子树。路径从根节点到叶节点的计算复杂度在搜索深度方面是多项式的。而树的计算复杂度则在搜索深度方面呈指数级增长。特别是在每个状态具有许多可行动作的情况下，使用一次拓展一条路径的算法更容易管理搜索时间[1]。

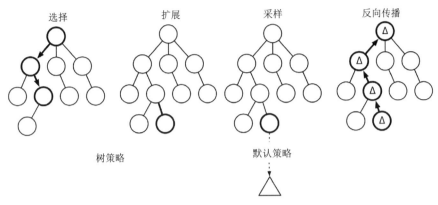

图 6-15　蒙特卡洛树搜索[17]

其次，蒙特卡洛树搜索(MCTS)不需要依赖启发式评估函数。它通过从根节点到游戏终局的一条完整走法来模拟游戏过程。在游戏终局，胜利或失败的得分是已知的。通过对多次模拟游戏过程并取平均值，MCTS 可以逼近根节点的价值。相比之下，minimax 搜索必须应对指数级增长的搜索树，它在达到一定搜索深度后截断搜索，然后使用启发式评估函数来估算叶子节点的得分。然而，有些游戏难以找到有效的启发式评估函数。这种情况下，MCTS 具有明显优势，因为它可以在不依赖启发式评估函数的情况下运行。

自 2006 年引入以来，MCTS 已经在许多不同的应用中取得了成功。让我们更详细地了解它是如何工作的。

蒙特卡洛树搜索包括四个关键操作：选择(select)、扩展(expand)、模拟(playout，也叫做 rollout、simulation 和 sampling)以及反向传播(backpropagate，有时称为 backup)。其中，选择是算法的下行策略执行部分，而反向传播则是上行的错误修正和学习部分。稍后将更详细地探讨这些操作。

MCTS 是一种成功的基于规划的强化学习算法，它采用先进的探索/利用选择规则。MCTS 从初始状态 s_0 开始，利用转移函数生成后续状态。在 MCTS 中，状态空间会逐步迭代，构建树形数据结构，逐节点和逐模拟地进行构建。一般情况下，MCTS 搜索

---

1 比较国际象棋和围棋：在国际象棋中，一个局面的典型走法数约为 25，而在围棋中这个数约为 250。一个深度为 5 的国际象棋树有 $25^5 = 9765625$ 个叶子节点。而一个深度为 5 的围棋树有 $250^5 = 976562500000$ 个叶子节点。在围棋中进行深度为 5 的极小化搜索所用的时间让人无法接受；而在 MCTS 搜索中进行 1000 次扩展时，无论是国际象棋还是围棋，都会扩展相同数量的从根节点到叶子节点的路径。

会进行 1000 到 10 000 次迭代。每一次迭代在 MCTS 中都从根节点 s_0 开始，通过选择规则遍历树的路径，扩展新节点，并执行随机模拟。然后将模拟结果传播回根节点。在反向传播过程中，所有内部节点的统计数据都会更新。这些统计信息随后由选择规则在未来的迭代中使用，以引导前往树中当前最具潜力的部分。

这些统计数据包括两个计数器：胜利计数(w)和访问计数(v)。在反向传播过程中，从叶子节点回溯到根节点的路径上的所有节点的访问计数(v)都会增加。如果模拟的结果是胜利，那么这些节点的胜利计数(w)也会增加。如果结果是失败，那么胜利计数(w)将保持不变。

选择规则使用胜率 w/v 和访问计数 v 来决定是利用树中高胜率部分还是探索访问次数较低部分。一个常用的选择规则是 UCT(详见第 6.2.1 节)。正是这个选择规则在MCTS 中控制着探索与利用之间的权衡。

MCTS 的四个操作

让我们更详细地看一下这四个操作。请参考代码清单 6-3 和图 6-15[17]。正如我们在图和代码清单中所看到的，只要还有时间，主要步骤就会重复执行。每一步的活动如下。

(1) 选择。在选择步骤中，从根节点开始，逐级遍历树，直到到达 MCTS 搜索树的叶子节点，然后选择一个尚未包含在树中的新子节点。在每个内部状态，遵循选择规则以确定要采取的动作，从而确定下一个要前往的状态。在许多应用中，UCT 规则表现良好[61]。

这些状态的选择是状态的行动策略 $\pi(s)$ 的一部分。

(2) 扩展步骤是指向树中添加一个子节点的过程。大多数情况下，只添加一个子节点。在某些 MCTS 版本中，叶节点的所有后继节点都会被添加到树中[17]。

(3) 模拟游戏阶段(Playout)：随后，在模拟游戏阶段，以自我对弈的方式进行随机移动，直到游戏结束为止。请注意，这些模拟游戏的节点不会添加到 MCTS 树中，但它们的搜索结果会在反向传播阶段中考虑。模拟游戏的奖励 r 分为以下情况：如果第一位玩家获胜，奖励为+1；如果游戏以平局结束，奖励为 0；如果对手获胜，奖励为-1。[1]

(4) 反向传播阶段：在反向传播阶段，奖励 r 沿着之前遍历过的节点向树的上层传递。两个计数会被更新：所有节点的访问计数，以及根据奖励值来更新的胜利计数。需要注意，在双方对弈的游戏中，MCTS 树中的节点会交替表示双方。如果白方获胜，那么只有轮到白方的节点会增加计数；如果黑方获胜，那么只有轮到黑方的节点会增加计数。MCTS 是基于策略的：被更新的值是被选择节点的值。

---

1 最初，Playout(即 Monte Carlo Tree Search 中的蒙特卡罗部分)是随机的，这遵循了 Brügmann[18]以及 Bouzy 和 Helmstetter[15]的原始方法。然而，在实践中，大多数围棋程序通过利用包含最佳应对以及其他快速启发式方法的小型 3×3 模式数据库[24, 31, 33, 50, 106]来提高随机模拟游戏的效果。总之，尽管没有采用启发式评估函数的形式，但仍然使用了少量领域知识。

伪代码

许多网站提供了关于 MCTS 的有用资源，包括示例代码(请参见代码清单 6-3)[1]。清单中的伪代码来自一个用于游戏玩法的示例程序。MCTS 算法可以多种不同的方式实现。有关具体的实现细节，请查阅[35]以及综述[17]。

代码清单 6-3　MCTS 伪代码示例(Python)[17, 35]

```
1 def monte_carlo_tree_search(root):
2    while resources_left(time, computational power):
3        leaf = select(root) #叶节点 = 未访问的节点
4        simulation_result = rollout(leaf)
5        backpropagate(leaf, simulation_result)
6    return best_child(root) #或者说: 具有最高访问计数的子节点
7
8 def select(node):
9    while fully_expanded(node):
10       node = best_child(node)  #沿着最佳路径前进
         UCT nodes
11   return expand(node.children) or node #没有子节点的是终止节点
12
13 def rollout(node):
14 while non_terminal(node):
15 node = rollout_policy(node)
16 return result(node)
17
18 def rollout_policy(node):
19 return pick_random(node.children)
20
21 def backpropagate(node, result):
22 if is_root(node) return
23 node.stats = update_stats(node, result)
24 backpropagate(node.parent)
25
26 def best_child(node, c_param=1.0):
27 choices_weights = [
28 (c.q / c.n) + c_param * np.sqrt((np.log(node.n) / c.n))
# UCT
29 for c in node.children
30 ]
31 return node.children[np.argmax(choices_weights)]
```

MCTS 是一种流行的算法,要在 Python 中使用它,简单方法是安装 pip 包(pip install mcts)。

---

1 见[link2]。

策略

在搜索结束时，无论是经过预定的迭代次数还是达到时间限制，MCTS 都会返回具有最高访问计数的值和动作。另一种选择是返回具有最高胜率的动作。然而，访问计数同时考虑了胜率(通过 UCT 算法)以及它所基于的模拟次数。高胜率可能基于较少的模拟次数，因此具有较高的不确定性。而高访问计数则具有较低的不确定性。由于选择规则，高访问计数表示高胜率，并有较高的置信度，而高胜率可能具有较低的置信度[17]。初始状态 s_0 的动作构成了确定性策略 $\pi(s_0)$。

UCT 选择

MCTS 的自适应探索/利用行为受选择规则的管理，通常选择 UCT。UCT 是一种自适应的探索/利用规则，在许多不同领域中都能实现高性能。

UCT 是由 Kocsis 和 Szepesvári 在 2006 年引入的[61]。该论文提供了最终收敛到 minimax 值的理论保证。这个选择规则被命名为 UCT，代表着应用于树的多臂老虎机的上限置信区间(Bandit 理论也在第 2.2.4 节中提到过)。

UCT 公式如下：

$$\text{UCT}(a) = \frac{w_a}{n_a} + C_p\sqrt{\frac{\ln n}{n_a}} \tag{6.1}$$

其中 w_a 是子节点 a 的获胜次数，n_a 是子节点 a 被访问的次数，n 是父节点被访问的次数，$C_p \geqslant 0$ 是一个常数，是可调整的探索/利用的超参数。UCT 公式中的第一项，胜率 $\frac{w_a}{n_a}$，是利用项。具有高胜率的子节点通过这一项获得利用奖励。第二项 $\sqrt{\frac{\ln n}{n_a}}$ 是用于探索的。被访问次数较少的子节点具有较高的探索项。探索的程度可通过 C_p 常数进行调整。较低的 C_p 意味着较少的探索，而较高的 C_p 意味着更多的探索。选择规则是选择具有最高 UCT 总和的子节点(这类似于基于值的方法中的 argmax 函数)。

UCT 公式在选择要扩展的节点时平衡了胜率 $\frac{w_a}{n_a}$ 和"新鲜度" $\sqrt{\frac{\ln n}{n_a}}$，[1] 也提出了替代的选择规则，如 Auer 的 UCB1[6–8]和 P-UCT[70, 93]。

P-UCT

需要注意的是，AlphaGo Zero 程序中使用的 MCTS 略有不同。MCTS 被嵌入训练循环中，作为自动生成训练示例的一个不可或缺的组成部分，以提升每次自我对弈迭代中示例的质量，同时利用值和策略输入来引导搜索过程。

此外，在 AlphaGo Zero 程序中，MCTS 的备份完全依赖于价值函数的逼近器；不

---

1 平方根项是衡量动作值的方差(不确定性)的指标。自然对数的使用确保随着时间的推移，增量变得越来越小，较旧的动作被选择的频率较低。然而，由于"对数值"是无界的，最终所有动作都会被选择[114]。

再执行模拟游戏(Playout)。MCTS 名称中的 MC 部分代表蒙特卡罗模拟游戏，但实际上对于这个由神经网络引导的树搜索器来说，这个术语已经不再准确。

此外，在自我对弈的 MCTS 中，选择方式也有所不同。基于 UCT 的节点选择现在还利用了经过训练的函数逼近器的策略头部输入(胜率和新鲜度除外)。仍然保持不变的是，通过 UCT 机制，MCTS 可以贪婪地将其搜索工作集中在具有最高胜率的部分，同时平衡对树中未充分探索部分的探索。

用于将深度网络策略头部输入纳入考虑的公式是 P-UCT 的一个变种[70, 77, 93, 109](即预测-UCT)。让我们比较一下 P-UCT 和 UCT。P-UCT 公式在式 6.1 的基础上添加了策略头部 $\pi(a\,|\,s)$。

$$\text{P-UCT}(a) = \frac{w_a}{n_a} + C_p \pi(a|s) \frac{\sqrt{n}}{1 + n_a}$$

P-UCT 将 $\pi(a\,|\,s)$ 项添加到 UCT 公式的探索部分，用于指定动作 a 的概率[1]。

探索/利用

MCTS 的搜索过程是由树中的统计值引导的。在搜索中，MCTS 会发现树的哪些部分具有潜力。与基于 minimax 算法(如 alpha-beta)不同，MCTS 的树扩展具有可变的深度和宽度特性。在图 6-16 中，我们看到了实际 MCTS 优化的搜索树的一个快照。树的某些部分执行了比其他部分更深入的搜索[128]。

图 6-16　自适应 MCTS 树[65]

MCTS 的一个重要因素是探索与利用的权衡，可以通过调整 C_p 超参数来实现。在不同的应用中，MCTS 的有效性取决于这个超参数的值。在围棋程序中，典型的初始选择是 $C_p = 1$ 或 $C_p = 0.1$[17]，尽管在 AlphaGo 中我们看到了高度探索性的选择，如 $C_p = 5$。一般来说，经验教训表明，当计算能力有限时，C_p 应该较低，而当有更多计算能力可用时，建议进行更多探索(较高的 C_p)[17, 65]。

---

1 此外，方根下的微小差异(没有对数，并且分母中有 1)也在一定程度上改变了 UCT 函数的特性，确保在未访问的动作上表现正确[77]。

应用领域

MCTS 在 2006 年首次引入[30–32]，应用在计算机围棋程序领域，之前有 Chang 等人[23]、Auer 等人[7]以及 Cazenave 和 Helmstetter 的相关工作[22]。引入 MCTS 显著提高了围棋程序的性能，从中级业余水平提高到强业余水平。以前基于启发式方法的 GNU Go 程序水平在 10 级左右，而蒙特卡罗方法则在几年内提升到 2~3 段水平。

最终，在 9×9 小型围棋棋盘上，围棋程序取得了非常好的表现。然而，在 19×19 大型围棋棋盘上，尽管研究人员付出了大量努力，性能提升并不明显，最多只达到 4~5 段水平。有人认为，19×19 棋盘上庞大的行动空间对 MCTS 来说可能过于困难。因此，人们考虑了许多改进方法，包括模拟阶段和选择阶段的改进。正如 AlphaGo 的结果所展示的那样，一个关键的改进是引入深度函数逼近技术。

引入 MCTS 后，它很快在其他应用中取得了成功，无论是双方智能体还是单一智能体的应用，包括视频游戏[25]、单人应用[17]以及许多其他游戏。除了游戏领域，MCTS 还在启发式搜索领域[17]产生了革命性影响。在此之前，为实现最佳优先搜索，必须找到一种领域特定的启发式方法，以智能地引导搜索。但有了 MCTS，这已不再必要。现在存在一种通用方法，可以仅通过使用搜索本身的统计信息来找到搜索中有潜力的部分，而无需领域特定的启发式方法。

UCT 与强化学习之间存在更深层次的关联。Grill 等人[52]指出，P-UCT 的第二项在模型无关的策略优化[1]中充当了正则化器。具体来说，Jacob 等人[57]展示了如何通过使用 MCTS 来结合国际象棋、围棋和外交风云等游戏中的监督学习与强化学习，从而实现类似人类的游戏水平。这一过程对强化学习进行了正则化。

AlphaGo Zero 中的 MCTS

对于策略改进，AlphaGo Zero 使用了一种不再使用随机模拟的 on-policy MCTS 版本。为了增加探索性，它在根节点的 P-UCT 值上添加了狄利克雷噪声，以确保可以尝试所有移动。AlphaGo 中的 MCTS 使用的 C_p 值为 5，非常偏向探索。而在 AlphaGo Zero 中，这个值会根据学习阶段而增加，特别是在自我对弈中。在每次自我对弈迭代中，进行了 25 000 场比赛。对于每个动作，MCTS 执行了 1600 次模拟。总共，在为期 3 天的训练过程中，进行了超过 490 万场比赛，之后 AlphaGo Zero 的表现超越了之前的版本 AlphaGo[109]。

结论

我们已经深入探讨了 AlphaGo Zero 自我对弈架构中的规划部分。MCTS 由移动选择和统计备份阶段组成，这相当于来自强化学习的行为(试验)和学习(误差)。MCTS 是强化学习中的重要算法，我们对该算法进行了详细探讨。

棋步级别的自我对弈是第一个自我对弈过程，是一种让对手移动的过程。棋步级别的规划只是自我对弈的一部分。同等重要的是学习部分。让我们看看 AlphaGo Zero

如何实现其函数逼近。为此，我们进入自我对弈的第二级：示例级别。

6.2.2 示例级别的自我对弈

棋步级别的自我对弈为我们提供了一个能够执行对手动作的环境。现在，我们需要一种机制从这些动作中学习。AlphaGo Zero 遵循演员-评论家原则，使用一个深度残差神经网络，其中包括值头部和策略头部，来逼近值函数和策略函数(见 B.2.6 节)。这些策略和值的逼近结果会被纳入 MCTS 的选择和备份步骤中。

为了进行学习，强化学习需要训练样本。这些训练样本是在自我对弈的棋步级别生成的。每当执行一个动作时，系统就会记录下一个"状态-动作对"(s,a)；每当一场完整的游戏结束时，我们知道了结果 z，然后将这个结果添加到所有的游戏动作对中，形成(s,a,z)三元组。这些三元组存储在回放缓冲区中，可以随机抽样以训练值/策略网络。AlphaGo Zero 的实际实现包含其他许多元素，以提高学习的稳定性。

这个玩家的设计目标是在示例级别变得比对手更强大。在这一级别，它利用 MCTS 来改进当前策略，通过选择那些能够战胜对手的着法来不断提升策略的质量。

示例级别的自我对弈是我们的第二个自我对弈过程，这些示例是在自我对弈游戏中生成的，训练用于执行两位玩家着法的网络。

1. 策略和值网络

第一个 AlphaGo 程序使用了三个独立的神经网络：一个用于模拟走子策略，一个用于值估计，还有一个用于选择策略[107]。而 AlphaGo Zero 则使用单一的网络，与 MCTS 紧密集成。让我们更详细地了解这个单一网络。

神经网络是根据回放缓冲区中的示例三元组(s,a,z)进行训练的。这些三元组包含了游戏棋盘状态的搜索结果，以及两个损失函数目标：a 代表了 MCTS 为每个棋盘状态预测的动作，z 代表了游戏结束时的结果(胜利或失败)。动作 a 对应策略损失，而结果 z 对应值损失。一场游戏的所有三元组都包含相同的结果 z，但在每个状态下使用的动作 a 不同。

AlphaGo Zero 采用了双头残差网络，这是一个卷积网络，其间额外添加了跳跃连接以增强正则化效果(详见第 B.2.6 节[20, 55])。策略损失和值损失对损失函数的贡献是相等的[129]。该网络通过随机梯度下降进行训练，并采用 L2 正则化来减少过拟合。网络包括 19 个隐藏层、一个输入层和两个输出层，分别用于策略和值。更新时的小批量大小为 2048，分布在 64 个 GPU 工作节点上，每个节点包含 32 个数据条目。小批量样本是从最近的 500 000 个自我对弈游戏(回放缓冲区)中均匀抽取的。学习率从 0.01 逐渐降低到自我对弈期间的 0.0001。有关 AlphaGo Zero 网络的详细信息，可以在[109]中找到。

请注意回放缓冲区的大小和长时间的训练。围棋是一款复杂的游戏，奖励信号稀疏。只有在漫长的游戏结束时，才能知道胜负结果，将这个稀疏的奖励分配给游戏中的许多个体动作是困难的，需要运行许多次游戏以纠正误差。

MCTS 是一种基于策略的算法，在两个方面使用引导：向下的动作选择和向上的值备份。在 AlphaGo Zero 中，函数逼近器返回这两个要素：用于动作选择的策略和用于备份的值[109]。

要使锦标赛水平的自我对弈成功，训练过程必须满足三个关键条件：①覆盖足够广泛的状态空间；②保持稳定性；③最终收敛到稳定的状态。训练目标必须具有足够的挑战性和多样性。MCTS 的主要目标是在演员-评论家模型中作为策略改进器，生成高质量且多样化的学习目标，供智能体模型学习。

让我们更仔细地看看这些方面，以获得更广泛的视角，了解为什么在围棋中让自我对弈运行如此困难。

2. 稳定性与探索

自我对弈在人工智能领域有着悠久的历史，可以追溯到 30 年前的 TD-Gammon。让我们来看看高水平对弈中所面临的挑战。

由于 AlphaGo Zero 完全依赖强化学习进行训练，因此训练过程必须比 AlphaGo 稳定，后者还使用了来自国际象棋大师比赛的监督学习。过拟合或状态之间的轻微问题可能影响覆盖率、相关性和收敛性。AlphaGo Zero 采用多种形式的探索来实现稳定的强化学习。让我们总结一下如何实现稳定性。

- 通过进行大量多样化的游戏，改进了对稀疏状态空间的覆盖。MCTS 的前瞻性进一步提高了状态的质量。MCTS 搜索高质量的训练样本，提高了覆盖状态的质量和多样性。MCTS 的探索部分确保覆盖了足够多未知和未探索的状态空间部分。在根节点添加了狄利克雷噪声，并且 P-UCT 公式中控制探索水平的 C_p 参数设置得相当高，约为 5(也请参考 6.2.1 节)。

- 为减少连续状态之间的相关性，AlphaGo Zero 采用了经验重放缓冲区的方法，这与 DQN 和 Rainbow 等算法类似。重放缓冲区通过存储和重新采样训练示例来打破这些状态之间的相关性。此外，MCTS 搜索也能通过深入搜索树来发现更好的状态，进一步减少了相关性。

- 为提高训练的稳定性和避免发散风险，我们采用了基于策略的 MCTS 和小幅训练步骤。尽管学习率较低，但训练目标的稳定性更高。然而，这也意味着收敛速度较慢，需要进行大量的训练游戏才能实现。

通过同时采用这些措施，我们成功实现了稳定的泛化和收敛。尽管自我对弈的概念相对简单，但在像围棋这样复杂且奖励稀疏的游戏中，要实现稳定且高质量的自我对弈，需要进行缓慢的训练，累积大量的对局，并进行相当多的超参数调整。存在许多超参数，其值必须正确设置。有关完整列表，请参阅[109]。虽然这些值已经发布[109]，但其中的选择理由并不总是清晰明了。要复现 AlphaGo Zero 的结果并不容易，需要花费大量时间进行微调和实验，以复现 AlphaGo Zero 的成果[89, 113, 119, 121, 135]。

两种观点

在这一点上，回顾自我对弈架构是很有帮助的。

有两种不同的观点。第一种是以规划为中心的观点，我们迄今为止一直在使用，它描述了一个搜索器，该搜索器受到一个学习到的评估函数的帮助(该函数通过对自我对弈游戏示例的训练来学习)。此外，存在着法级别的自我对弈(对手的着法是由其自身的反向副本生成的)，以及锦标赛级别的自我对弈(由值函数学习器进行)。

有另一种观点，即以学习为中心的观点。在这种观点下，策略是通过自我对弈生成游戏示例来学习的。为确保这些示例具有高质量，策略学习受到策略改进器的帮助，这是一个执行前瞻操作以创建更好学习目标的规划函数(规划是由玩家的副本进行的)。此外，存在锦标赛级别的自我对弈(由策略学习器执行)和着法级别的自我对弈(由策略改进者执行)。

这两种观点的不同之处在于首要关注点：规划视角更注重搜索器，学习器的存在是为了协助规划器；强化学习视角更注重策略学习器，规划器的任务是帮助改进策略。这两种观点都同样有效，同等重要。了解另一种观点有助于深化我们对这些复杂自我对弈算法运作原理的理解。

这标志着我们对第二种自我对弈类型(即示例级别)的讨论到此为止，接下来将转向第三种类型：锦标赛级别的自我对弈。

6.2.3 锦标赛级别的自我对弈

在最高水平，两名相同的玩家之间进行自我对弈锦标赛。玩家被设计为通过从第二级别的示例中学习来不断增强自己的实力，以便能够达到更高水平。在"空白板自我对弈"中，玩家从零开始，通过不断提升自己的水平，也变得更强大，从而成为对方更有挑战性的对手，这进一步提高了他们的比赛水平。这种正向循环将导致智能水平不断提高。

要让这个理想中的人工智能成为现实，需要很多条件同时满足。在 TD-Gammon之后，许多研究人员尝试在其他游戏中达到这个目标，但都未能成功。

锦标赛级别的自我对弈只有在棋步级别的自我对弈和示例级别的自我对弈都能顺利进行时才能实现。要使棋步级别的自我对弈有效，两名玩家都必须能够访问准确无误的转移函数。而要使示例级别的自我对弈生效，玩家的架构必须具备学习高质量稳定策略的能力(蒙特卡洛树搜索和神经网络必须相互促进改进)。

锦标赛级别的自我对弈是第三个自我对弈过程，其中创建了一个锦标赛，游戏从简单的学习任务开始，逐渐转向更复杂的任务，一直提升到世界冠军级别的训练。第三个过程允许强化学习的"智能"水平超越先前的导师。

课程化学习

如前所述，AlphaGo 项目包括三个程序：AlphaGo、AlphaGo Zero 和 AlphaZero。第一个 AlphaGo 程序使用了基于国际象棋大师对局的监督学习，随后在自我对弈游戏中进行了强化学习。而第二个 AlphaGo Zero 程序仅采用强化学习，运用了从零开始的自我对弈架构。第一个程序进行了数周的训练，然而第二个程序只需要几天就超越了第一个程序[107, 109]。

为什么 AlphaGo Zero 的自我对弈方法学习速度比原始的 AlphaGo 更快(尽管原始 AlphaGo 可以利用所有国际象棋大师对局的知识)？为什么自我对弈比监督学习和强化学习的结合更迅速？原因在于一个叫做课程化学习的现象：自我对弈更快是因为它创造了一个从易到难有序排列的学习任务序列。训练这样一个有序的小任务序列比一个大的无序任务更迅速。

课程化学习以易于理解的概念开始训练过程，然后逐渐引入较难的概念，这与人类学习的方式相符。就像我们在学会跑步之前先学会走路一样，在学习乘法之前先学习加法。在课程化学习中，我们将示例按照从简单到困难的顺序分批次进行训练。这种有序的学习方式有助于更好地理解复杂概念，因为先掌握简单概念有助于理解更复杂的内容。相比一次性学习所有内容，采用课程化学习通常能节省时间并提高准确性[1]。

1. 自我对弈的课程化学习

在普通的深度强化学习中，神经网络试图在一个大步骤中解决一个不变的问题，而不是使用按难易程度排列的环境样本。对于未排序的示例，程序必须在一个大而无序的跃迁中，从无知状态迅速迈向人类水平的操作，需要多次优化复杂样本，其中误差函数较大。克服这种从初级到高级水平的大训练步骤需要大量的训练时间。

相比之下，在 AlphaGo Zero 中，网络经过多个小步骤的训练，从与一个非常弱的对手对战开始；就像人类孩子通过与教师下棋学习一样，教师采用简单的着法。随着水平的提高，教师使用的着法难度也将增加。接着，生成更具挑战性的问题并进行训练，以进一步改进已经使用较简单示例进行预训练的网络。

自我对弈自然地生成一个课程，其中包含从简单到困难的示例。学习网络始终与训练目标保持同步，因此在整个训练过程中误差都很低。结果是，训练时间减少，而智能体的游戏水平不断提高。

---

1 这样一系列相关的学习任务对应于元学习问题。在元学习中，我们的目标是利用从之前相关任务中学到的知识，快速学习新任务；详见第 9 章。

2. 监督和强化课程化学习

课程化学习在心理学和教育科学领域早有研究。Selfridge 等人[100]首次将课程化学习与机器学习联系起来，他们训练了传统的 Cartpole 控制器。首先，他们在长杆和轻杆上对控制器进行训练，然后逐渐转移到短杆和重杆。Schmidhuber[98]提出一个相关概念，通过模拟的好奇心来改进世界模型的探索。随后，课程化学习被应用于不同监督学习设置中，以将训练示例的顺序与模型容量的增长相匹配[13,41,64]。另一个相关的发展出现在发展型机器人领域，其中课程化学习有助于自组织的开放式发展轨迹[83]，与内在动机相关(见第 8.3.2 节)。AMIGo 方法使用课程化学习在分层强化学习中生成子目标[19]。

为将训练示例按照从简单到困难的顺序排列，需要一种衡量任务难度的度量标准。一个想法是使用相对于高质量预训练模型的一些上层层次的最小损失[132]。在一个监督学习实验中，Weinshall 等人比较了一组测试图像上课程化学习的有效性(这些图像来自 CIFAR100，包括 5 张哺乳动物图像)。图 6-17 显示了课程排序(绿色)、无课程(蓝色)、随机排序的组(黄色)以及标签逆序排序(红色)的准确性。这两个网络都是常规网络，包括多个卷积层和一个全连接层。大型网络包含 1 208 101 个参数，而小型网络包含 4557 个参数。我们可以清楚地看到有序学习的有效性[132]。

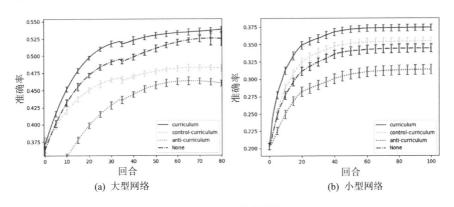

(a) 大型网络　　　　　　　　　　(b) 小型网络

图 6-17　有序课程的有效性[132]

程序内容生成

找到一种良好的示例顺序通常具有挑战性。一种可能地生成相关任务序列的方法是使用 PCG(程序性内容生成)[79,103]。PCG(程序内容生成)使用随机算法生成计算机游戏中的图像和其他内容；通常可以控制示例的难度。它经常用于自动生成游戏中的不同关卡，这样就不必由游戏设计师和程序员手动创建所有关卡[112,124][1]。

Procgen 基准套件是建立在程序生成的游戏基础之上的[29]。另一个广泛应用的基

---

1 还可以查看生成对抗网络和深度梦境，这是一种与内容生成相关的连接主义方法，详见 B.2.6 节。

准测试是通用视频游戏人工智能竞赛(GVGAI)[68]。课程化学习有助于降低对单一任务的过度拟合。Justesen 等人[59]使用 GVGAI 展示了策略容易在特定游戏上出现过拟合现象，而通过采用课程化学习方法，可以将关卡的泛化性能提升到人类设计的水平。MiniGrid 是一个程序生成的虚拟环境，可用于分层强化学习[26, 92]。

主动学习

课程化学习也与主动学习存在关联。主动学习是一种介于监督学习和强化学习之间的机器学习范畴，其特点是在原则上具备标签(类似于监督学习)，但获取标签信息会带来一定成本。

主动学习执行一种迭代的监督学习，其中智能体可以选择在学习过程中进行标签查询的决策。这种决策涉及确定哪些标签应该揭示。主动学习与强化学习和课程化学习相关，并且在推荐系统等领域的研究中具有重要意义，因为获取更多信息可能会伴随成本[36, 94, 102]。

单智能体课程化学习

课程化学习已经被研究了多年。一个挑战是在大多数学习情境下，找到一个从简单到复杂的任务排序是困难的。在双人自我对弈中，这种排序自然而然地产生，这种成功的经验启发了最近对单智能体课程化学习的研究。例如，Laterre 等人引入了 Ranked Reward 方法来解决装箱问题[66]，Wang 等人提出了解决 Morpion Solitaire 问题的方法[130]，Feng 等人则使用基于 AlphaZero 的方法来解决难解的 Sokoban 实例[44]。模型采用了一个包含 MCTS 作为规划器的标准 8 块残差网络；通过从较难实例中抽取出更简单的子问题来创建一个课程，利用了 Sokoban 问题天然的分层结构。这种方法能解决比以往更难的 Sokoban 实例。Florensa 等人[45]研究了使用 GAN 生成课程化学习目标的方法。

结论

虽然课程化学习在人工智能和心理学领域已经研究了一段时间，但由于难以找到良好排序的培训课程，它并没有成为一种流行的方法[73, 74, 131]。然而，由于自我对弈的结果，课程化学习现在吸引了更多关注，详见[80, 133]。研究工作涵盖了单智能体问题[38, 44, 66, 80]和多智能体游戏，我们将在第 7 章中详细讨论。

对自我对弈算法进行详细探讨后，现在是更详细地研究自我对弈环境和基准测试的时候了。

6.3 自我对弈环境

强化学习的进步在很大程度上受到应用领域的影响，这些领域带来了学习挑战。

象棋、双陆棋，尤其是国际象棋和围棋等领域提供了极具挑战性的任务，取得了显著进展，激发了众多研究人员的研究兴趣。

上一节概述了规划和学习算法。在本节中，我们将更深入地探讨用于评估这些算法性能的环境和系统。

表 6-2 列出了本章讨论的 AlphaGo 和自我对弈方法。首先，我们将讨论三个 AlphaGo 程序，然后列出开放的自我对弈框架。我们将从第一个程序 AlphaGo 开始。

表6-2　自我对弈方法

名称	方法	参考
TD-Gammon	空白板自我对弈，浅层网络，小型 alpha-beta 搜索	[116]
AlphaGo	监督学习，自我对弈，3×CNN，使用蒙特卡洛树搜索(MCTS)	[107]
AlphaGo Zero	空白板自我对弈，双头残差网络(Dual-Head-ResNet)，使用 MCTS	[109]
AlphaZero	空白板自我对弈，双头残差网络，在围棋、国际象棋和将棋中使用 MCTS	[108]

6.3.1　如何设计世界级围棋程序

图 6-18 展示了传统程序的下棋实力(右侧面板，红色)以及不同版本的 AlphaGo 程序的实力(蓝色)。我们可以看到，2015 年、2016 年和 2017 年版本的 AlphaGo 比早期的启发式 minmax 程序 GnuGo 和两个仅使用 MCTS 的程序 Pachi 和 Crazy Stone 要强大得多。

AlphaGo 的作者如何设计出如此强大的围棋程序？在 AlphaGo 之前，最强大的围棋程序使用了蒙特卡洛树搜索(Monte Carlo Tree Search，MCTS)规划算法，但没有采用神经网络。有一段时间，人们认为神经网络在 MCTS 中用作值函数速度太慢，因此通常使用随机模拟(random playout)，并经常借助基于模式的小型启发式方法进行改进[25, 32, 43, 49, 50]。大约在 2015 年，一些研究人员尝试通过使用深度学习评估函数来提高 MCTS 的性能[4, 28, 48]。由于这些努力，在 Atari 游戏中取得了显著成果[76]。

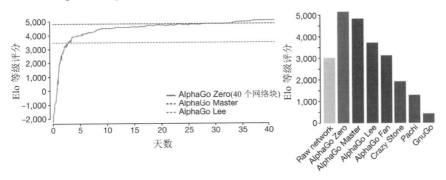

图 6-18　AlphaGo Zero 的性能[109]

AlphaGo 团队还尝试了神经网络的应用。除了双陆棋，纯自我对弈方法并未表现出良好效果，因此 AlphaGo 团队采取了明智的步骤，首先使用监督学习对神经网络进行了预训练，使用了人类大师的棋局。接下来，大量的自我对弈棋局被用于进一步训练网络。共使用了至少三个神经网络：一个用于 MCTS 模拟对局，一个用于策略函数，另一个用于值函数[107]。

因此，最初的 AlphaGo 程序由三个神经网络组成，同时采用了监督学习和强化学习。图 6-19 展示了 AlphaGo 的架构。尽管考虑到当时领域的最新技术水平，这种设计是合理的，并且它确实成功地击败了三位最强的人类围棋选手，但管理和调整这样一个复杂的软件是相当困难的。AlphaGo 的作者试图通过简化设计来进一步提高性能。然而，是否能够在围棋中复制类似 TD-Gammon 那种纯自我对弈的精妙设计呢？

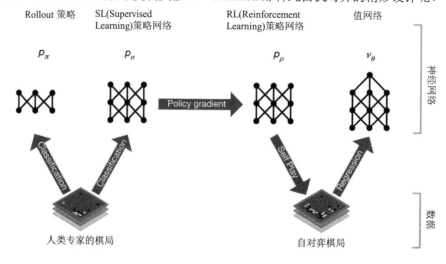

图 6-19　所有 AlphaGo 网络[107]

事实上，一年后，一个仅基于强化学习的版本已经准备就绪，可以从头开始学习围棋，即从空白状态开始，没有任何大师级棋局的参考，只进行自我对弈，并且仅使用一个神经网络[109]。令人惊讶的是，这个更简化的版本表现更强，学习速度更快。该程序被称为 AlphaGo Zero，因为它是从零知识开始学习的，没有借助任何大师级棋局，此外，程序中没有手工编码任何启发式领域知识。

这一新的结果(即在围棋中采用纯自我对弈设计的空白板学习)激发了更多的自我对弈强化学习研究。

6.3.2　AlphaGo Zero 的性能表现

Silver 等人在他们的论文[109]中描述了训练过程的平稳进行。令人惊讶的是，仅在 36 小时内，AlphaGo Zero 就超越了原始的 AlphaGo。与之相比，与李世石对弈的

AlphaGo 版本的训练时间长达数月。此外，AlphaGo Zero 只使用了一台配备 4 个 TPU 的机器，而 AlphaGo Lee 则分布在多台机器上，使用了 48 个 TPU[1]。图 6-18 显示了 AlphaGo Zero 的性能。图中还展示了没有 MCTS 搜索的原始网络的性能。这突显了 MCTS 在性能中的重要性，相当于提升了约 2000 个 Elo 积分[2]。

　　AlphaGo Zero 的强化学习实际上是从零开始学习围棋知识，正如开发团队所发现的那样，它以一种类似于人类发现游戏复杂性的方式进行学习。在论文[109]中，他们公布了这一知识获取过程的图示(图 6-20)。

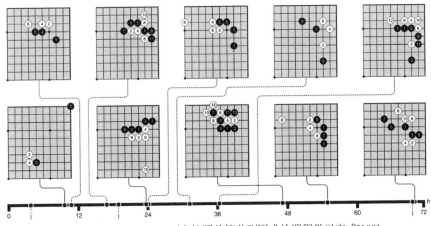

图 6-20　AlphaGo Zero 正在按照从简单到困难的课程学习定式[109]

　　"定式"是围棋中的标准角落开局，所有围棋玩家在学习游戏时都会熟悉。有初级和高级的定式。在 AlphaGo Zero 的学习过程中，它确实学会了定式，而且是从初级到高级逐步学习的。观察它是如何学习的很有趣，因为它展示了 AlphaGo Zero 围棋智能的发展过程。图 6-20 展示了程序对局中的一些棋局。虽然不要过分赋予人性特征[3]，但你可以看到这个小程序变得越来越聪明了。

　　顶部一行展示了 AlphaGo Zero 发现的五个定式。第一个定式是围棋理论中标准的初级开局之一。随着向右移动，学习到更难的定式，其中的棋子布局更加灵活。底部一行显示了自我对弈训练不同阶段偏好的五个定式。开始时更倾向于使用一个较弱的角落。经过额外的 10 小时训练后，更倾向于更好的 3-3 角落序列。进一步的训练揭示了更多、更好的变化。这反映了 AlphaGo Zero 围棋智能的逐渐提升。

　　AlphaGo Zero 在自我对弈的训练过程中发现了令人惊讶的围棋知识水平。这些知识不仅包括人类围棋知识的基本要素，还包括超越传统围棋知识范围的非标准策略。

---

1 TPU 代表张量处理单元，这是一种专门为处理快速神经网络而开发的低精度设计。

2 Elo 评分的基础是两两比较[42]。Elo 常用于比较棋盘游戏中的棋力。

3 将其视为人类。

对于人类围棋玩家来说，看到计算机在进步中，就像他们自己曾经发现这些定式一样，确实令人印象深刻。有了这种计算机学习的证据，很难不将 AlphaGo Zero 拟人化。

6.3.3 AlphaZero

AlphaGo 的故事并不止于 AlphaGo Zero。在 AlphaGo Zero 诞生一年后，开发了一个版本，它通过不同的输入和输出层学会了下国际象棋和将棋(也称为日本象棋，见图 6-21)。AlphaZero 使用与学会下围棋相同的 MCTS 和深度强化学习架构(唯一的区别在于输入和输出层)[108]。新程序 AlphaZero 击败了最强的国际象棋和将棋程序 Stockfish 和 Elmo。这两个程序都采用了传统的启发式 minimax 设计，经过手工和机器学习优化，并在几十年的时间里通过许多启发式方法进行改进。AlphaZero 没有使用大师级别的棋局，也没有手工设定的启发式规则，但它的下棋水平更高。AlphaZero 的架构不仅有高水平的游戏表现，而且是一种通用的架构，适用于三种不同的游戏[1]。

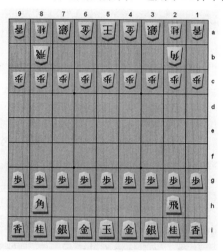

图 6-21　将棋棋盘

AlphaZero 在国际象棋、将棋和围棋领域的 Elo 评分如图 6-22 所示[107，109]。AlphaZero 在这些领域的表现比其他程序更强大。在国际象棋中，领先幅度最小；在这个领域，Stockfish 程序受益于一个庞大的研究者社区，该社区积极致力于改进启发式 alpha-beta 方法的性能。而在将棋领域，领先幅度更大。

---

1 尽管已经学会下围棋的 AlphaZero 版本不能下国际象棋，但它只需要重新学习国际象棋，从零开始，使用不同的输入和输出层，就可以学会。

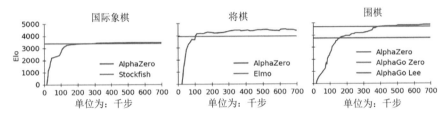

图 6-22　AlphaZero 在国际象棋、将棋和围棋中的 Elo 评分[108]

通用游戏架构

AlphaZero 可使用相同的架构玩三种不同的游戏。这三种游戏的性质有很大的不同。围棋是一种静态策略游戏，棋子不会移动，并且很少被吃掉。下完的棋子在棋盘上具有战略重要性。国际象棋中棋子可以移动，是一种动态游戏，战术非常重要。此外，国际象棋还有突然结束的情况，因为可在游戏中通过将对方国王围困而获胜。将棋更加动态，因为被吃掉的棋子可以重新进入游戏，导致更复杂的游戏动态。

这表明 AlphaZero 架构的通用性。即使在战术和策略上存在巨大差异的游戏中，该架构也能成功地从零开始学习。相比之下，传统程序必须针对每个游戏进行专门开发，使用不同的搜索超参数和启发式方法。然而，MCTS/ResNet 自我对弈架构能够在所有三种游戏中实现从头开始的学习。

6.3.4　自我对弈开放框架

围棋的空白板自学习是一个卓越的成就，激发了许多研究人员的灵感。然而，AlphaGo Zero 和 AlphaZero 的源代码并未公开发布。幸运的是，相关的科学出版物[108, 109]提供了许多详细信息，使其他研究人员能够复现类似的结果。

表 6-3 总结了一些自学习环境。

表6-3　自学习环境

名称	类型	URL	参考
AlphaZero 通用版	Python 中的 AlphaZero	[link3]	[119]
ELF	游戏框架	[link4]	[121]
Leela	将 AlphaZero 用于国际象棋和围棋	[link5]	[85]
PhoenixGo	基于 AlphaZero 的围棋程序	[link6]	[135]
PolyGames	AlphaZero 学习的环境	[link7]	[21]

下面简要讨论这些环境。

- A0G(AlphaZero 通用版)。Thakoor 等人[119]开发了一个自我对弈系统，名为 A0G (AlphaZero 通用版)[1]。该系统采用 Python 编写，支持 TensorFlow、Keras 和 PyTorch，并已针对较小的计算资源进行了适当优化。它包括 6×6 奥赛罗、井字棋、五子棋和四子棋等小型游戏的实现，这些游戏的复杂性远低于围棋。其主要神经网络结构由一个四层卷积神经网络(CNN)和两个全连接层组成。这段代码在不到一天的学习时间内就能轻松理解，非常适合教育和学习目的。项目的文档提供了详细说明[119]。
- Facebook ELF。ELF 代表可扩展轻量级框架(Extensible Lightweight Framework)。这是一个用 C++和 Python 开发的游戏研究框架[121]。最初由 Facebook 为实时策略游戏开发，其中包括 Arcade Learning Environment 和 Darkforest 围棋程序[123]。你可在 GitHub[2] 上找到 ELF。此外，ELF 还包括自我对弈程序 OpenGo[122]，这是 AlphaGo Zero 的重新实现(使用 C++编写)。
- Leela 是另一种 AlphaZero 的重新实现，它包括国际象棋和围棋两个版本。国际象棋版本基于 Sjeng 国际象棋引擎，而围棋版本[3]则基于 Leela 围棋引擎。不过，Leela 并未附带已经训练好的神经网络权重。Leela 的社区正在积极努力计算这些权重的数值。
- PhoenixGo 是由腾讯开发的一款强大的自我对弈围棋程序[135]，它采用了 AlphaGo Zero 的架构[4]。此外，它还提供了一个经过训练的神经网络。
- PolyGames[21]是一个受到 AlphaGo Zero 启发的零基础学习环境，采用了 MCTS 与深度强化学习的技术。它实现了相关的学习方法，并已经为 Hex、Othello(奥赛罗)和 Havannah 等游戏开发了游戏机器人。你可在 GitHub[5]上找到 PolyGames，其中包括游戏库和神经网络模型的检查点资源。

6.3.5 在 PolyGames 中实例化 Hex 游戏

让我们亲自动手，积极参与基于 MCTS 的自我对弈学习。我们将利用 PolyGames 套件来实现 Hex 游戏。Hex 是一款由 Piet Hein 和 John Nash 在 20 世纪 40 年代独立发明的简单而富有趣味的棋盘游戏。简单性使其成为数学分析的热门研究对象，也容易学习和掌握。游戏在六边形棋盘上进行，玩家 A 通过将棋子连通棋盘的左右两侧获胜，而玩家 B 则通过将棋子连通棋盘的上下两侧获胜(请参见图 6-23)。你可在这个简单的

---

1 见[link8]。

2 见[link9]。

3 见[link10]。

4 见[link11]。

5 见[link12]。

资源页面[1]找到更多信息；此外，已经有许多关于 Hex 的广泛策略和背景书籍[16, 53]。之所以选择 Hex，是因为它比围棋更简单，可帮助你迅速掌握自我对弈学习的要领；同时，我们还将充分利用 PolyGames 工具来实现这一学习过程。

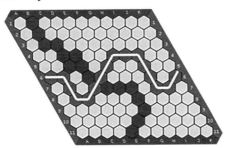

图 6-23   蓝方获得了 Hex 游戏的胜利

单击链接[2]并开始阅读 PolyGames 在 GitHub 上的介绍。下载论文[21]并熟悉 PolyGames 背后的概念。然后克隆存储库并按照说明进行构建。PolyGames 使用 PyTorch[3]，因此也需要安装 PyTorch(请按照 PolyGames 页面上的指南进行安装)。

PolyGames 是通过 pypolygames Python 包进行接口化的。这些游戏，例如 Hex，可以在 src/games 目录中找到，并使用 C++编写以提高执行速度。命令如下：

```
pypolygames train
```

上面命令用于训练一个游戏和一个模型。

命令

```
pypolygames eval
```

它被用来调用之前训练好的模型。

命令

```
pypolygames human
```

允许人类与一个经过训练的模型对战。

命令

```
python -m pypolygames {train,eval,traineval,human} --help
```

用于获得每个命令(train、eval、traineval 或 human)的帮助信息。

---

1 见[link13]。

2 见[link14]。

3 见[link15]。

开始使用默认选项训练 Hex 模型的命令是：

```
python -m pypolygames train --game_name="Hex"
```

尝试加载来自模型仓库的预训练模型。尝试不同的训练选项，并与你刚训练的模型进行对战。当一切正常运行时，还可尝试训练不同的游戏。注意，更复杂的游戏可能需要非常长的时间进行训练。

6.4 本章小结

在两个智能体进行零和博弈时，如果转移函数由游戏规则确定，那么一种特殊类型的强化学习就变得可能。由于智能体可以完美地模拟对手的行动，因此可以进行远期准确规划，使得可以学习到强大的策略。通常情况下，第二个智能体就成为环境。以前的环境是静态的，但现在随着智能体的学习，它们也会不断演变，创造出一种良性循环，提高了智能体(和环境)中的(人工)智能水平。这种自我对弈设置的潜力在于在特定领域实现高水平的智能。然而，要克服不稳定性方面的挑战是巨大的，因为这种自我对弈结合了不同类型的不稳定学习方法。TD-Gammon 和 AlphaGo Zero 都已经克服了这些挑战。

自我对弈是计划、学习和自我对弈循环的结合。AlphaGo Zero 中的自我对弈循环使用 MCTS 生成高质量的示例，然后利用这些示例来训练神经网络。随后在进一步的自我对弈迭代中应用新的神经网络，以生成更具挑战性的游戏并进一步完善网络(迭代过程会进行多次)。Alpha(Go)Zero 因此从零知识、空白板状态开始学习。

自我对弈利用了多种强化学习技巧。为确保稳定地学习，探索变得至关重要。MCTS 用于深度规划。在 MCTS 中，我们将探索参数设置为较高的值，并通过较低的学习率 α 实现收敛训练。由于这些超参数的设定以及围棋中奖励稀疏的特性，我们需要进行大量的游戏对局来实现稳定的训练。因此，稳定的自我对弈对计算资源的需求相对较高。

AlphaGo Zero 采用了两个函数的函数逼近：值函数和策略函数。策略函数用于在 MCTS 的 P-UCT 选择操作中指导动作选择，而值函数则代替了随机模拟对局，为 MCTS 树的叶节点提供值函数。MCTS 在自我对弈环境中经历了显著的改变。随机模拟对局不再存在，这也让 MCTS 不再被称为蒙特卡罗(Monte Carlo)，而系统性能的提升很大程度上要归功于高质量的策略函数和价值函数逼近残差网络。

最初，AlphaGo 程序(而非 AlphaGo Zero)在强化学习之外，还使用了大师级别的棋局进行监督学习；它的起点是从大师级棋局中获取的知识。接着，AlphaGo Zero 问世，它不依赖于大师级棋局或其他领域特定的知识。它所有的学习都基于强化学习，通过自我对弈从零开始逐渐积累游戏知识。第三个实验成果名为 AlphaZero(不包含 Go)，使用了相同的网络架构和 MCTS 设计(以及相同的学习超参数)来学习三个游戏：国际象棋、将棋和围棋。这将 AlphaZero 架构呈现为通用的学习框架，比基于 alpha-beta 的国际象棋和将棋程序更强大。

有趣的是，完全基于强化学习的 AlphaGo Zero 架构不仅比混合型监督/强化学习的 AlphaGo 更强大，而且学习速度更快：它在几天内就能达到世界冠军的水平，而不是需要几周。自我对弈之所以能够快速学习，部分原因在于采用了课程化学习。将一个大问题分解成多个小步骤，从容易的问题开始，逐渐转向难的问题，比一次性大幅度学习更加高效。课程化学习不仅对人类有效，也对人工神经网络有效。

6.5　扩展阅读

人工智能的主要兴趣之一是研究智能如何从简单的基本交互中产生。在自我学习系统中，这一过程正在发生[67]。

AlphaGo 的工作代表了人工智能领域的一个重大里程碑。关于 AlphaGo 的主要信息来源是 Silver 等人的三篇 AlphaGo/AlphaZero 论文[107–109]。这些系统及相关论文和其附加方法部分都相当复杂。关于 AlphaGo 已经有许多博客文章，这些文章更易于理解 [1]。此外，还有一部关于 AlphaGo 的电影，以及 YouTube 上的讲解视频 [2]。

关于 minimax 和游戏中的 minimax 增强存在大量文献，可以在[87]中找到概述。一本专门讲述如何构建最先进的自学习围棋机器人的书是 Pumperla 和 Ferguson 的《深度学习与围棋》[90]，该书在 PolyGames[21]之前出版。

在人工智能领域，MCTS 算法本身已成为一个重要的里程碑[17、30、61]。在 MCTS 的背景下，许多研究人员致力于将 MCTS 与已学习的模式相结合，特别是为了改进 MCTS 的随机模拟。其他一些进展，例如不对称和连续的 MCTS，可以在[77、78]中找到，还有像[72]这样的并行化方法。

在大师级棋局上进行的监督学习被用来改进模拟对局(playout)以及改进 UCT 选择 (UCT selection)。Gelly 和 Silver 在这一领域发表了重要的研究成果[49, 50, 110]。Graf 等人[51]描述了在深度学习中采用自适应模拟对局的实验。此外，在围棋领域，Clark 和 Storkey[27, 28]利用卷积神经网络对人类职业棋局的监督学习数据库进行训练，结果表明其性能优于 GNU Go，并在与 Fuego(一款基于 MCTS 而不采用深度学习的强大开源围棋程序[43])的对战中取得了胜利。

Tesauro 的成功激发了许多其他人尝试时序差分学习。Wiering 等人[134]和 Van der Ree[126]在奥赛罗和双陆棋中报告了自我对弈和时序差分学习的实验。Knightcap[9, 10]程序以及 Beal 等人[11]也利用时序差分学习对评估函数特征进行了处理。Arenz[5]将

---

1 见[link16]。

2 见[link17]。

MCTS方法应用到国际象棋中，而Heinz则在国际象棋中对自我对弈实验做了报告[56]。

自从 AlphaGo 取得成功以来，机器学习在许多其他领域也取得了成功应用。这包括理论物理学[84, 95]、化学[58]和药理学，尤其是在分子逆合成设计[99]和药物设计[127]方面。AlphaFold 是一个能够预测蛋白质结构的程序，取得的成就已经受到高度关注[58, 101]。

要深入了解课程化学习，可以参考文献[13, 45, 69, 133]。Wang 等人在 AlphaZero 通用版中研究了双头自我对弈网络的优化目标。自我对弈的成功引发了人们对单智能体问题中课程化学习的兴趣[38, 40, 44, 66]。Schaeffer 等人研究了经典单智能体与双智能体搜索之间的关系[97]。

6.6 习题

为了复习关于自我对弈的知识，以下是一些问题和练习。我们首先提出一些问题，以检查你对本章内容的理解。每个问题都是封闭问题，可以简单地用一句话来回答。

6.6.1 复习题

1. AlphaGo、AlphaGo Zero 和 AlphaZero 之间的主要区别是什么？
2. 什么是 MCTS？
3. 蒙特卡洛树搜索有哪四个步骤？
4. UCT 的作用是什么？
5. 给出 UCT 公式。P-UCT 有何不同？
6. 描述 MCTS 的四个操作的功能。
7. UCT 如何实现探索和利用的平衡？它使用哪些输入？
8. 当 C_p 较小时，MCTS 更多是进行探索还是利用？
9. 对于节点扩展较少的情况，你更倾向于更多地探索还是更多地利用？
10. 什么是双头网络？它与常规的演员-评论家方法有何区别？
11. 自我对弈循环由哪三个元素组成？(你可以绘制一个图示)
12. 空白板学习是指什么？
13. 如何在基于监督学习的大师级棋局训练之上，通过空白板学习实现更快的强化学习进展？
14. 什么是课程化学习？

实现方式：新建还是撤销

你可能已经注意到，图中的 minimax 和 MCTS 伪代码没有包含执行动作以达到后继状态的实现细节。这些与棋盘操作和移动制作相关的详细信息对于创建一个有效的程序至关重要。

通常，游戏程序会使用当前棋盘状态调用搜索例程，通常用参数 n 表示新节点。在每个搜索节点中，可选择创建和分配一个新棋盘，采用值传递方式(作为局部变量)。另一种选项是通过引用传递棋盘，并在递归调用之前执行 makemove 操作以在棋盘上放置棋子，然后在递归返回时执行 undomove 操作，将棋子从棋盘上移除(作为全局变量)。如果为新棋盘分配内存的操作较昂贵，那么采用引用传递方式可能更快。但要正确实现它可能更具挑战性，因为在代码的所有相关位置必须严格遵循 makemove/undomove 协议。如果捕获移动导致棋盘发生许多变化，那么这些变化必须在随后的撤销操作中予以记忆。

在共享内存的并行实现中，至少每个并行线程必须拥有自己的值传递方式的棋盘副本(在分布式内存集群中，由于分布式内存的性质，各个独立的机器将拥有自己的棋盘副本)。

6.6.2　练习题

对于编程练习，我们使用 PolyGames。请参阅前面的章节以了解如何安装 PolyGames。如果训练时间较长，考虑在 GPU 环境中使用 Polygames 和 Pytorch。

1. 请安装 PolyGames 并进行 Hex 游戏的自我对弈训练。尝试不同的棋盘尺寸。保持训练时间不变，并绘制一幅图表，对比不同棋盘尺寸下的对弈实力。你是否观察到明显的相关性，即程序在较小的棋盘上更强？

2. 安装可视化支持的 torchviz，并使用 draw_model 脚本可视化训练过程。

3. 尝试使用不同的模型，并根据 PolyGames 文档中的指南尝试不同的超参数设置。

4. 从已训练的 Hex 模型中创建一个评估锦标赛，让它与一个纯 MCTS 玩家对决。请参考下面的关于制作和撤销棋步的提示。在合理的搜索时间内，MCTS 能够搜索多少个节点？比较一下 MCTS Hex 玩家和自我对弈玩家。为获得具有统计显著性的结果，需要进行多少局比赛？随机种子是随机的还是固定的？在 MCTS 和训练好的 Hex 之间，哪一个更强？

第7章

多智能体强化学习

每个人都有各自的目标，并相应地采取行动。有些目标是共同的。当我们希望实现这些共同目标时，会组织成团队、种群、公司、组织和社会。在许多智能物种中，如人类、哺乳动物、鸟类和昆虫，这种组织方式产生了引人注目的集体智能表现[75、135、177]。我们作为个体进行学习，同时作为种群进行学习。这个情境是多智能体学习的研究对象：通过他们各自的独立行为，智能体学会如何与其他智能体互动、竞争、合作，并形成种群。

在强化学习领域，大部分研究都集中在单一智能体的问题上。我们在许多方面取得了进展，如路径规划、机器人的运动控制以及视频游戏。此外，我们也进行了双智能体问题的研究，例如竞技性的双人棋盘游戏。不论是单一智能体问题还是双智能体问题，都可以看作优化问题。我们的目标是找到具有最高奖励、最短路径以及最佳决策和对抗的策略。这基本上是在面对自然逆境或竞争对手(由环境建模)时进行奖励优化的过程。

当我们朝着对现实世界问题进行建模的方向迈进时，我们会遇到另一类序贯决策问题，即多智能体决策问题。多智能体决策是一个复杂的问题。

具有相同目标的智能体可能会协同合作，找到一个对自己或团队来说奖励最高的策略可能需要与其他智能体实现双赢解决方案。联盟形成和协同合作是多智能体强化学习领域的重要组成部分。

在实际决策中，竞争与合作均具有重要意义。如果我们希望智能体在多智能体环境中表现出色，那么它们应当具备对合作的深刻理解，以实现卓越性能。

从计算的角度看，研究种群行为和集体智能的生成具有一定挑战性：智能体的环境中充斥着众多其他智能体；目标可能随时变化，需要对众多互动进行建模才能理解，而要进行优化的世界也在不断演变。长期以来，计算能力不足一直限制了多智能体强化学习的实验研究。然而，最近计算能力的大幅增长和深度强化学习方法的进步正在逐渐扩大我们的研究可能性。

已经在实验中研究的多智能体决策问题包括桥牌、扑克、外交风云、星际争霸、捉迷藏和夺旗等游戏。值得注意的是，多智能体强化学习算法仍在不断发展中。本章充满了挑战和增长潜力。

我们将首先回顾理论框架和定义多智能体问题。将更深入地研究合作和竞争，并介绍随机博弈、扩展式博弈以及纳什均衡和帕累托最优性。我们将讨论基于种群的方法和多人团队中的课程化学习。此后将讨论可以测试多智能体强化学习方法的环境，如扑克和星际争霸。在这些游戏中，通常团队结构起着重要的作用。下一章将讨论层次方法，这些方法可以用来对团队结构进行建模。

核心内容
- 竞争
- 合作
- 团队学习

核心问题
- 寻找大规模竞争性和合作性多智能体问题的高效方法

核心算法
- 反事实遗憾最小化(7.2.1 节)
- 基于种群的算法(7.2.3 节)

自动驾驶汽车

为了说明多智能体决策制定的关键组成部分，让我们假设一辆自动驾驶汽车正在前往超市的途中并且即将进入一个十字路口。它应该采取什么行动呢？对于汽车自身、其他智能体以及社会来说，最佳结果是什么？

汽车的目标是安全地驶出十字路口并到达目的地。可能的决策包括直行、左转、右转或变道。所有这些行动都包含一系列子决策。在每个时间步骤，汽车可以通过操控方向盘、加速和刹车来移动。为实现这一目标，汽车必须具备检测能力，可以识别交通信号灯、车道标线以及其他车辆。此外，我们的目标是找到一种策略，能有效地控制汽车执行一系列操作，以顺利到达目的地。在这种决策制定的情境下，还面临两个额外的挑战。

第一个挑战在于需要能够预测其他智能体的行为。在决策制定过程中，对于每个时间步骤，自动驾驶汽车不仅应该考虑当前动作的即时效益，还需要根据其他智能体的行为后果来调整策略。例如，最好的做法不是在早期选择一种看似安全的方向，然后坚守不变，而是随着新情况的出现(比如有一辆车朝我们驶来)，及时调整策略以适应新情况。

第二个挑战是其他智能体反过来会预测我们的智能体选择的行动。我们的智能体需要在自身策略中考虑其他智能体的预期行为，这涉及策略层面的递归。例如，人类驾驶员经常会预测其他车辆可能的移动，然后根据这些预测采取行动(比如让路或者在合并到另一个车道时加速)。

多智能体强化学习解决了多个自主智能体在一个共同的随机环境中进行序贯决策的问题。每个智能体的目标是通过与环境和其他智能体的互动来最大化自己的长期奖励。多智能体强化学习将多智能体系统[137, 176]与强化学习领域相结合。

7.1　多智能体问题

近年来，单一智能体强化学习已经取得了令人瞩目的成就，在围棋、扑克和自动驾驶等领域尤其如此。这些应用领域涉及多个智能体的参与。在经济学和社会选择等领域，多个智能体之间的互动研究有着悠久的历史。

多智能体问题引入了许多新的可能性，如合作和同时行动。这些现象使得一些单一智能体强化学习背后的理论假设不再成立，因此我们需要发展新的理论概念来适应这种情况。

下面首先介绍博弈论。

博弈论

博弈论是研究理性决策智能体之间的战略互动的领域。博弈论最初仅关注两人零和博弈的理论，后来扩展到多个理性玩家之间的合作博弈，包括同时行动、非零和博弈以及信息不完全博弈等。博弈论领域的经典著作是约翰·冯·诺伊曼和奥斯卡·莫根斯特恩于 1944 年首次出版的《博弈与经济行为理论》[167, 168]。该书为通过数学研究经济行为和社会选择奠定了基础。在数学和人工智能领域，博弈论为多智能体系统中的策略计算提供了正式基础。

用来形式化单一智能体强化学习的马尔可夫决策过程假设信息是完美的。然而，多数多智能体强化学习问题涉及不完美信息，其中一部分信息是私有的，或者涉及同时行动。为应对这种情况，我们需要适当扩展 MDP 模型，以便能够处理不完美信息的情形。

随机博弈和广义博弈

一种直接的 MDP 泛化形式用于捕捉多个智能体之间的互动，称为马尔可夫博弈，也称为随机博弈[136]。马尔可夫博弈框架由 Littman[97]描述，长期以来一直用于表达多智能体强化学习算法[92, 157]。

这个多智能体版本的 MDP 定义如下[180]。

在时间 t，对于系统的状态 s_t，每个智能体 $i \in N$ 执行动作 a_t^i，然后系统转移到状态 s_{t+1}，并以 $R_{a_t}^i(s_t, s_{t+1})$ 奖励每个智能体 i。智能体 i 的目标是通过找到策略 $\pi^i : S \to \mathbb{E}(A^i)$，将状态空间映射到动作空间上的分布，使得 $a_t^i \sim \pi^i(\cdot|s_t)$，来优化

自己的长期奖励。然后，智能体 i 的值函数 $V^i : S \rightarrow R$ 成为联合策略 $\pi : S \rightarrow \mathbb{E}(A)$ 的函数，定义为 $\pi(a|s) = \Pi_{i \in N} \pi^i(a^i|s)$。

为清晰地展示多智能体中的不完全信息，我们需要创建新的图表。图 7-1 展示了三个示意图。

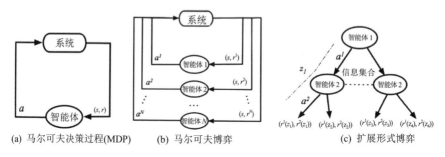

(a) 马尔可夫决策过程(MDP)　　(b) 马尔可夫博弈　　(c) 扩展形式博弈

图 7-1　多智能体模型[180]

首先，在(a)中，我们看到了一个熟悉的智能体/环境图，这是我们在早期章节中使用过的。接下来，在(b)中，展示了用于马尔可夫博弈的多智能体版本。最后，在(c)中展示了一个扩展形式的博弈树[180]。广泛形式的博弈树被引入来模拟不完全信息情境。智能体的选择被表示为实线连接，而另一个智能体的隐藏私有信息则以虚线显示，作为可能情况的信息集。

在(a)中，智能体观察到状态 s，执行动作 a，并从环境中获得奖励 r。在(b)中，在马尔可夫博弈中，所有智能体同时选择它们的动作 a^i，获得各自的奖励 r^i。在(c)中，在一个双人广泛形式博弈，智能体在选择动作 a^i 时做决策。他们在游戏结束时收到各自的奖励 $r^i(z)$，其中 z 是与信息集相关的分支的终节点的得分。信息集用虚线表示，以表示随机行为，而环境(或其他智能体)从虚线动作中选择一个未知的结果。广泛形式的表示法设计用于表达不完全信息博弈，信息集表示了所有可能的(未知的)结果。为计算值函数，智能体必须考虑信息集中所有可能的不同选择；对手的未知选择创造了一个庞大的状态空间。

竞争、合作和混合策略

多智能体强化学习问题可以分为三类：具有竞争行为、合作行为和混合行为的问题。在竞争性场景中，各智能体的奖励之和为零，一个智能体的胜利意味着另一个的失败。在合作性场景中，智能体协同合作以优化共同的长期奖励，一个智能体的成功对所有智能体都有益(例如，修建环绕易受洪水影响区域的堤坝，会使该区域内的所有智能体受益)。混合场景既有合作性智能体又有竞争性智能体，因此称为"通用和"奖励(general-sum rewards)；某些行动可能导致双赢，而其他可能导致赢/输情况。

这三种行为对于探索多智能体算法非常有用，将在本章中进行详细讨论。让我们更仔细地分析每种行为类型。

7.1.1　竞争行为

博弈理论领域的一个重要成就是由约翰·纳什提出的结果，他定义了多个理性的非合作智能体之间达成稳定(在某种意义上最优)解的条件。纳什均衡被定义为这样一种情况，其中没有智能体能通过改变自己的策略获得更好的结果。对于两个竞争性智能体，纳什均衡是 minimax 策略。

在单一智能体强化学习中，目标是找到一种策略，最大化智能体未来奖励的累积。而在多智能体强化学习中，目标是找到所有智能体的综合策略，同时实现这个目标：一种多策略，每个智能体的策略都最大化了他们的未来累积奖励。如果你拥有一组竞争性的(接近零剥削性的)策略，这就被称为纳什均衡。

纳什均衡描述了一个平衡点 π^*，在这个点上，没有任何智能体有动机偏离其策略。换句话说，对于任何智能体 $i \in N$，策略 π^{i*} 是对 π^{-i*}(其中 $-i$ 代表了除了 i 之外的所有智能体)的最佳响应[71]。

遵循纳什策略的智能体保证不会比遵循其他策略的对手差，最差情况下会达成平局。对于不完全信息或概率性游戏(如许多纸牌游戏)，这是一种预期结果。由于牌是随机发放的，理论上不能保证纳什策略会在每一手游戏中获胜或达成平局，尽管平均来看，它不会比其他智能体差。

如果对手也采用纳什策略，那么所有人将打成平局。然而，如果对手犯错，那么他们可能输掉一些局，从而使纳什均衡策略取得胜利。这样的错误是对手偏离纳什策略的结果，可能是出于直觉或其他非理性原因(尽管理论上没有激励他们这样做)。纳什均衡策略具有完美的防御性能。它不试图利用对手策略的弱点，而是仅在对手犯错时获胜[26, 91]。

纳什策略在对手针对我们时提供了可实现的最佳结果。一般而言，纳什策略是无法击败的，因此被视为一种最优策略，而解决一个博弈问题等同于计算一个纳什均衡。

稍后将介绍一种计算纳什策略的方法，称为反事实遗憾最小化，但我们将先探讨合作。

7.1.2　合作行为

在单一智能体强化学习中，奖励函数返回标量值：一个动作导致胜利、失败或单一的数值。而在多智能体强化学习中，奖励函数仍然可能返回标量值，但对于每个智能体来说，这些函数可能是不同的；总体奖励函数是各个智能体个体奖励的向量。在完全合作的随机游戏中，各个智能体的个体奖励是相同的，所有智能体都有相同的目标：最大化共同回报。

当问题中的选择由一组个体决策者以分散方式进行时，这个问题可以自然地建模为分散的部分可观察马尔可夫决策过程(dec-POMDP)[117]。解决大型 dec-POMDP 问题很困难；一般来说，已知 dec-POMDP 问题是 NEXP-complete 的，这意味着它们无法通过多项式时间算法来解决，直接在策略空间中寻找最优解是难以处理的[21]。

在合作问题中，一个核心概念是帕累托效率，这个概念得名于维尔弗雷多·帕累托，他研究了经济效率和收入分配。帕累托有效解是这样一种情况：无法在其他智能体(至少一个)不变坏的情况下，使一个合作智能体变好。所有非帕累托有效的组合都受帕累托有效解的支配。帕累托边界是所有帕累托有效组合的集合，通常以曲线形式表示。图 7-2 展示了一种情况，我们可以选择两种不同物品(物品 1 和物品 2)的不同产量。靠近原点的灰色物品是存在更好选择的选项。所有红色符号代表被消费者视为更有利的生产组合[139]。

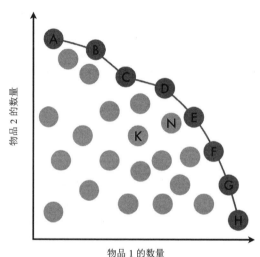

图 7-2　生产可能性的帕累托边界

在多目标强化学习中，不同的智能体可以具有不同的偏好。当偏离策略会让至少一个智能体变得更差时，该策略被认为是帕累托最优的。我们将很快通过在囚徒困境中研究它们之间的关系来进行纳什和帕累托的比较(见表 7-1)。

表 7-1　囚徒困境

	坦白 欺骗	沉默 合作
坦白 欺骗	(-5,-5) 纳什	(0,-10)
沉默 合作	(-10,0)	(-2,-2) 帕累托

帕累托最优是我们在不伤害他人，他人也不伤害我们的情况下能够实现的最佳结果。这是一种合作策略。帕累托均衡假设需要有沟通和信任。在某种程度上，它与非合作的纳什策略相反。帕累托用于计算合作世界的情况，而纳什用于计算竞争世界的情况。

1. 多目标强化学习

许多现实世界问题涉及优化多个可能存在冲突的目标。在完全合作的情况下，所有智能体共享一个共同的奖励函数。当奖励函数为每个智能体提供不同的值时，问题被称为多目标问题：不同智能体可能具有不同的偏好或目标。需要注意的是，原则上，单一智能体的问题也可以具有多个目标，尽管在本书中，所有单一智能体的问题都具有单一的标量奖励。在多智能体问题中，多目标问题变得尤为重要，因为不同智能体可能具有不同的奖励偏好。

在分散决策过程中，智能体需要相互交流他们的偏好。这种异质性要求将通信协议融入多智能体强化学习，并分析通信效率算法[67, 128]。

多目标强化学习[63, 72, 124, 127]是标准强化学习的一种扩展形式，其中将标量奖励信号扩展为多个反馈信号，每个智能体一个。多目标强化学习算法同时优化多个目标，为此引入了帕累托 Q-learning 等算法[126, 164]。

7.1.3　混合行为

博弈论最初是研究非合作博弈的理论，但后来逐渐扩展到包括合作博弈。在合作博弈中，博弈论分析了一组个体的最优策略，假设它们可以相互沟通或者就适当的策略达成协议。因徒困境是这类问题的一个著名示例[89][1]。约翰·纳什设想的情境虽然更为中立，不涉及警察和强盗，却催生了因徒困境。

因徒困境的情境如下(见表 7-1)。两名入侵者 Row 和 Column 已被捕获，被指控闯入银行。Row 和 Column 明白彼此不信任，因此他们在一个非合作的环境中运作。警察提供以下选项：如果你们两个都坦白，你们都会被判轻刑，只有 5 年；如果你们两个都保持沉默，那么我只有足够的证据来判你们轻刑，只有 2 年；如果其中一人坦白，而另一人保持沉默，那么坦白者将免于处罚，而保持沉默者将被判重刑，有 10 年监禁。请在明天早上将你们的选择告诉我。

这让两名罪犯面临一个艰难但明确的选择。如果对方保持沉默，而我坦白，那么我将免于处罚；如果我也保持沉默，那么我们将被判 2 年监禁，所以在这种情况下坦白对我更有利。如果对方坦白，我也坦白，那么我们都会被判 5 年监禁；如果我保持沉默，我将被判 10 年监禁，所以这种情况下坦白对我也更有利。无论对方选择什么，

---

1 见[link1]。

坦白都会得到较轻的判决，由于他们不能协调行动，因此将分别独立坦白。尽管如果双方都保持沉默，他们都只会被判 2 年监禁，但现实情况是两人都会被判 5 年监禁。警方感到满意，因为双方都坦白，案件得以解决。

如果他们能够进行沟通，或者互相信任，那么双方都会保持沉默，都只会被判 2 年监禁。

罪犯们面临的困境是，无论对方采取什么行动，每个人都更倾向于坦白而不是保持沉默。然而，双方也明白，如果彼此之间存在信任，或者如果他们能够协调他们的决策，就可以实现更好的结果。

这个困境展示了个体利益与种群利益之间的冲突。在博弈论文献中，坦白也被称为缺陷，而保持沉默则代表合作选择。坦白/坦白的情况(双方都缺陷)被视为最优的非合作策略，即纳什均衡，因为对于每个选择保持沉默的智能体，都存在一种策略，在对方坦白时判刑更重(10 年)。因此，智能体不会选择保持沉默，而会坦白以限制自身损失。

保持沉默/保持沉默(双方都合作)是帕累托最优的选择，因为在所有其他情况下，至少会有一名智能体处于更差的境地，而此时判刑为 2 年。

纳什策略是一种非合作、非沟通、不信任的策略；而帕累托策略则是一种合作、沟通、信任的策略。

反复进行的囚徒困境游戏

囚徒困境是一次性的博弈。如果我们重复进行这个博弈，并能够识别和记住对手的选择，是否会出现某种形式的沟通或信任，即使最初的情况是非合作的？

这个问题的答案可以通过反复进行的囚徒困境版本来回答。对反复进行的囚徒困境的兴趣在一次计算机比赛后逐渐增加，这场比赛是 1980 年由政治科学家 Robert Axelrod 组织的。博弈论研究者被邀请提交计算机程序，以参与反复进行的囚徒困境博弈。这些程序参与了一场锦标赛，并且互相对抗了数百次。比赛的目标是查看哪种策略会获胜，以及在这个最简单的情境中是否会出现合作。参赛的程序涵盖了多种策略，有些使用基于心理学的复杂响应策略，而其他一些则利用先进的机器学习方法来尝试预测对手的行为。

令人惊讶的是，最简单的策略之一获胜了。这个策略是由专注于社交互动建模的数学心理学家 Anatol Rapoport 提交的。Rapoport 的程序采用了一种被称为"以牙还牙"的策略。它开始时合作(保持沉默)，在接下来的回合中，会采用对手在前一轮中采取的策略。因此，"以牙还牙"奖励合作并惩罚缺陷，因此得名。

"以牙还牙"在与合作对手配对时会获胜，在与不合作的对手坚定合作时不会损失太多。从长远看，最终会达到帕累托最优或纳什均衡。Axelrod 将"以牙还牙"的成功归因于若干特性。第一，它是友好的，即它永远不会首先采取不合作的行动。在锦标赛中，排名前八的程序都采用了友好策略。第二，"以牙还牙"也是报复性的，难以被不合作的策略利用。第三，"以牙还牙"是宽容的，当对手表现友好时，它通过恢复友好来奖励这种行为，愿意忘记过去的不合作行为。最后，这一规则具有明确和可预测的优势。其他人很容易学会它的行为并适应它，通过合作实现共赢，达到帕累托最优。

7.1.4　挑战

让我们看看算法在解决多智能体问题方面的实际表现如何。随着在单智能体和双智能体强化学习方面取得的惊人成果，对多智能体问题的兴趣(和期望)也不断增长。接下来将更详细地探讨多智能体问题的算法，但首先分析这些算法面临的挑战。

多智能体问题在竞争、合作和混合情境中进行研究。多智能体强化学习所面临的主要挑战可以分为三个方面：①部分可观测性；②非稳态环境；③大规模状态空间。这三个方面都导致了状态空间的增加。我们将按顺序讨论这些挑战。

1. 部分可观测性

大多数多智能体环境都是不完全信息环境，其中智能体拥有一些私有信息，不会透露给其他智能体。这些私有信息可以是未知价值的隐藏卡牌，例如扑克、二十一点或桥牌中的情况。在实时策略游戏中，玩家通常无法看到整个游戏地图，只能看到部分区域。另一个导致不完全信息的原因可能是游戏规则允许智能体同时行动，就像在《外交风云》游戏中，所有智能体都在同一时间决定下一步行动，而且智能体必须在没有完全了解其他行动的情况下采取行动。

所有这些情景都要求考虑世界的所有可能状态，相对于完美信息游戏而言，这会大大增加可能状态的数量。实际上，考虑到大多数多智能体系统的规模，即使所有智能体都将其状态和意图公开(这种情况很少见)，也很快会变得不可行，无法传达和跟踪所有智能体的所有信息。

不完美信息增加了状态空间的大小，计算未知结果很快变得不可行。

2. 非稳态环境

此外，由于所有智能体都在同时根据自身的利益改进策略，所以面临的是一个非稳态环境。环境的动态由所有智能体的联合行动空间决定，智能体的最佳策略依赖于其他智能体的最佳策略。这种相互依赖性会导致环境的不稳定性。

在单一智能体环境中，只需要追踪一个状态以计算下一个动作。而在多智能体环境中，需要同时考虑所有状态和所有智能体的策略，彼此之间相互影响。每个智能体都面临着一个动态变化的目标问题。

在多智能体强化学习中，各智能体同时学习，同时更新行为策略[71]。一个智能体的行动会影响其他智能体的奖励，因此也影响下一个状态。这破坏了马尔可夫性质，即所有用于确定下一个状态的必要信息都包含在当前状态和智能体的行动中。因此，在应用单智能体强化学习理论时，需要进行适当的调整。

为了应对非稳定环境，智能体必须考虑其他智能体的行动对联合行动空间的影响。随着智能体数量的增加，这个空间的大小呈指数级增长。在双智能体情境下，智能体必须考虑每个对手对其每个行动的所有可能反应，这大幅增加了状态空间的规模。在多智能体情境下，对手的策略数量增加，计算这些问题的解变得非常昂贵。大量智能体使收敛分析变得复杂，并极大增加了计算要求。

另一方面，智能体可以相互学习，协调目标，并展开合作。合作和组成的团队减少了需要追踪的独立智能体数量。

3. 大规模状态空间

除了由于部分可观测性和非稳定性引起的问题外，在多智能体环境中，状态空间的大小显著增加，原因是每增加一个额外的智能体都会呈指数级增加状态空间的大小。此外，多智能体强化学习的行动空间是一个联合行动空间，其大小随着智能体数量的增加呈指数级增长。联合行动空间的庞大规模通常会引发可扩展性问题。

解决如此庞大的状态空间以达到最优性在多智能体问题中几乎是不可行的。因此，人们完成了大量工作，创建了模型(抽象)，这些模型基于一些简化但有时又合理的假设，以减小状态空间的规模。

7.2 多智能体强化学习智能体

在前述章节中，我们介绍了多智能体强化学习问题，以及它与博弈论和社会选择理论的关系。我们还注意到，引入多个智能体会导致状态空间的增加。最近的研究提出了一些解决多智能体问题的方法，接下来将介绍这些方法。

首先，让我们讨论一种基于规划的方法，名为反事实遗憾最小化(CFR)。这个算法在解决复杂的社会选择问题方面非常成功，例如扑克游戏中的情境。CFR 适用于竞争性多智能体问题。

其次，将讨论适用于混合多智能体问题的合作强化学习方法。

此后，将讨论基于种群的方法，如进化策略和种群计算[11, 55, 74]。这些方法受到自然界中出现的计算行为的启发，如鸟群和昆虫社会中的行为[24, 25, 45]。这些方法在单智能体优化问题中广泛应用；事实上，基于种群的方法在解决许多复杂和大规模的单智能体优化问题(包括随机梯度下降优化)方面非常成功[131]。在本节中，我们将看到进化方法也是混合多智能体问题的自然选择，尽管它们通常用于具有许多同质智能体的合作问题。

最后，我们将探讨一种基于多智能体自我学习的方法，其中融合了进化和层次结构的元素。在这一方法中，不同组的强化学习智能体相互训练。这种方法在夺旗比赛游戏和星际争霸游戏中取得了显著的成功，适用于复杂的多智能体问题。

让我们从反事实遗憾最小化开始。

7.2.1　竞争性行为

我们首先要讨论的是竞争性场景。这个设置与单个和两个智能体的强化学习仍有紧密联系，它们同样建立在竞争的基础之上。

1. 反事实遗憾最小化

CFR(反事实遗憾最小化)是一种迭代方法，用于近似计算广义博弈的纳什均衡[183]。CFR 特别适用于不完全信息博弈，如扑克，它计算出一种策略，通常情况下不容易被对手利用，因此在竞争激烈的情境中表现出鲁棒性。在反事实遗憾最小化中，关键概念是"遗憾"。相对于其他玩家的固定选择，遗憾是指智能体由于未选择最佳策略而导致的预期奖励损失。遗憾只能事后得知，但我们可以通过统计未发生的遗憾来估算预期遗憾。CFR 通过将两个虚构的玩家相互对比，让对手选择尽量减少我方价值的行动，从而找到纳什均衡。

CFR 是一种统计算法，能逐渐趋向于纳什均衡。就像 minimax 一样，它是一种自我对弈算法，假设双方都采用最佳策略。但与 minimax 不同的是，它适用于不完全信息博弈，其中信息集描述了对手可能持有的一系列可能情况。类似于 MCTS，它执行采样，反复执行这个过程数十亿次，每次都在改进策略。随着游戏的进行，它逐渐接近于游戏的最佳策略：无论对手是谁，都至少不会比打平更差[79, 91, 148]。计算出的策略质量通过其可利用性来度量。可利用性表示完美对抗策略在期望中可能获胜的最高额。

尽管纳什均衡被证明是一种理论上不可优化的策略，但在实际情况中，典型的人类玩法远远偏离了理论最优状态，即使对于顶尖选手也是如此[31]。基于反事实遗憾最小化的扑克程序在 2008 年开始击败了顶尖的人类选手，尽管根据最坏情况下的指标，这些程序仍然具有潜在的可利用性[79]。

许多关于反事实遗憾最小化的论文都涉及相当复杂的技术细节，而相应算法的代码也非常复杂，因此难以详细解释。CFR 是深入理解扑克领域进展的关键算法。为使有关扑克和 CFR 的工作更易理解，已经有了一些初级论文和博客。Trenner[156]编写了一篇博客[1]，其中使用 CFR 来玩库恩扑克，这是最简单的扑克变种之一。CFR 的伪代码以及调用它的迭代函数在代码清单 7-1 中展示。至于其他例程，请查看博客。CFR

---

1 见[link2]。

代码的工作原理如下。

首先，它会检查是否处于终止状态，如果是，就像常规的树遍历代码一样，返回支付。否则，它会获取信息集和当前的遗憾匹配策略。然后，它使用到达概率，即根据策略在当前迭代中到达当前节点的概率。接下来，CFR 会循环遍历可能的动作(第17~24 行)，计算下一个游戏状态的新到达概率，并递归地调用自身。

由于在库恩扑克中，有两名玩家轮流动作，因此一名玩家的效用恰好是另一名玩家效用的相反值，因此在 cfr()调用前有负号。对于每个动作，这里计算的是反事实价值。当循环遍历所有可能的动作结束时，会计算当前状态的节点值(第 26 行)，使用我们当前的策略。这个值是每个动作的反事实价值之和，根据采取该动作的概率加权计算得到。然后，通过将对手的到达概率乘以节点值来更新累积的反事实遗憾。最后，返回节点值。

代码清单 7-1　反事实遗憾最小化[156]

```
1 def cfr(
2       self,
3       cards: List[str],
4       history: str,
5       reach_probabilities: np.array,
6       active_player: int) -> int:
7   if KuhnPoker.is_terminal(history):
8       return KuhnPoker.get_payoff(history, cards)
9
10  my_card = cards[active_player]
11  info_set = self.get_information_set(my_card + history)
12
13  strategy = info_set.get_strategy(reach_probabilities[
        active_player])
14  opponent = (active_player + 1) % 2
15  counterfactual_values = np.zeros(len(Actions))
16
17  for ix, action in enumerate(Actions):
18      action_probability = strategy[ix]
19
20      new_reach_probabilities = reach_probabilities.copy()
21      new_reach_probabilities[active_player] *=
            action_probability
22
23      counterfactual_values[ix] = -self.cfr(
24          cards, history + action, new_reach_probabilities,
              opponent)
25
26  node_value = counterfactual_values.dot(strategy)
```

```
27    for ix, action in enumerate(Actions):
28        counterfactual_regret[ix] = \
29            reach_probabilities[opponent] * (
                  counterfactual_values[ix] - node_value)
30        info_set.cumulative_regrets[ix] += counterfactual_regret[
              ix]
31
32    return node_value
33
34 def train(self, num_iterations: int) -> int:
35    util = 0
36    kuhn_cards = ['J', 'Q', 'K']
37    for _ in range(num_iterations):
38        cards = random.sample(kuhn_cards, 2)
39        history = ''
40        reach_probabilities = np.ones(2)
41        util += self.cfr(cards, history, reach_probabilities, 0)
42    return util
```

另一篇易于理解的博客文章由 Kamil Czarnogòrski 编写[1]，其中逐步解释了该算法，并提供了 GitHub 上的代码[2]。

2. 深度反事实遗憾最小化

反事实遗憾最小化是一种基于表格的算法，它通过从根节点到终端节点逐步遍历广义博弈树，以迭代方式逐渐接近纳什均衡。然而，表格算法在处理大规模问题时性能受到限制，因此研究人员通常需要使用领域特定的启发式抽象策略[29, 58, 134]、备选的遗憾更新方法[148]或采样变种[91]来实现可接受的性能水平。

针对大规模问题，我们已经开发了该算法的深度学习版本[30]，即深度反事实遗憾最小化。深度反事实遗憾最小化的目标是在不需要计算每个独立信息集的遗憾的情况下，通过深度神经网络和轮流更新玩家的方式来近似模拟表格算法的行为。它通过在类似信息集之间进行值函数的近似来实现泛化。

7.2.2　合作行为

CFR 是一种用于竞争性情境的算法。纳什均衡用来定义多智能体竞争中的胜负情况，就像表 7-1 的囚徒困境中的(-5,-5)情况一样。

正如我们所见，在合作的情况下，可以实现双赢的局面，对整个社会和个体都有更高的回报。以囚徒困境为例，帕累托最优解是(-2, -2)，只有通过规范、信任或智能

---

1 见[link3]。

2 见[link4]。

体之间的协作才能达到这一点，这类似于紧密结合的犯罪团体通过保持沉默的行为准则来实现，还可参考 Leibo 等人的研究[95]。

单智能体强化学习领域的成就启发了研究人员在多智能体领域取得类似的结果。然而，局部观测和非稳定性问题带来了计算挑战。研究人员尝试了多种不同的方法，我们将介绍其中的一些，尽管目前算法适用的问题规模仍然有限。Wong 等人[175]提供了对这些方法的综述，而合作强化学习中的开放性问题由 Dafoe 等人[39]列出。首先，我们将讨论基于单智能体强化学习的方法，此后将探讨基于对手建模、通信和心理学的方法[175]。

1. 集中式训练/分散式执行

尽管分布式部分可观察马尔可夫决策过程(dec-POMDP)模型为在不确定性下进行协作的序贯决策提供了适当框架，但解决大规模的 dec-POMDP 问题是困难的[21]。因此，研究人员已经提出了许多问题的简化版本，其中一些因素，如通信或训练，被集中管理，以提高问题的可处理性[150, 175]。

在解决多智能体问题时，最简单的方法之一是使用集中式控制器来训练协作智能体，从而将分散式多智能体计算转化为集中式单智能体计算。在这种方法中，所有智能体将它们的观测和本地策略发送到一个中央控制器，该控制器现在具有完美信息，并决定每个智能体应该采取哪种行动。然而，由于大规模协作问题在计算上代价高昂，单一控制器会超负荷工作，这种方法不具备可扩展性。

另一种极端方法是忽略通信和非稳态性，允许智能体独立进行训练。在这种方法中，智能体学习各自的动作值函数，并将其他智能体视为环境的一部分。这种方法通过简化计算需求来实现，却以过度简化为代价，忽略了多智能体之间的互动。

一种折中方法是在训练阶段进行集中式处理，而在执行阶段进行分散式处理[87]。在训练期间，智能体可获取额外信息，例如其他智能体的观测、奖励、梯度和参数。然而，在执行策略时，它们基于本地观测进行分散处理。本地计算和智能体之间的通信有助于减轻非稳态情况，同时仍然能够对部分可观察性和一些互动进行建模。这种方法可以稳定智能体的本地策略学习，即使其他智能体的策略发生变化也同样如此[87]。

当集中学习值函数后，如何分散执行智能体呢？一种流行的方法是值函数分解。VDN(值分解网络方法)将中央值函数分解为个体值函数的总和[146]，然后由智能体以贪婪方式执行。QMIX 和 QTRAN 是两种改进 VDN 的方法，它们允许非线性组合[125, 144]。另一种方法是 MAVEN(多智能体变分探索)，它使用潜在空间模型[102]来解决 QMIX 中的低效探索问题。

基于策略的方法侧重于采用演员-评论家方法，一个中央评论家训练分散的演员。COMA(Counterfactual Multi-Agent)使用中央评论家来逼近 Q 函数，该函数能够访问训练行为策略的演员。这有助于改善深度强化学习方法的性能[53]。

Lowe 等人[100]引入了 MADDPG，这是流行的离线单智能体深度策略梯度算法 DDPG(详见 4.2.7 节)的多智能体版本。MADDPG 考虑了其他智能体的行动策略以及它们之间的协作，采用了分散式演员和集中式评论家的方法，其中智能体使用确定性策略的集合。MADDPG 适用于竞争性和协作性多智能体问题。Cai 等人[34]提出了用于避免碰撞的扩展方法。而流行的在线单智能体方法之一是 PPO。Han 等人[65]通过将连续的 HalfCheetah 任务建模为基于模型的多智能体问题，实现了较高的样本利用率。他们的基于模型的多智能体工作受到 MVE[52](详见 5.2.2 节)的启发。在合作性多智能体游戏(StarCraft、Hanabi 和 Particle world)中，Yu 等人[179]使用 MAPPO 获得了出色的结果。

在强化学习中，以计算上可行的方式对合作行为进行建模是一个活跃的研究领域。Li 等人[96]使用隐式协调图来描述交互结构。他们借助图神经网络[64]对 StarCraft 和交通环境[132]中的协调图进行建模，从而能够扩展由图卷积网络学到的交互模式。

2. 对手建模

多智能体问题的状态空间十分庞大，但以往的方法试图用改进的单智能体算法来学习这个广阔的空间。另一种方法是通过明确地对智能体内的对手行为进行建模，以减小状态空间的规模。这些模型可以用来指导智能体的决策过程，从而减少它必须探索的状态空间。Albrecht 和 Stone 已经撰写了一篇综述文章[2]。

减小状态空间的一种方法是假设一组固定策略，智能体在这些策略之间切换[51]。SAM(Switching Agent Model，切换智能体模型)[182]通过贝叶斯网络从观察到的轨迹中学习对手模型。而深度强化学习开放网络(Deep Reinforcement Open Network，DRON)[68]采用两个网络，一个用于学习 Q 值，另一个用于学习对手策略的表示。

对手建模与心理学中的心智理论[123]相关。根据这一理论，人们会将信念、意图和情感等心理状态归因于他人。心智理论帮助我们分析和预测他人的行为。心智理论还表明，我们假设他人也具有心智理论；这允许信念的嵌套形式："我相信你相信我相信"[161–163]。基于这些概念，LOLA(Learning with Opponent-Learning Awareness，具有对手学习意识)可以预测对手的行为[54]。PR2(Probabilistic Recursive Reasoning，概率递归推理)将自己和对手的行为建模为一个层次结构[170]。研究表明，递归推理带来更快的收敛和更好的性能[40, 107]。对手建模也是一个积极研究的领域。

3. 通信

当明确地模拟智能体之间的通信时，我们迈出了模拟真实世界的一大步。一个基本问题是，当没有预定义的通信协议时，智能体之间的语言是如何产生的，以及语法和含义如何在互动中逐渐演化[175]。通信的一种基本方法是通过指代性游戏实现的：

发送者发送两张图像和一条消息；接收者随后必须确定哪一张图像是目标[93]。此外，语言也可以在更复杂的情况下产生，如智能体之间的协商[35, 86]。

多智能体系统经常用于研究协调、社会困境、新兴现象和进化过程等领域，例如[49, 95, 149]。在桥牌[143]这个卡牌游戏中，已经开发了叫牌策略，用于向团队中的其他玩家传递某个玩家手中的牌信息[143]。在外交风云游戏中，每轮游戏都包括一个明确的否定阶段[3, 43, 88, 121]。目前正在进行的工作包括设计对强化学习算法具有通信意识的变体[66, 141]。

4. 心理学

许多强化学习中的关键思想，如操作性条件反射和试错法，起源于认知科学。面对庞大的状态空间，多智能体强化学习方法正朝着模仿人类智能体的方向发展。除了对手建模外，研究还聚焦于协调、亲社会行为和内在动机。在多智能体系统中，已经有大量文献研究社会规范的涌现和文化进化[5, 28, 42, 95]。为应对状态的不稳定性和庞大的状态空间，人类采用启发式方法和近似技巧[59, 104]。然而，启发式方法可能导致偏见和次优的决策[60]。有趣的是，多智能体建模正在从心理学中发掘概念。在这一领域的更多研究有望提高 AI 智能体的人类化行为水平。

7.2.3　混合行为

为了讨论混合环境中智能体的解决方法，我们将探讨一个受生物学启发的重要方法：基于种群的算法。

基于种群的方法，如进化算法和种群计算，通过同时演化(或优化)大量智能体来工作。我们将更深入地研究进化算法和种群计算，然后探讨它们在多智能体强化学习中的作用。

1. 进化算法

进化算法受到生物遗传过程中的繁殖、突变、重组和选择等因素的启发[9]。进化算法操作大量模拟的个体，通常容易实现并行化，适于在大型计算集群上运行。

进化算法通常在优化各种问题时表现出色。例如，在优化单智能体问题时，进化算法将问题建模为一个种群，其中每个个体代表问题的潜在解决方案。候选解的质量由适应度函数确定，并选择最优候选解进行繁殖。通过基因的交叉和突变来生成新的候选解，然后循环迭代此过程，直到候选解的质量趋于稳定。通过这种方式，进化算法逐步接近最优解。进化算法是一种随机算法，可以避免陷入局部最优解。

尽管它们以解决单一智能体的优化问题而闻名，但这里将使用它们来建模多智能体问题。

让我们更详细了解一下进化算法的工作原理(参见算法 7-1)[9]。首先生成一个初始种群。然后计算每个个体的适应度，选择最适应的个体进行繁殖，利用交叉和突变操作创建新一代的个体。最后，用新个体替换掉旧种群中适应度最低的个体。

算法 7-1 进化框架[9]

1: 随机生成初始种群

2: **repeat**

3:　　评估种群中每个个体的适应度

4:　　选择最适应的个体进行繁殖

5:　　通过交叉和突变生成新的个体

6:　　用新生成的个体替换掉适应度最低的个体

7: **until** 终止条件满足为止

与强化学习相比，在进化算法中，智能体通常是同质的，即每个个体的奖励(适应度)函数相同。然而，这些个体在基因组上存在差异，因此它们的行为策略也有所不同。在强化学习中，通常存在单一的当前行为策略，而进化方法则涉及许多候选策略(个体)。适应度函数原则上可以激发个体之间既竞争又合作的行为，尽管典型的优化情景是选择具有最高适应度基因的单个个体(适应度最优的个体)[1]。

个体(策略)的基因变化是通过交叉和随机突变以及通过适应度选择来明确发生的。在强化学习中，奖励更直接地用作策略目标；而在进化算法中，适应度并不直接影响个体的策略，仅影响其生存状况。

在进化算法中，个体是被动实体，不进行通信或行动，尽管它们会组合在一起创建新的个体。

进化算法和多智能体强化学习算法之间存在相似之处和差异。首先，这两种方法的目标都是找到最优策略，以最大化(社会)奖励。在强化学习中，这是通过与环境互动学习策略来实现的，而在进化算法中，通过演化一个种群，强调适者生存，从而达到这一目标。强化学习涉及一定数量的智能体(策略决定了它们的行动)，而进化算法涉及许多个体(基因决定了它们的生存)。在强化学习中，策略通过奖励函数来改进(该函数评估行动的好坏)；而在进化算法中，基因发生变异和组合，个体则通过适应度函数进行选择。另一个不同之处在于策略的改进方式。在强化学习中，策略是"原地"改进的，智能体不会死亡。而在进化计算中，最优个体的特征(基因)被选中并复制到下一代的新个体中，之后旧一代会逐渐淘汰。

尽管乍看之下这两种方法是不同的，但它们具有许多相同的特征，其中主要目标是优化行为。进化算法本质上是多智能体方法，并且在解决大规模和非静态的序贯决策问题时表现出色。

---

1 适应度最优的个体合作群体也可通过设定适当的适应度函数来实现[101]。

2. 种群计算

种群计算与进化算法相关[20, 24]。种群计算侧重于分散、集体、自组织系统中的新兴行为。智能体通常是简单、众多且同质的,并且在局部与彼此和环境进行交互。生物学中的种群智能示例包括蚂蚁群、蜂巢、鸟群和鱼群的行为,如图7-3所示[147](图片由Wikimedia提供)。这些行为通常通过分散式通信机制实现合作。在人工种群智能中,当智能体具备心智理论[18, 56]时,有时能够想象其他智能体的行为。总的来说,种群智能,或者说集体智能,是分散式计算的一种形式,与强化学习相对,后者通过外部算法在单一的传统集中式算法中计算最优行为[177]。

尽管这两种方法都适用于混合环境,但进化算法通常强调竞争和适者生存(纳什均衡),而种群计算则强调合作和种群的生存(帕累托最优)。

人工种群智能的一个著名示例是Dorigo的ACO(蚁群优化)算法,是一种概率性优化算法,受生物蚂蚁基于信息素的通信方式启发而设计[44, 46, 47]。

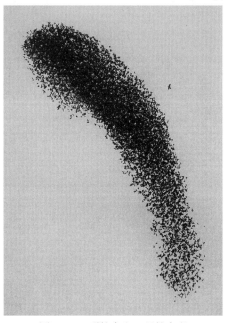

图7-3　一群椋鸟和一只捕食者

多智能体强化学习中的新兴行为已在[15, 69, 78, 94, 99, 106]等文献中得到详细研究。对于解决多智能体问题的分散式算法,可参考[117–119, 181]等相关文献。

3. 基于种群的训练

将传统的值函数或基于策略的强化学习算法转化到多智能体环境中并不是一项简单任务。有趣的是,与此不同的是,最初设计用于单一智能体优化的进化算法,通过利用智能体种群来自然地适应多智能体环境,寻找一个对整个社会来说最优的共享解。这种转移更加流畅和自然。

在进化算法中,智能体通常是同质的,尽管它们也可以是异质的,并具有不同的适应性函数。这些适应性函数可以是竞争性的或合作性的。在合作性情况下,奖励一个智能体也可能意味着其他智能体的奖励增加,甚至可能对整个种群或种群都有积极影响。进化算法是一种非常有效的优化算法。Salimans等人[131]的报告表明,进化策略在现代基准测试中的表现不逊于标准强化学习技术,同时易于进行并行化。特别值得注意的是,进化策略更容易实施(不必进行反向传播),在分布式环境中更容易扩展,不受稀疏奖励设置的制约，并且需要较少的超参数。

　　进化算法是一种基于种群的计算方法，可以用来计算在博弈论纳什均衡意义下最优的策略，或者试图找到胜过其他智能体的策略。进化算法在优化方面高效、鲁棒且易于并行化，因此相对于随机梯度方法具有一定优势。这种方法如何与多智能体强化学习相关联？是否可用于寻找多智能体强化学习问题的高效解决方案？

　　近年来，许多研究团队已经成功地为多智能体策略游戏创建了强化学习玩家(见7.3节)。这些工作都是大规模研究项目，采用了各种不同的方法，包括自我对弈强化学习、合作学习、分层建模和进化计算等。

算法 7-2 基于种群的训练[78]

procedure TRAIN($\mathcal{P}$)　　　　　　　　　　▷ *初始化种群* $\mathcal{P}$

　　种群 $\mathcal{P}$，权重 θ，超参数 h，模型评估 p，时间步 t

　　for $(\theta, h, p, t) \in \mathcal{P}$ (异步并行) **do**

　　　　while 训练未结束 **do**

　　　　　　$\theta \leftarrow \text{step}(\theta|h)$　　　　　　▷ *使用超参数* h *执行一个优化步骤*

　　　　　　$p \leftarrow \text{eval}(\theta)$　　　　　　　▷ *当前模型评估*

　　　　　　if $\text{ready}(p, t, \mathcal{P})$ **then**

　　　　　　　　$h', \theta' \leftarrow \text{exploit}(h, \theta, p, \mathcal{P})$ ▷ *利用种群的其余部分进行改进*

　　　　　　　　if $\theta \neq \theta'$ **then**

　　　　　　　　　　$h, \theta \leftarrow \text{explore}(h', \theta', \mathcal{P})$　　▷ *生成新的超参数* h

　　　　　　　　　　$p \leftarrow \text{eval}(\theta)$　　　　　▷ *新的模型评估*

　　　　　　　　end if

　　　　　　end if

　　　　　　使用新的 $(\theta, h, p, t+1)$ 更新 P　　▷ *更新种群*

　　　　end while

　　end for

　　return P 中具有最高 p 值的 θ

end procedure

　　Jaderberg 等人[78]在夺旗游戏中成功地结合了进化算法和自我对弈强化学习的思想。这里，他们采用了一种基于种群的自我对弈方法，通过在锦标赛中训练不同团队的智能体来增强多样性。算法 7-2 更详细描述了这种基于种群的训练(PBT)方法。通过策略的变异来增加多样性，通过淘汰表现不佳的智能体来提高性能。

　　基于种群的训练使用两种方法。第一种是探索(exploit)，它决定一个 worker 是否应该放弃当前的解决方案，转而专注于一个更有前途的解决方案。第二种是利用(explore)，它在给定当前解决方案和超参数的情况下，提出新的解决方案以探索解决方案空间。种群中的成员并行训练。权重 θ 被更新，eval 度量当前的性能。当种群中的某个成员被认为已经准备好，已达到一定的性能阈值时，它的权重和超参数将进行探索和利用更新，种群的其余成员中具有最高性能记录的权重替换当前的权重，并引入噪声随机扰动超参数。经过探索和利用后，迭代训练会像以前一样继续，直到收敛。

让我们来看看这种训练对弈联赛的融合方法。

4. 自我对弈联赛

自我对弈联赛学习是指对一组个体游戏角色进行多智能体联盟训练的过程。正如我们将在下一节中看到的，这种方法已经被用于执行星际争霸、夺旗和捉迷藏等游戏任务。

联赛学习将种群式训练与自我对弈训练结合，类似于 AlphaZero。在联赛学习中，智能体与不同对手组成的联盟进行对战，也是一个正在接受训练的更大智能体团队的一部分。智能体团队的管理着重于确保具有丰富的多样性，以提供稳定的训练目标，减少发散或陷入局部最小值的问题。联赛学习采用了进化概念，例如变异行为策略和从种群中淘汰表现不佳的智能体。该团队采用合作策略，除了与其他团队竞争外，也进行合作。智能体按照明确定义的层次结构接受训练。

自我对弈联赛训练的目标是找到所有智能体的稳定策略，以最大化他们的团队奖励。在混合和合作环境中，智能体团队可能从彼此的强度增加中受益[100]。自我对弈联赛学习还使用了分层强化学习的一些方面，这个主题将在下一章中讨论。

在下一节中，我们将更深入地探讨自我对弈联赛学习在特定多人游戏中的实现方式。

7.3 多智能体环境

强化学习已经在多个场景中取得了富有创意的成果，成功地模拟了接近人类的行为。在本章中，我们迈出了朝着更接近真实世界行为建模的一步。在本节中，让我们总结一下在四种不同的多智能体游戏中取得的结果，其中一些已经发表在知名的科学期刊上。

我们将按照熟悉的顺序，依次介绍竞争性、合作性和混合性环境。针对每种环境，我们将概述问题和算法，并总结所取得的成就。

表 7-2 列出了多智能体游戏及其主要方法。

表 7-2　多智能体游戏方法

环境	行为	方法	参考
扑克	竞争	(深度)反事实遗憾最小化	[26, 32, 105]
捉迷藏	竞争	自我对弈，团队层次结构	[13]
夺旗比赛	混合	自我对弈，分层，基于种群的	[77]
星际争霸 II	混合	自我对弈，基于种群的	[165]

7.3.1　竞争行为：扑克

扑克是一种流行的不完全信息游戏，通常以竞技方式进行，并定期举办人类锦标赛。人工智能领域已经长期研究扑克，并定期举行电脑扑克锦标赛[17, 22]。扑克是竞争性游戏，虽然合作(两名玩家合谋以对抗第三名玩家)理论上可能，但在实际中并不常见。因此，在实践中找到纳什均衡是一种成功的策略。反事实遗憾最小化方法是专门为改进扑克游戏表现而开发的技术。

反事实遗憾最小化方法是专门为在扑克游戏中取得进展而开发的。扑克有许多经常玩的变种。其中一种流行的变种是无限制德州扑克，其两人版本称为 Heads Up，由于不涉及对手之间的合谋，因此更容易进行分析。多年来，无限制德州扑克(Heads-up no-limit Texas hold'em，简称 HUNL)一直是不完全信息游戏玩法领域的主要人工智能基准。

扑克游戏存在隐藏的信息(即手牌是面朝下的)。因此，智能体需要处理大量可能的游戏状态；相对于国际象棋或跳棋，扑克游戏要复杂得多。据报道，两人版的 HUNL 扑克游戏的状态空间大约有 10^{161} 种可能状态[31]。更复杂的是，在游戏中，玩家通过他们的下注逐渐揭示信息；高额的下注通常表明好的牌，或者玩家希望让对手相信这种情况(也就是扑克中所说的虚张声势)。因此，玩家需要下高注以示拥有好牌，或选择反其道而行之，以便对手不会获得太多信息并能采取相应的行动。

2018 年，两人对弈 HUNL 中的顶级扑克程序之一 Libratus，参加了为期 20 天、进行了 120 000 局、总奖池为 200 000 美元的比赛，并战胜了顶尖的人类职业选手。Brown 等人[31]描述了 Libratus 的架构。该程序由三个主要模块组成，一个用于通过游戏的较小版本计算 CFR 纳什策略，第二个模块用于在游戏进展到后期时构建更精细的策略，第三个模块用于通过填补缺失的分支来增强第一个策略。

在与顶级人类选手的实验中，Libratus 分析了每天比赛结束时对手最常用的下注金额。然后，在比赛进行过程中，程序会在夜间计算响应，以不断提高自身表现。

两人版的 Libratus 最初是基于启发式、抽象和表格计数的遗憾最小化方法，而不是深度强化学习。针对多人扑克游戏，研发了 Pluribus 程序。对于 Pluribus，作者采用了深度计数事后遗憾最小化方法[30]，使用了一个 7 层神经网络，遵循了 AlphaZero 的自我对弈策略。Pluribus 在有六名选手参与的扑克游戏中击败了顶级选手[32](见图 7-4)。Pluribus 采用了 AlphaZero 的自我对弈策略，并结合搜索。另一个顶级程序 DeepStack 也使用随机生成的游戏来训练深度值函数网络[105]。

图 7-4　智能体 Pluribus 登上 *Science* 杂志封面

7.3.2　合作行为：捉迷藏

除了竞争，合作行为也是现实世界行为的一部分。实际上，合作是社会结构的核心，我们的社会由家庭、团体、公司、政党、信息过滤泡沫(filter bubbles)和国家等不同形式的组织构成。关于个体如何自发合作的问题已得到广泛研究，而"以牙还牙"(见 7.1.3 节)仅是这个引人入胜领域中的众多研究成果之一[5, 28, 95, 130, 177]。

有一项研究探讨了自发合作，使用了《捉迷藏》游戏的一个变体。Baker 等人[13] 进行了一项实验，他们使用 MuJoCo 构建了一个新的多智能体游戏环境。这个环境是专门为研究如何通过一些简单的规则和奖励最大化的组合来实现合作而创建的(参见图 7-5)。

图 7-5　捉迷藏游戏中的六种策略：奔跑和追逐、建造堡垒、使用坡道、坡道防御、箱子冲浪和冲浪
防御(从左到右，从上到下)[13]

在"捉迷藏"实验中，游戏在一个随机生成的网格世界中进行，其中有可用的道具，如箱子。奖励函数的设计激励躲藏者避开寻找者的视线，反之亦然。环境中散布着各种物体，智能体可以抓取并将其固定在原地。这个环境包含一到三个躲藏者和一到三个寻找者，还有三到九个可移动的箱子，其中一些呈长方形。此外，有两个可移动的坡道。墙壁和房间是静态的，并且是随机生成的。智能体可以视觉感知、移动和抓取物体。更好理解这一挑战的方法是观看"捉迷藏"博客[1]上的视频[2]。

仅凭基于可见性的奖励函数，智能体们能够学习许多不同的技能，包括使用协作工具。例如，躲藏者学会通过锁门或构建多物体的堡垒来创建遮蔽点，以至于寻找者再也看不到他们。然而，作为一种反制策略，寻找者学会使用坡道跳进遮蔽点。实际上，通过智能体之间的互动，一个培训课程逐渐形成，智能体学习了许多任务，其中许多任务需要复杂的工具使用和协调。

捉迷藏融合了团队内部的合作以及躲藏者与寻找者之间的竞争元素。它采用了一种基于 PPO 的自我对弈策略学习方法。引人注目的是，合作在其中是如何自然而然地产生的。在游戏中，团队之间并没有明确的通信方式来协调合作；所有合作行为都由智能体之间的基本互动所引发，而这些互动受到奖励函数的引导。因此，合作策略是由游戏设计的特性所决定的，包括每个团队的奖励函数以及环境中存在的物体块，并

---

1 见[link5]。

2 见[link6]。

且这些物体块遵循物理定律。

在游戏中，智能体实际上会为自己建立一个自动化课程[13,94]。我们报告了六种不同的行为策略，每一种都比前一种更高级，这增加了寻找对手反策略的竞争压力。

Baker 等人[13]的报告指出，一开始，躲藏者和搜寻者都学会了基本的策略，即逃跑和追逐。然而，在经过大约 2500 万次游戏回合的训练后，躲藏者开始利用箱子构建掩护物，躲在其中。接着，再经过 7500 万次游戏回合的训练，搜寻者学会了移动并利用斜坡跳过障碍物进入掩护物内。仅仅再过 1000 万次游戏回合，躲藏者学会了防守，通过将斜坡移到边缘并将其锁定在远离掩护物的位置来实现。然后，在经过长达 2.7 亿次游戏回合的训练后，搜寻者学会了"箱子冲浪"。他们将一个箱子移到游戏区域边缘，紧靠锁定的斜坡。接着，一个搜寻者利用斜坡爬上箱子，其他搜寻者将其推向掩护物，其中一个搜寻者可从边缘窥视并看到躲藏者。最后，躲藏者为了应对这一情况，在建造掩护物之前将所有箱子都锁定在原地，从而安全地躲避搜寻者。

捉迷藏实验引人注目的地方在于多样化行为策略的涌现。这些策略是从基本的奖励函数和随机探索中产生的，同时牵涉关于奖励充分性的讨论[140]。

从基本奖励和探索中出现策略的现象表明存在一种进化过程。然而，与下一节中的"夺旗比赛"不同，捉迷藏实验并未采用基于种群的训练或进化算法。

7.3.3　混合行为：夺旗比赛和星际争霸

我们周围的世界展现出竞争和合作行为的混合。团队协作是人类生活中的一个重要方面，已在生物学、社会学和人工智能领域进行了广泛研究。正如我们刚才看到的，它是从最基本的情境中逐渐产生(演化)的——追求宏伟目标的需要。近年来，许多研究团队研究了实时战略游戏中的混合多智能体模型，例如夺旗比赛和星际争霸。我们将讨论这两款游戏。

1. 夺旗比赛

首先，让我们讨论一下《夺旗比赛》游戏，它在《毁灭战士 3：竞技场》中进行(见图 7-6)。Jaderberg 等人[77]进行了一项广泛的实验，其中智能体从零开始学习如何观察、采取行动、合作和竞争。在这个实验中，智能体经过基于种群的自我对弈[78](算法 7-2)进行训练。种群中的智能体各不相同(具有不同的基因)。种群中的成员通过相互对抗来学习，这提供了更多的队友和对手多样性，相较于传统的单一智能体深度强化学习方法，使学习过程更加稳定和迅速。共创建了 30 种不同的机器人，使它们相互竞争。这些智能体是团队的一部分，其奖励函数形成了一个层次结构。一个包括两个层级的优化过程被用来优化内部奖励以获得胜利，并利用强化学习来学习内部奖励的策略。

户外图概览

图 7-6 夺旗比赛[77]

在夺旗比赛中，智能体起初采用随机策略。经过 45 万场比赛后，找到了一种有效的智能体策略，它们开始发展协同策略，例如跟随队友以实现数量上的优势，并在队友夺得旗帜后在敌方基地附近逗留。与捉迷藏类似，这些协同策略是融合基本规则、环境反馈以及适者生存原则而产生的。

夺旗比赛的研究非常引人注目，因为它展示了仅仅利用像素作为输入，智能体就可以在复杂的多智能体环境中学会竞争性游戏。为实现这一点，它结合采用了种群基础训练、内部奖励优化以及时序分层强化学习方法(请参阅下一章)。

2. 星际争霸

本章要讨论的最后一款游戏是星际争霸。星际争霸是一款更复杂的多人实时策略游戏。其状态空间约为 10^{1685}[120]，这是一个非常庞大的数字。星际争霸涵盖了多智能体在不确定情况下作出决策、空间和时间推理、竞争、团队协作、对手建模以及实时规划等方面的特征。图 1-6 展示了星际争霸 II 的一个场景。

关于星际争霸的研究已经进行了一段时间[120]，并且引入了一项特殊的星际争霸多智能体挑战[132]。DeepMind 团队开发了一个名为 AlphaStar 的程序。在 2018 年 12 月的一系列测试比赛中，DeepMind 的 AlphaStar 使用不同的用户界面，在两人单地图比赛中击败了两位顶级选手。

AlphaStar 可以完整地执行星际争霸 II 游戏。其神经网络最初是通过对匿名人类游戏的监督学习进行训练的，然后通过与其他 AlphaStar 智能体进行对抗来进一步训练，采用了一种基于种群的自我对抗强化学习方法[78, 165][1]。这些智能体用来启动多智能体强化学习的流程。它创建了一个连续的竞技联赛，联赛中的智能体相互竞争进行比

---

1 与 AlphaGo 的第一种方法类似，那里也是通过对人类游戏的监督学习来启动自我对弈强化学习的过程。

赛。从现有竞争者派生新的竞争者。智能体从与其他竞争者的比赛中学习。基于种群的学习进一步推进，创造了一个过程，通过将智能体与强大的对手策略对抗，保留了强大的早期策略，以探索星际争霸游戏中广阔的游戏空间。

为增加联盟中的多样性，每个智能体都被赋予了自己的学习目标，例如应该关注哪些竞争对手以及应该构建哪种游戏单位。我们采用了一种优先级虚构自我对弈演员-评论家训练方法，称为"优先虚构自我对弈"，具体细节请参考[165]。AlphaStar 在一个自定义的可扩展分布式训练系统上使用 Google 的张量处理单元(TPU)进行训练。AlphaStar 联盟持续运行了 14 天。在这个训练中，每个智能体相当于经历了 200 年的实时星际争霸游戏时间。

在星际争霸中，玩家可以选择扮演三个外星种族中的一个：Terran(人类)、Zerg(异虫)或 Protoss(星灵)。为了缩短训练时间，AlphaStar 被训练成只能扮演 Protoss，尽管相同的训练流程也可以应用于任何一个种族。AlphaStar 首次受到一位人类特级大师 TLO 的测试，他是一位顶级职业 Zerg 玩家和大师级别的 Protoss 玩家。这位人类玩家评论说："我对智能体的强大感到惊讶。AlphaStar 采用了众所周知的策略，并将其颠覆了。这个智能体展示了我之前没有想到的策略，这意味着可能还存在一些我们尚未完全探索的游戏新玩法。"

7.3.4 实际操作：体育馆中的捉迷藏示例

本章及后续章节中提及的研究工作描述了许多研究团队在复杂和大规模游戏上的重要努力。这些游戏代表了人工智能的前沿，研究团队会充分利用所有可获得的计算和软件工程资源，以达到最佳结果。此外，通常需要投入大量时间来训练和调整学习过程的超参数以使其生效。

在这个规模上复制结果是极具挑战性的，因此大部分研究工作着重于在更小、更便于管理的尺度以及更便于管理的计算资源下复现这些结果。

在本节中，我们将尝试在计算资源要求较为适中的情况下复制某些方面。我们将重点关注捉迷藏(7.3.2 节)。捉迷藏实验的原始代码可在 GitHub[1] 上找到。请访问并安装这些代码。捉迷藏使用了 MuJoCo 和 mujoco-worldgen 包，请安装这两个包以及相关的依赖项：

```
pip install -r mujoco-worldgen/requirements.txt
pip install -e mujoco-worldgen/
pip install -e multi-agent-emergence-environments/
```

可在 mae_envs/envs 文件夹中找到环境的示例。此外，还可以根据 mae_envs/envs/

---

1 见[link7]。

base.py 中的基础环境自定义环境，然后添加箱子、斜坡以及适当的包装器。查看其他环境的示例以了解如何操作。

通过使用 bin/examine 脚本来尝试运行环境；示例用法如下：

```
bin/examine.py base
```

请进一步查看 GitHub 存储库中的说明。

多人环境

在结束这个实际操作部分时，我们提到了 Arcade Learning Environment 的多人版本。这一版本由 Terry 等人[152]推出，他们还呈现了多人版本 DQN(即 Ape-X DQN)的基准性能结果，结果表现出色[16, 76]。该环境还作为 PettingZoo 的一部分呈现，而 PettingZoo 是 Gym 的多智能体版本[85, 153, 159]。

另一个多智能体研究环境是 Google Football Research Environment[90]。该环境提供了一个基于物理学的模拟器，包括三种基准实现(DQN、IMPALA 和 PPO)。

7.4　本章小结

多智能体强化学习旨在学习适用于多智能体环境的最优策略。每个智能体的最优策略都受其他智能体策略的影响，而这些策略也在进行优化。这导致了非稳态问题，智能体的行为不再符合马尔可夫属性。

多智能体强化学习将协作行为引入强化学习领域，使其包括竞争、协作和混合行为。这个领域与博弈论密切相关，博弈论是经济学中研究理性行为的基础。博弈论中有一个著名的问题叫做因徒困境。在非合作博弈论中，有一个著名的结果叫作纳什均衡，它被定义为一种联合策略，其中没有玩家能够通过改变自己的策略获得更多利益。而在合作博弈论中，有一个著名结果叫作帕累托最优，即没有个体可以在不损害其他人的情况下变得更好。

当智能体拥有私有信息时，多智能体问题会变得部分可观察。多智能体问题可以用随机博弈或扩展形式博弈来建模。智能体的行为最终由奖励函数决定，这些奖励函数可以是相同的，也可以是不同的。当智能体的奖励函数不同的时候，多智能体问题就变成多目标强化学习。

行动的遗憾是指智能体因未选择具有最高回报的行动而错失的潜在回报量。遗憾最小化算法类似于随机和多智能体情境下的 minimax 算法。反事实遗憾最小化是一种用于寻找竞争性多智能体博弈(如扑克)中的纳什均衡策略的方法。

单智能体算法的不同版本通常用于协作多智能体情境。由于非稳态性和部分可观察性导致了庞大的状态空间，使得解决大规模问题变得困难。其他有潜力的方法包括对手建模和明确的通信建模。

　　在多智能体系统中，经常使用基于种群的方法，如进化算法和种群智能。这些方法适用于拥有相同奖励函数的情况，无论是竞争性、合作性还是混合性问题。进化方法通过演化一群智能体，将它们的行为融合在一起，并根据某种适应度函数来选择最优智能体。进化方法天然适用于并行计算，是最受欢迎和成功的优化算法之一。种群智能通常引入智能体之间的(基本的)通信机制，比如在蚂蚁种群优化中，智能体通过人工信息素进行通信，以指示它们在解空间中所经过的部分。

　　针对一些最复杂的问题，如星际争霸、夺旗比赛和捉迷藏，通常会将分层和进化原则结合在联盟训练中。在这种训练中，智能体团队的联盟会以自我对弈的方式进行训练，最适应环境的智能体将存活下来。目前的成就需要大量的计算能力，未来的工作旨在降低这些计算要求。

7.5　扩展阅读

　　多智能体学习是一个广泛研究的领域。有关早期多智能体强化学习和深度多智能体强化学习的调查可在以下文献中找到：[1, 2, 33, 63, 71, 72, 149, 158, 175, 178]。在Littman[97]之后，Shoham等人[138]更深入地探讨了马尔可夫决策过程(MDP)建模。

　　博弈论的经典工作是由Von Neumann和Morgenstern[167]完成的。现代介绍可以参考文献[41, 57, 111]。博弈论是经典经济学中理性行为理论的基础。John Nash的重要作品包括[113–115]。他在1950年的28页博士论文中首次提出了纳什均衡概念，这一贡献于1994年使他获得了诺贝尔经济学奖。关于John Nash生平已经有传记和电影[112]。

　　石头剪刀布游戏在博弈论和计算机扑克研究中具有重要地位[22, 32, 129, 169]。前景理论[81]于1979年首次提出，研究了人类在面对不确定性时的行为，这一主题后来演化成行为经济学领域的一部分[36, 110, 174]。Gigerenzer引入了快速和简明的启发式方法来解释人类决策过程[59]。

　　如果你对合作演化和社会规范的领域中更引人入胜的研究感兴趣，可以参考文献[4–6, 8, 28, 70, 73]。

　　近年来，多目标强化学习得到广泛研究，可以参考一份综述报告[98]。在这个领域，更现实的假设是，智能体具有不同的奖励函数，导致出现不同的帕累托最优解[109, 164, 172]。Oliehoek等人撰写了一份简洁的文章介绍分散式多智能体建模[116, 117]。

　　反事实遗憾最小化在计算机扑克的成功中扮演了关键角色[31, 32, 79, 183]。一种常用的蒙特卡洛版本已经在[91]中发表。此外，还有研究探讨了与函数逼近的结合[30]。

　　进化算法已经成功地提供了高度优化的算法。在这个广泛的领域中，一些相关文献包括[9–12, 50]。与之相关的领域是种群智能，其中同质智能体之间进行通信[19, 45, 48, 82]。如果你想进一步研究多智能体系统，可以参考文献[160, 176]。对于集体智能，可以查阅[46, 56, 82, 122, 177]。

许多其他研究涵盖了强化学习背景下的进化算法[37, 38, 84, 108, 131, 145, 171, 173]。大多数这些方法都涉及单一智能体的方法，尽管也有一些专门应用于多智能体方法的研究[78, 83, 85, 99, 103, 142]。

基准测试领域的研究非常活跃。一些有趣的方法包括程序化内容生成[154]、MuJoCo 足球[99]和 Obstacle Tower 挑战[80]。计算机扑克有大量相关文献，如[17, 22, 23, 23, 26, 27, 61, 61, 105, 129, 133]。星际争霸的研究可在[120, 132, 132, 165, 166]中找到。其他游戏研究包括[151, 155]。受到扑克和围棋研究成果的启发，一些方法现在也成功应用于无压力外交游戏[3, 14, 62, 121]。

7.6　习题

以下是一些快速问题，用于检查你对本章内容的理解。对于每个问题，使用简单的一句话进行回答即可。

7.6.1　复习题

1. 为什么对多智能体强化学习如此感兴趣？
2. 多智能体强化学习的主要挑战之一是什么？
3. 纳什策略是什么？
4. 什么是帕累托最优？
5. 在竞争性多智能体系统中，可以使用什么算法来计算纳什策略？
6. 是什么使得计算不完全信息游戏的解决方案变得困难？
7. 描述一下囚徒困境。
8. 描述一下迭代囚徒困境。
9. 给出两个不完全信息的多智能体纸牌游戏。
10. 通常情况下，具有异质奖励函数的设置被称为什么？
11. 列出三种在多智能体强化学习中可能出现的策略种类。
12. 给出两种适于支持混合策略游戏的方法。
13. 以蚂蚁群、蜜蜂群、鸟群或鱼群命名的人工智能方法是什么？它通常以什么方式运行？
14. 描述进化算法的主要步骤。
15. 描述"捉迷藏"的一般形式，以及在躲藏者或追寻者的互动中出现的三种策略。

7.6.2 练习题

以下是一些编程练习，以帮助你熟悉本章涵盖的方法。

1. 反事实遗憾最小化(CFR)。为 Kuhn 扑克的玩家实现这一算法。你可以与程序对战，尝试击败它。你是否认为可以将这个算法扩展到更复杂的扑克游戏中？

2. 捉迷藏。实现带有合作和竞争的捉迷藏游戏。添加更多类型的物体，观察是否会出现其他合作行为。

3. 蚁群算法。使用 DeepMind 控制套件设置一个协作级别和一个竞争级别，并实现蚁群优化算法。在网络上或原始论文[46]中找到问题实例。你能实现更多的种群算法吗？

4. 足球。访问 Google Football 博客 [1]，并为足球智能体实现算法。考虑使用基于种群的方法。

5. 星际争霸。访问星际争霸的 Python 接口 [2]，并实现一个星际争霸玩家(这非常具有挑战性)[132]。

---

1 见[link8]。

2 见[link9]。

第8章

分层强化学习

人工智能的目标是理解和创建智能行为；深度强化学习的目标是找到适用于日益复杂的连续决策问题的行为策略。

但是，真正的智能如何找到这些策略呢？人类擅长的一项技能是将复杂任务分解为较简单的子任务，然后逐个解决这些子任务，并将它们组合成解决更大问题的方法。这些子任务的规模与原始问题不同。例如，当计划从家出发去往遥远城市的酒店房间时，通常只计划从一个地点出发，朝着特定方向前进，直至到达目的地。中间部分可能包含不同的交通方式(比如乘坐火车或飞机等宏观步骤)，以更快地到达目的地。在这个宏观过程中，不需要分析朝不同方向迈出的脚步。我们的旅行策略是细粒度的基本动作和粗粒度的宏观动作的结合。

分层强化学习研究了这种效仿现实世界的问题解决方法。它提供了形式化的框架和算法，将问题分解为较大的子问题，然后利用这些子策略进行规划，就像它们是子程序一样。这有助于更好地理解和解决复杂的深度学习问题。

分层强化学习研究了一种受现实世界启发的问题解决方法。它提供了形式化的框架和算法，将问题划分为更大的子问题，然后使用这些子策略进行规划，就像它们是子程序一样。这有助于更有效地解决复杂问题。

从原则上讲，分层方法可在所有序贯决策问题中利用结构，尽管某些问题比其他问题更容易。一些环境可以自然地分解成更小的问题，例如地图上的导航任务或迷宫中路径规划任务。多智能体问题也可以自然地划分为分层团队，并具有大规模的状态空间，这种情况下，分层方法可能有所帮助。然而，对于其他问题，要么很难找到有效的宏操作，要么需要大量计算资源才能找到良好的宏步骤和基本步骤的组合。

分层方法的另一个考虑因素是，由于宏操作的步伐较大，可能错过全局最小值。与"扁平"方法相比，分层方法找到的最佳策略可能不是真正的最优策略(尽管它们可能会更快地达到目标)。

在本章中，我们将以一个示例开始，以抓住分层问题解决的特点。接下来，将研究用于建模分层算法的理论框架，并提供一些算法示例。最后，将深入探讨分层环境。

核心内容
- 通过分而治之的方法解决大型结构化问题。
- 使用选项对动作进行时间抽象。

核心问题
- 高效地找到子目标和子策略，以进行分层抽象。

核心算法
- 选项框架(8.2.1 节)
- 选项评论家(8.2.3 节)
- 分层演员-评论家(8.2.3 节)

计划旅行

让我们看看如何使用分层方法来规划一次重要的旅行，以拜访住在另一个城市的朋友。这个方法将旅行分成不同的部分。首先，你需要从衣橱中拿取行李，然后找到自行车。接下来，你将前往火车站并停放自行车。此后，会乘坐火车前往另一个城市，在途中可能需要换乘，以便更快地到达。一旦抵达目标城市，你的朋友会开车在车站接你回到他的家。

一个"扁平"的强化学习方法将依赖于特定方向的行动，如单步行动。尽管策略的规划粒度很细——即单步行动，但这将导致可能策略的空间非常庞大，尽管如此，它确实能找到最优的最短路径。

分层方法可使用更多种类的行动(即宏操作)，可以规划骑自行车、乘坐火车以及朋友接车。虽然这条路线可能不是最短的(谁知道火车是否沿着两个城市之间的最短路线行进)，但规划速度要远快于逐步费力地优化每一步行动。

8.1 问题结构的粒度

在分层强化学习中，抽象的粒度比环境的原始动作更大。当我们准备一顿饭时，会以大的动作块来推理：如切洋葱和煮意大利面，而不是推理手和臂部的个别肌肉运动。婴儿在成长过程中学会使用肌肉来执行特定任务，直到它成为第二天性。

我们创建子目标，这些子目标充当时间抽象以及子策略，是多个普通动作的宏操作[54]。时间抽象使我们能够推理不同时间尺度的动作，有时涉及粗粒度动作(如乘坐火车)，有时涉及细粒度动作(如开门)，应该将宏操作与基本操作结合在一起。

让我们来看看分层方法的优点和缺点。

8.1.1　优点

让我们首先探讨分层方法的优点[22]。

第一，分层强化学习通过抽象来简化问题。问题被抽象成更高级别的概括。智能体首先创建子目标并解决细粒度子任务，然后将行动抽象成更大的宏操作以解决这些子目标；智能体运用了时间抽象。这一过程有助于简化问题和更高效地解决问题。

第二，时间抽象提高了样本效率。子策略通过学习来执行子任务，减少了与环境的交互次数。由于这些子策略是可学习的，因此可以迁移到其他问题上，支持迁移学习。这有助于提高学习效率，并促进知识的重复利用。

第三，子任务减少了策略过度专业化所导致的脆弱性。策略变得更加通用，能更灵活地适应环境的变化。这提高了策略的鲁棒性。

第四，更重要的是，更高级的抽象允许智能体解决更大、更复杂的问题。这是复杂的多智能体游戏(如星际争霸)采用分层方法的原因，因为在这些游戏中需要管理多个智能体组成的团队。

多智能体强化学习通常具有分层结构；可对问题进行组织，为每个智能体分配子问题，或者智能体本身可构建成团队或群组。这些团队可以内部协作或相互竞争，行为可以是完全合作或完全竞争的。

在最近的综述中，Flet-Berliac[22]总结了分层强化学习的潜力：①通过更快的学习和更好的泛化来实现长期信用分配；②允许进行结构化探索，探索子策略而不是原始行动；③支持迁移学习，因为不同的层次可包含不同的知识。这些优点使得分层强化学习在处理复杂问题时具有广泛的应用前景。

8.1.2　缺点

分层强化学习也存在一些不足之处。

第一，它在领域内存在结构性知识时表现更佳。许多分层方法假设领域知识可用于将环境划分为子任务，从而可应用分层强化学习。这意味着在缺乏领域知识的情况下，分层方法的应用可能受到限制。

第二，还需要解决算法复杂性的问题。必须在问题环境中确定子目标，学习子策略，并定义终止条件。这些算法必须进行设计，这需要程序员的工作和投入。

第三，分层方法引入了一种新类型的行动，即宏操作。宏操作是原始行动的组合，它们的使用可显著提高策略的性能。然而，随着宏操作长度的增加，可能的行动组合数量呈指数级增长[5]。对于更大的问题，枚举所有可能的宏操作是不切合实际的，必须对整体策略函数进行逼近。此外，在分层规划或学习算法的每个决策点上，现在应当考虑是否有任何宏操作可以改善当前策略。引入宏操作会增加规划和学习选择的计算复杂性[5]，必须使用近似方法。分层行为策略的收益必须超过找到这种策略的成本。

第四，包括宏操作的行为策略的质量可能不如仅包含原始行动的策略。宏操作可能跳过原始行动本应找到的可能更短的路径。

结论

分层强化学习具有优势和不足之处。能否构建出高效策略，以及其准确性是否足够，取决于具体问题，还取决于用于找到该策略的算法的质量。

长时间以来，寻找优秀的子目标一直是一个主要挑战。但随着最近算法的进步，函数逼近等方面取得了重要进展。我们将在下一节中讨论这些进展。

8.2 智能体的分而治之

要讨论分层强化学习，首先将探讨一个模型，即选项框架，它形式化了子目标和子策略的概念。接下来将探索分层强化学习的主要挑战，即样本效率。然后，我们将深入讨论本章的核心内容，寻找子目标和子策略的算法。最后将概述该领域已经开发的算法。

8.2.1 选项框架

分层强化学习算法试图通过识别共同的子结构并重复使用子策略来更高效地解决序贯决策问题。分层方法面临三个挑战[32, 48]：寻找子目标，找到这些子目标上的元策略，以及为这些子目标找到子策略。

通常情况下，在强化学习中，智能体会根据策略在每个状态下执行相应的动作。然而，在 1999 年，Sutton、Precup 和 Singh[60]引入了选项框架。该框架引入一种正式结构，可以优雅地将子目标和子策略融入强化学习环境中。选项的概念很简单：每当达到一个被视为子目标的状态时，智能体可选择采取选项，而不是遵循主策略建议的原始动作。这意味着智能体不再遵循主要动作策略，而是遵循选项策略，这是一个宏操作，由不同的子策略组成，专门用于在一个大的步骤中满足子目标。通过这种方式，宏操作被引入强化学习框架中。

迄今为止，我们一直比较宽泛地使用"宏"和"选项"这两个术语；然而，宏和选项之间存在区别。宏是指任何一组动作，可能包含无限数量的动作；而"选项"则是一组具有终止条件的动作。选项会根据环境观测产生动作，直到满足终止条件为止。

在正式定义中，一个选项 ω 具有三个元素[2]。每个选项 $\omega = \langle I, \pi, \beta \rangle$ 包含以下三个部分。

I_ω：启动集合 $I \subseteq S$ 包含了选项可以开始执行的状态。

$\pi_\omega(a \mid s)$：这个特定选项内部的子策略 $\pi: S \times A \rightarrow [0, 1]$

$\beta_\omega(s)$：终止条件 $\beta:S{\rightarrow}[0,1]$ 用于判断选项 ω 是否在状态 s 终止。

所有选项的集合被表示为 Ω。在选项框架中，存在两种类型的策略：选项的(meta-)策略 $\pi_\Omega(\omega|s)$ 和子策略 $\pi_\omega(a|s)$。子策略 π_ω 是一种短宏操作，利用先前学到的宏(子策略)，快速从 I_ω 转移到 β_ω。时序抽象混合了不同粒度的动作，包括短期和长期、原始动作和子策略。它们允许在不需要额外学习的情况下，利用先前提供或学到的子策略从 I 转移到 β。

选项框架在一种名为 Grid world(图 8-1)的房间导航问题中表现出色。在传统的强化学习问题中，智能体逐步学会移动。而在分层强化学习中，房间之间的门进入瓶颈状态，也是自然的子目标。宏操作(子策略)以多步行动的方式将智能体移到门口，而不考虑途中的其他可选行动。接着，通过选择合适的选项，可使用另一个宏操作移到不同的房间，更接近主要目标的位置。这个图中的四房间问题在分层强化学习的许多研究中都有广泛应用。

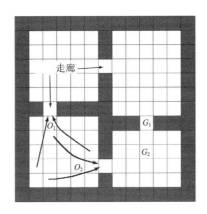

图 8-1　多房间网格[60]

通用值函数

在最初的选项框架中，在外部识别子目标(如走廊、门)。这些子目标必须手动提供或通过其他方法[30,33,47,57]获取。目前，已经发表了一些方法来学习这些子目标。

选项是目标条件下的子策略。最近，Schaul 等人提出了通用值函数中的参数化选项的概念[53]。通用值函数为目标条件下的参数化值估计器 $V(s,g,\theta)$ 提供了统一的理论。

8.2.2 寻找子目标

分层方法是否优于传统的平面方法取决于多个因素。第一，领域中是否存在足够的可重复结构可供利用(例如，是否有许多房间)。第二，算法能够有效地找到适当的子目标(例如，是否能找到门？)。第三，已发现的选项是否会多次重复应用(例如，谜题是否被频繁运行，以抵消寻找选项的成本)。第四，是否找到了足以提升性能的子策略(例如，房间是否足够大，以至于选项优于单独执行动作)。

原始的选项框架假设领域的结构是明显的，并且子目标是已知的。但在情况不符合这一假设时，算法必须通过寻找方法来确定这些子目标。让我们来概述一下各种方法，包括基于表格和深度函数逼近的方法。

8.2.3 分层算法概述

选项框架提供了一种便捷的时间抽象形式。除了可以构建包含个体动作的策略的算法外，我们还需要算法来找 21 到子目标并学习子策略。找到这三项任务的高效算法非常重要，以便能在普通的"平面"强化学习上实现效率优势。

分层强化学习基于子目标的概念。它通过创建一个高级策略来管理这些子目标，并使用子策略来达到这些子目标。子目标的选择对算法的效率具有重要影响[19]。近年来，我们见证了一系列新算法的涌现，用于寻找执行选项的子策略，这也重新激发了该领域的研究兴趣[44]。表 8-1 展示了一系列方法。表格上方是经典的表格方法，而下方则是较新的深度学习方法。接下来，我们将深入探讨其中一些算法。

表 8-1　分层强化学习方法(包括表格和深度学习方法)

名称	智能体	环境	寻找子目标	寻找子策略	参考
STRIPS	宏动作	STRIPS 规划器	-	-	[21]
Abstraction Hier.	状态抽象	调度/计划	+	+	[31]
HAM	抽象机器	马尔可夫决策过程(MDP)/迷宫	-	-	[42]
MAXQ	值函数分解	出租车	-	-	[17]
HTN	任务网络	块世界	-	-	[13, 26]
Bottleneck	随机搜索	四房间	+	+	[57]
Feudal	管理者/工作者，循环神经网络(RNN)	Atari	+	+	[15, 67]
Self p. goal emb.	自我对弈子目标	Mazebase(迷宫基地)，AntG	+	+	[58]
Deep Skill Netw.	深度技能数组，策略精炼	Minecraft	+	+	[63]
STRAW	端到端的隐式计划	Atari	+	+	[66]
HIRO	策略外	蚂蚁迷宫	+	+	[37]
Option Critic	策略梯度	四房间	+	+	[6]

(续表)

名称	智能体	环境	寻找子目标	寻找子策略	参考
HAC	演员-评论家，事后经验重播	四房间蚂蚁	+	+	[3, 34]
Modul. pol. hier.	比特向量，内在动机	FetchPush	+	+	[43]
h-DQN	内在动机	蒙特祖玛的复仇	-	+	[32]
Meta 1. sh. hier.	共享基元，强度指标	行走，爬行	+	+	[24]
CSRL	基于模型的转移动态	机器人任务	-	+	[35]
Learning Repr.	无监督子目标发现，内在动机	蒙特祖玛的复仇	+	+	[48]
AMIGo	对抗性内在目标	MiniGrid PCG	+	+	[11]

1. 表格方法

分而治之是一种天然的方法，用来充分利用分层问题结构。一个著名的早期规划系统是 STRIPS，由理查德·费克斯(Richard Fikes)和尼尔斯·尼尔森(Nils Nilsson)在 20世纪 70 年代设计[21]。STRIPS 创造了一种丰富的语言来表达规划问题，并产生了广泛影响。STRIPS 的概念构成了大多数现代规划系统、动作语言和知识表示系统的基础[7, 25, 64]。STRIPS 中的宏概念用于创建开放式的动作组，以生成更高级别的原语或子程序。

较新的基于规划的方法包括 Parr 和 Russell 的分层抽象机器[42]以及 Dieterich 的 MAXQ[17]。这些系统的典型应用包括块世界，其中一个机器人手臂必须操作块，将它们堆叠在一起，还有出租车世界，正如我们在前几章中所介绍的。Barto 等人的著作[8]提供了对这些方法以及其他早期方法的综述。

许多早期方法着重于宏操作(即子策略)，并要求实验者在规划语言中明确定义子目标。对于那些没有明显子目标的问题，Knoblock[31]展示了如何生成抽象分层结构，尽管 Backstrom 等人[5]发现这样做可能导致效率呈指数级下降。然而，对于小型房间问题，Stolle 和 Precup[57]表明可以更高效的方式找到子目标，通过进行短暂的随机搜索来找到可用作子目标的瓶颈状态。这种方法能在房间网络世界中自动且高效地发现子目标。

表格化的分层方法主要应用于小型和低维问题，在发现子目标方面存在困难，对于大型问题而言尤其如此。深度函数逼近方法的出现重新激发了对分层方法的兴趣。

2. 深度学习

函数逼近有潜力减少困扰表格方法的指数级搜索空间扩展问题，在子目标发现方面尤其如此。深度学习通过利用状态之间的相似性，基于特征之间的共性，能够解决更大规模的问题。因此，许多新方法应运而生。在分层强化学习中，深度学习方法通常是端到端的，它们同时生成适当的子目标及其策略。

封建网络是由 Dayan 和 Hinton 提出的一个较早的概念，其中建立了明确的控制分层结构，包括管理者和工作者，他们协同处理任务和子任务，就像封建领地一样组织[15]。15 年后，Vezhnevets 等人[67]将这个想法用于层次深度强化学习，封建网络在蒙特祖玛的复仇游戏中表现出色，优于非分层的 A3C 算法，在其他 Atari 游戏中也表现良好，与演员-评论家(Option Critic)算法[6]取得了类似的分数。这种方法使用管理者在潜在空间中设定抽象目标，然后由工作者来执行。封建网络的概念还启发了多智能体协作强化学习设计[1]，用于验证概念性的协作多智能体问题，这些问题已经预先确定了分层结构。

其他深度学习方法还包括深度技能网络[63]、策略外学习方法[37]以及自我对弈[58]。后者采用内在动机方法来学习低级别的执行者和状态空间的表示[45]。在高级别学习了子目标之后，接下来会在低级别进行策略训练。深度学习的应用环境变得更具挑战性，现在包括 Minecraft 以及多个房间中的蚂蚁导航和迷宫导航等机器人任务。这些方法表现优于基本的非分层方法，如 DQN。

在 STRAW 中，Vezhnevets 等人[66]学习了宏动作的模型，并对文本识别任务以及 PacMan 和 Frostbite 等 Atari 游戏进行了评估，展现出有前景的性能表现。而 Zhang 等人[71]则利用世界模型来学习隐性地标(即子目标)，用于基于图的规划(见 5.2.1 节)。

选项框架提出近 20 年后，Bacon 等人[6]提出了选项-评论家方法。选项-评论家通过学习方法扩展了选项框架，不再需要从外部提供子目标和子策略。选项的学习类似于演员-评论家，使用基于梯度的方法。子策略和终止函数以及选项之间的策略同时学习。使用选项-评论家方法的用户必须指定需要学习的选项数量。选项-评论家文章报告了在四个房间环境中使用 4 个和 8 个选项的良好结果(图 8-2)。选项-评论家以端到端的方式学习选项，可扩展至更大的领域，在四个 ALE 游戏中优于 DQN(Asterix、Seaquest、小精灵吃豆人、Zaxxon)[6]。

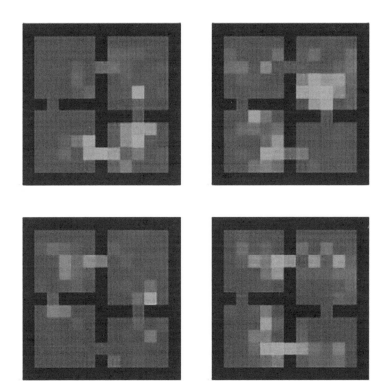

图 8-2　使用选项-评论家方法学到的终止概率，通过 4 个选项来学习；选项倾向于靠近门的方格

Levy 等人[34]提出了一种基于选项-评论家的方法，称为分层演员-评论家 (Hierarchical Actor-Critic，HAC)。这个方法允许同时学习不同层次的目标条件策略，而以前的方法必须逐层自下而上地学习。此外，分层演员-评论家使用一种学习稀疏奖励的方法，即事后经验重播(Hindsight Experience Replay，HER)[3]。在典型的机器人任务中，强化学习算法更多地从成功的结果中汲取教训(例如击中了球)，而对于失败的结果(例如球没有被击中)，学习效果较差。然而，即使在失败的情况下，我们也可从中汲取有益的经验。从人类学习者的角度看，我们可以有新目标：如果瞄得低，将击不中球。事后经验重播允许学习算法利用后见之明的优势，将这些调整后的目标纳入学习过程中。因此，算法可以从失败中学习，将它们视为曾经希望达到的目标，并像对待真实目标一样从中学习。这种方法有助于更有效地利用失败的经验，提高强化学习的效率。

分层演员-评论家方法已在网格世界任务和更复杂的模拟机器人环境中进行了评估，采用了三级层次结构。

最后提到的方法是 AMIGo[11]，它与内在动机相关。AMIGo 利用一位"教师"对"学生"进行对抗性目标生成。逐渐提供更具挑战性的目标来训练学生，以学习通用技能。该系统有效地建立了一套自动课程目标。该方法在 MiniGrid 上进行了评估，MiniGrid 是通过"程序内容生成"[12, 49]获得的可参数化世界。

结论

回顾本章开头提到的优点和缺点列表，我们可以看到一系列有趣而富有创意的方法，它们通过提供解决这些缺点的方法来实现这些优点。一般来说，基于表格的方法适用于较小的问题，通常需要提供子目标。而大多数最新的深度学习方法能够自动发现子目标，然后找到相应的子策略。已经讨论了许多有前途的方法，大多数报告称它们胜过一个或多个基线算法。

这些令人鼓舞的结果激发了对深度分层方法的深入研究，需要进行更多关于大规模问题的基础研究。让我们详细探讨一下迄今用过的环境。

8.3 分层环境

存在许多用于分层强化学习的不同环境，下面首先讨论迷宫和选项论文中提到的四房间环境。这些环境随着强化学习领域的发展逐渐演进，但对于分层强化学习，尚未出现明确的首选基准环境，尽管 Atari 和 MuJoCo 任务经常被用作测试。此后将回顾一些在算法研究中常用的环境。需要指出的是，大多数分层环境相对较小，不如无模型的平面强化学习中通常使用的环境复杂，尽管一些研究确实使用了复杂的环境，如星际争霸。

8.3.1 四个房间和机器人任务

Sutton 等人[60]介绍了四房间问题，以阐述选项模型的运作方式(见图 8-3 左侧部分)。这个环境在后续强化学习论文中被广泛采用。这些房间通过走廊相连，而选项指引着通往这些走廊，这些走廊又通向环境目标 G_2。一个分层算法应该将这些走廊识别为子目标，并为每个房间创建子策略，以便前往走廊子目标(见图 8-3 右侧部分)。

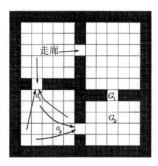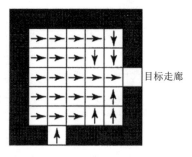

图 8-3　四个房间，其中一个房间具有子策略和子目标[60]

四房间环境是一个基础示例环境，用于解释算法。通过增加网格的维度和增加房间数量，可以创建更复杂的变体。

分层演员-评论家论文以四房间环境为基础，用于模拟机器人的爬行行为。智能体需要同时学习执行运动任务和解决四房间问题(见图 8-4)。另外，有其他用于分层强化学习的环境，如图 8-5 所示的机器人任务[51]。

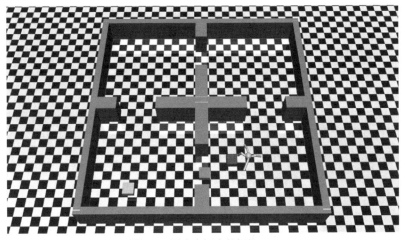

图 8-4　四个房间中的蚂蚁[34]

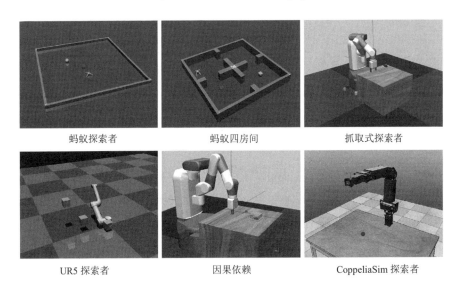

蚂蚁探索者　　　　　　　蚂蚁四房间　　　　　　　抓取式探索者

UR5 探索者　　　　　　　因果依赖　　　　　　　CoppeliaSim 探索者

图 8-5　六个机器人任务[51]

8.3.2　蒙特祖玛的复仇

对于强化学习而言，最具挑战的情境之一是奖励信号稀缺且延迟的情况。在蒙特祖玛的复仇游戏中，存在长时间的奖励稀疏性，智能体必须在奖励保持不变的情况下行走。如果没有智能的探索方法，这个游戏是难以解决的。实际上，这个游戏长期以来一直是用来研究目标条件和探索方法的测试平台。

对于图 8-6 中的状态，玩家需要穿过多个房间并收集物品。然而，要通过顶部右侧和顶部左侧的门，玩家必须获得一把钥匙。为拿到这把钥匙，玩家必须沿着梯子下降并前往钥匙所在的位置。在获得钥匙并收集到相应奖励之前，这是一个漫长且复杂的过程。接下来，玩家需要前往门口以获取另一项奖励。传统的强化学习算法在处理这种环境时面临挑战。对于分层强化学习来说，长时间没有奖励的情况可以成为展示选项有效性的机会，通过在状态之间跳跃，这些状态在奖励发生变化时切换。为实现这一目标，算法必须能够将获得钥匙视为一个子目标。

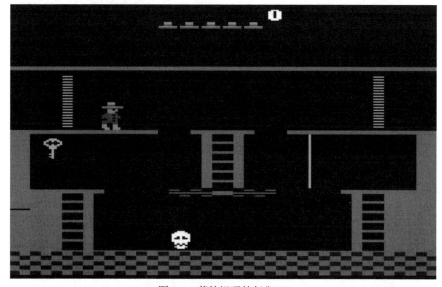

图 8-6　蒙特祖玛的复仇[9]

Rafati 和 Noelle[48]以及 Kulkarni 等人[32]在《蒙特祖玛的复仇》中学习了子目标，这本身就是一个具有挑战性的问题。一旦找到这些子目标，可通过引入用于达到子目标的奖励信号来学习子策略。这种内在奖励与内在动机以及心理学中的好奇心概念[4, 39]密切相关。

图 8-7 呈现了内在动机的概念。在普通的强化学习中，环境内的评论家向智能体提供奖励。而当智能体拥有内部环境，并在其中由内部评论家提供奖励时，这些内部奖励将为智能体提供内在动机。这个机制的目标是更精确地模拟动物和人类的探索行为[56]。例如，在充满好奇心的活动中，儿童会运用知识来生成内在目标，如玩耍、搭建积木结构等情境。在此过程中，他们会构建子目标，比如将轻的实体放在重的实体上以建造塔[32, 56]。内在动机是一个充满活力的研究领域，[4]是最近的一篇综述。

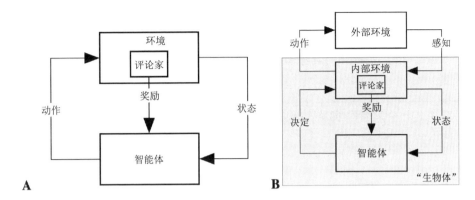

图 8-7　强化学习中的内在动机[56]

"蒙特祖玛的复仇"也用作 Go-Explore 算法的基准，在稀疏奖励问题上取得了出色的成绩，采用了基于目标条件的策略与单元聚合[20]。Go-Explore 执行了一种类似于规划的回溯方法，采用与 AlphaZero 不同的方式将规划和学习元素结合在一起。

8.3.3　多智能体环境

很大一部分多智能体问题自然适用于分层强化学习，因为智能体通常在团队或其他分层结构中协同工作。在这类多智能体分层问题中，涉及各种不同的环境。

Makar 等人[27, 36]研究了协作型多智能体学习，并采用了一些小型任务，包括双智能体协作垃圾收集任务、工厂中自动引导车的动态重新调度以及智能体之间的通信环境。Han 等人[29]使用了多智能体出租车环境。而 Tang 等人[61]也运用了机器人垃圾收集任务进行研究。

由于多智能体和分层环境的计算复杂性，许多环境的维度较低，与我们在单一智能体强化学习中所见的无模型和有模型情况不同。有一些例外，正如我们在上一章中看到的(如"夺旗"和"星际争霸")。然而，针对这些环境使用的算法是适用于并行计算的基于种群的自我对弈算法，相比之下，本章讨论的分层强化学习算法的重要性较低[68]。

8.3.4　实际操作示例：分层演员–评论家

本章所介绍的研究规模较小，相比其他章节更易于管理。环境较为简化，计算需求更合理，包括四房间实验和单个机器人臂运动实验，鼓励进行微调。与其他章节一样，大多数论文的代码都可在 GitHub 上找到。

分层强化学习非常适合进行实验，因为环境较小，分层、团队和子目标的概念直观而吸引人。当代码中不同部分的期望行为清晰明确时，应该更容易进行调试。

　　为开始学习分层强化学习,我们将使用 HAC(Hierarchical Actor-Critic)[34]算法作为起点。在算法 8-1 中,你可看到伪代码,其中 TBD 代表事后确定的子目标[34]。

　　已经编写了带有动画的博客 [1],并制作了结果的视频 [2],相应的代码可在 GitHub[3] 上找到。

算法 8-1 分层演员-评论家[34]

输入:

关键智能体参数包括分层结构中的级别数量 k,最大子目标时段 H,以及子目标测试频率 λ。

输出: k 个经过训练的演员和评论家函数,分别是 π_0、π_1、...、π_{k-1} 和 Q_0、...、Q_{k-1}。

$\quad$**for** M 个回合 **do** $\qquad\qquad$ ▷ 训练 M 个回合
$\qquad s \leftarrow S_{\text{init}}, g \leftarrow G_{k-1}$ $\qquad$ ▷ 抽样初始状态和任务目标
$\qquad$ train-level($k-1, s, g$) $\qquad$ ▷ 开始训练
$\qquad$ 更新所有演员-评论家网络
$\quad$**end for**

$\quad$**function** TRAIN-LEVEL(i :: level, s :: state, g :: goal)
$\qquad s_i \leftarrow s, g_i \leftarrow g$ $\qquad\qquad$ ▷ 设置级别 i 的当前状态和目标
$\qquad$ 进行 H 次尝试,或者直到实现 g_n,其中 $i \leqslant n < k$
$\qquad\qquad a_i \leftarrow \pi_i(s_i, g_i) + \text{noise}$(如果不进行子目标测试) ▷ 从策略中抽样带噪声
$\qquad\qquad\qquad\qquad\qquad\qquad\qquad\qquad\qquad\qquad$ 的动作
$\qquad$**if** $i > 0$ **then**
$\qquad\qquad$ 确定是否测试子目标 a_i
$\qquad\qquad s_i' \leftarrow$ train-level($i-1, s_i, a_i$) $\qquad$ ▷ 使用子目标 a_i 来训练 i-1 级
$\qquad$**else**
$\qquad\qquad$ 执行基本动作 a_0,并观察下一个状态 s_0'
$\qquad$**end if**
$\qquad\qquad\qquad\qquad\qquad\qquad\qquad\qquad\qquad\qquad$ ▷ 创建重播转移
$\qquad$**if** i 大于 0 且 a_i 未达成 **then**
$\qquad\qquad$**if** a_i 经过测试 **then** $\qquad\qquad$ ▷ 对子目标 a_i 进行惩罚
$\qquad\qquad\qquad$ Replay_Buffer$_i \leftarrow [s = s_i, a = a_i, r = \text{Penalty}, s' = s_i', g = g_i, \gamma = 0]$
$\qquad\qquad$**end if**

---

1 见[link1]。

2 见[link2]。

3 见[link3]。

$$a_i \leftarrow s_i' \qquad\qquad \triangleright 用事后执行的动作替换原始动作$$

end if

$$\qquad\qquad \triangleright 评估在当前目标和事后目标上执行的动作$$

$$\text{Replay\_Buffer}_i \leftarrow [s = s_i, a = a_i, r \in \{-1, 0\}, s' = s_i', g = g_i, \gamma \in \{\gamma, 0\}]$$
$$\text{HER\_Storage}_i \leftarrow [s = s_i, a = a_i, r = \text{TBD}, s' = s_i', g = \text{TBD}, \gamma = \text{TBD}]$$
$$s_i \leftarrow s_i'$$

end for

$\text{Replay\_Buffer}_i \leftarrow$ 使用 HER_Storage_i 中的转移执行 HER

return s_i' $\qquad\qquad \triangleright 输出当前状态$

end function

要运行分层演员-评论家实验，你需要安装 MuJoCo 和所需的 Python 包装器。此代码与 TensorFlow 2 兼容。一旦你复制了存储库，使用以下命令运行实验：

```
python3 initialize_HAC.py --retrain
```

这将使用一个 3 级分层结构来训练 UR5 抓取智能体。下面是一个视频示例[1]，演示了经过 450 个训练周期后应该呈现的效果。可使用以下命令观看已经训练好的智能体：

```
python3 initialize_HAC.py --test --show
```

GitHub 存储库的 README 中提供了更多关于尝试的建议。你可以尝试不同的超参数，如果觉得合适，还可以修改设计。祝你在实验中取得成功！

8.4　本章小结

典型的强化学习算法以小步骤前进为特点。对于一个特定状态，它选择一个动作，将其传递给环境以获得新的状态和奖励，然后处理奖励以选择下一个动作。强化学习是逐步迭代的过程。与此不同的是，在现实世界中，当我们规划从点 A 到点 B 的旅行时，我们使用抽象概念来缩小状态空间，以便能够在更高层次上进行决策。我们不是一步步考虑每个脚步，而是首先决定使用哪种交通方式接近目标，然后在旅程的不同部分逐步填充细节。

分层强化学习试图模仿这一概念。传统强化学习在单个状态层面工作，而分层强化学习通过执行抽象操作以按顺序解决子问题。时序抽象的概念在 Sutton 等人的一篇

1　见[link4]。

论文中有详细描述[60]。分层强化学习应用分而治之的原则，以便有效地解决大规模问题。它在问题空间中寻找子目标，并使用子策略(也称为宏操作或选项)来实现这些子目标。

尽管这一概念看似吸引人，但在分层强化学习方面的进展最初较为缓慢。寻找新的子目标和子策略涉及计算密集型问题，其复杂度随着动作数量呈指数级增长，因此在某些情况下，除非能够利用领域知识，否则使用传统的"扁平"强化学习方法更高效。深度学习的引入为分层强化学习带来了巨大助力，目前在自动学习子目标和寻找子策略等重要任务方面取得了许多进展。

尽管在单一智能体的强化学习中很受欢迎，但分层方法也被广泛应用于多智能体问题。多智能体问题通常涉及智能体在团队内合作，并在不同团队之间竞争。这种智能体分层结构天然适用于分层解决方法。因此，分层强化学习仍然是一门具有前景的技术。

8.5 扩展阅读

分层强化学习和子目标发现拥有丰富而悠久的历史[8, 17, 23, 30, 33, 42, 44, 47, 60]，请参阅表8-1。宏操作是一种基本方法[30, 50]。其他方法也采用了宏操作，例如[18, 69, 70]。选项框架为该领域的发展提供了强劲动力[60]。此外其他方法，如MAXQ[16]和Feudal networks[67]。

早期采用的是表格方法，包括[17, 23, 30, 33, 42, 47, 60]。

近期的方法有选项-评论家[6]和分层演员-评论家[34]。还有许多深度学习方法用于寻找子目标和子策略[14, 23, 24, 34, 37, 41, 46, 53, 59, 65]。Andrychowicz 等人[3]提出了事后经验回放，可以提高分层方法的性能。

内在动机是来自发展性神经科学的概念，已经引入强化学习领域，旨在为大空间中的学习提供信号。Botvinick 等人[10]撰写了有关分层强化学习和神经科学的概述。Aubret 等人[4]调查了内在动机在强化学习中的作用。内在动机的应用包括[32, 48]。内在动机与目标驱动的强化学习[38–40, 52, 53]密切相关。

8.6 习题

现在是时候进行练习，以测试你的学习成果了。

8.6.1 复习题

以下是一些快速问题，用于检查你对本章内容的理解程度。对于每个问题，使用简单的文字进行回答即可。

1. 为什么分层强化学习可能更快？
2. 为什么分层强化学习可能会更慢？
3. 为什么分层强化学习可能给出质量较低的答案？
4. 分层强化学习更通用还是更受限制？
5. 什么是选项(Option)？
6. 一个选项包括哪三个元素？
7. 什么是宏操作(Macro)？
8. 什么是内在动机(Intrinsic Motivation)？
9. 多智能体和分层强化学习如何相互结合？
10. 蒙特祖玛的复仇(Montezuma's Revenge)有何特别之处？

8.6.2 练习题

让我们进入编程练习，以进一步熟悉本章涵盖的方法。

1. 实现一个用于四个房间环境的分层求解器。你可以使用领域知识来编写走廊的子目标。采用简单的表格规划方法。你将如何实现子策略？

2. 为 4 个房间实现一个基于扁平规划或 Q-learning 的求解器。将此程序与表格分层求解器进行比较。哪个更快？这两者中的哪个执行更少的环境动作？

3. 使用分层方法实现一个 Sokoban(推箱子游戏)解决器(具有挑战性)。在 Sokoban 中，挑战在于游戏可能出现无法解决的死胡同，也可在文献中找到相关讨论[28, 55]。识别这些死胡同是很重要的。你认为哪些是子目标？是房间或每个箱子任务作为一个子目标，还是你能找到一种方法将死胡同编码为子目标？你能走多远？请注意 Sokoban 游戏关卡[1, 2, 3]。

4. 从 Petting Zoo[62]中选择一个较简单的多智能体问题，引入团队概念，并编写一个分层求解器。首先尝试使用表格规划方法，然后考虑分层演员-评论家方法(具有挑战性)。

5. 与之前的练习相同，但现在的挑战来自 StarCraft(非常具有挑战性)。

---

1 见[link5]。

2 见[link6]。

3 见[link7]。

第9章

元学习

尽管当前的深度强化学习方法已经取得巨大的成功，但对于大多数有趣的问题来说，训练所需的时间很长，通常需要数周甚至数月，这会消耗大量的时间和资源，正如你在完成章节末尾的一些练习时可能已经注意到的那样。

基于模型的方法旨在减少样本复杂性，加快学习速度。然而，对于每个新任务，仍然需要从头开始训练一个全新的网络模型。在本章中，我们将探讨另一种方法，旨在利用先前在紧密相关问题的训练任务中学到的知识。与此类似，当人类学习新任务时，并不是从一张空白的纸开始。儿童学会走路，然后学会跑步；他们遵循一个训练计划，并保留记忆。人类学习建立在现有知识的基础上，利用先前学到的任务知识来促进新任务的学习。在机器学习领域，将先前学到的知识从一个任务转移到另一个任务被称为迁移学习，我们将在本章中深入研究这一概念。

人类学习是持续不断的过程。在学习新任务时，我们不会从一张空白的记忆板开始，而是利用先前获得的任务表示，快速学习新任务的新表示方式；实际上，我们已经掌握了元学习的技巧。了解我们如何实现元学习，一直以来都吸引着人工智能研究者的关注，也是本章的核心主题。

在本章中，我们首先讨论终身学习的概念，这对人类来说相当熟悉。然后，我们讨论迁移学习，接着是元学习，还将讨论用于测试迁移学习和元学习的一些基准。

核心内容
- 知识传递
- 学会学习

核心问题
- 利用相关任务的知识加速学习。

核心算法
- 预训练(代码清单 9-1)
- 模型无关的元学习(算法 9-1)

基础模型

人类擅长元学习。在我们学会了其他任务后，学习新任务变得更容易。就像教我们走路后，学会跑步一样。教我们拉小提琴、中提琴和大提琴后，我们更容易学会拉大贝斯(图 9-1)。

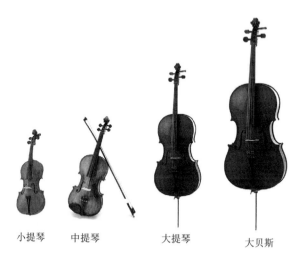

小提琴　　中提琴　　　大提琴　　　大贝斯

图 9-1　小提琴、中提琴、大提琴和大贝斯

当前的深度学习网络非常庞大，包含许多神经元层和数百万个参数。对于新问题，要在大型数据集或环境上训练这些庞大的网络需要花费时间，可能长达数周甚至数月，无论是在监督学习还是强化学习中都是如此。为了缩短后续网络的训练时间，通常会进行预训练，使用基础模型[14]。通过预训练，可将另一个网络的一部分现有权重用作在新数据集上微调网络的起点，而不是使用随机初始化的网络。

预训练在深度分层架构中表现尤为出色。其原因在于层次中的"知识"从通用到特定逐渐演化：较低层次包含通用的特征提取器，如线条和曲线，而较高层次则包含更具体的特征提取器，如用于人脸识别的耳朵、鼻子和嘴巴[66, 72]。这些较低层次包含更通用的信息，非常适合迁移到其他任务中。

基础模型是在特定领域(如图像识别或自然语言处理)上训练的大型模型，经过广泛的大型数据集训练。这些基础模型包含通用知识，可以用于特定目标的专门化。在应用深度学习领域，我们已经从零开始为某一问题训练网络的方法，转变为利用已经在相关问题上训练过的现有网络的一部分，并在新任务上进行微调。几乎所有最先进的视觉感知方法都采用相同的方法：①在大规模手动标记的图像分类数据集上预训练卷积网络；②在较小的、任务特定的数据集上对网络进行微调[1, 27, 40, 47, 147]，参见图 9-2 中的 ImageNet 缩略图[99]。对于自然语言识别，预训练也是常见的做法，大规模预训练语言模型的例子有 Word2vec[73, 74]、BERT[25]和 GPT-3[89]。

在本章中，我们将研究预训练以及更多相关内容。

图 9-2　ImageNet 的缩略图[99]

9.1　学会与学习相关的问题

现代深度网络的训练时间很长。例如，2012 年使用两个 GPU 训练 ImageNet 上的 AlexNet 需要 5~6 天[59]，详见 B.3.1 节。在强化学习中，训练 AlphaGo 需要数周[110, 111]；而在自然语言处理领域，训练时间也很长[25]，甚至像 GPT-3 这样的模型可能需要过长的时间[18]。显然，我们需要找到解决这个问题的方法。在深入研究迁移学习之前，让我们先来看看更广泛的问题：终身学习。

当人类学习新任务时，这个学习过程基于之前的经验。婴儿在视觉、语音和运动等基本技能方面的最初学习需要数年时间。随后学习新技能是在先前获得的技能基础上构建的。已有的知识会得到调整，并且新技能的学习基于先前的技能。

终身学习对于机器学习仍然是一个持久性的挑战。在当前方法中，持续获取信息往往导致概念干扰或灾难性遗忘[109]。这个限制对于通常从稳定的训练数据批次中学习表示的深度网络来说，是一个重大缺陷。尽管在狭窄领域取得了一些进展，但要实现通用的终身学习，仍然需要取得重大突破。

已经发展出了不同的方法。这些方法包括元学习、领域适应、多任务学习和预训练。表 9-1 列出了这些方法，以及常规的单一任务学习。学习任务是使用数据集来定义的，就像在常规监督学习中一样。表格展示了终身学习方法在它们的训练和测试数据集以及不同学习任务方面的区别。

第一行展示了常规的单一任务学习。在单一任务学习中，训练和测试数据集都来自相同的分布(虽然数据集中的具体示例不同，但它们都源自相同的原始数据集，数据分布预期是一致的)，并且在训练和测试阶段执行的任务是相同的。

对于迁移学习，已经在一个数据集上训练的网络被用来加快对不同任务的训练，可能使用一个规模更小的数据集[82]。例如，已经学会识别汽车可能有助于更快地识别卡车。由于这些数据集并不是从同一个主要数据集中获取的，它们的分布会不同，通常只有一个非正式的关于数据集之间"相关性"的概念。然而，在实际应用中，迁移学习通常能够显著加快训练速度，目前在许多真实世界的训练任务中广泛使用，有时以大型基础模型作为基础。

表 9-1　不同类型的监督学习

名称	数据集	任务
单任务学习	$D_{train} \subseteq D, D_{test} \subseteq D$	$T = T_{train} = T_{test}$
迁移学习	$D_1 >> D_2$	$T_1 \neq T_2$
多任务学习	$D_{train} \subseteq D, D_{test} \subseteq D$	$T_1 \neq T_2$
领域适应	$D_1 \neq D_2$	$T_1 \neq T_2$
元学习	$\{D_1, \ldots, D_{N-1}\} >> D_N$	$T_1, \ldots, T_{n-1} \neq T_N$

在多任务学习中，我们可从同一个数据集中学习多个任务[20]。这些任务通常具有关联性，例如，可以是针对不同但相关的图像类别的分类任务，或者是为不同电子邮件用户设计的垃圾邮件过滤任务。当我们同时训练神经网络处理这些相关任务时，可能提高正则化效果[7, 22]。

截至目前，我们的学习任务一直旨在通过相关数据加快学习不同的任务。然而，领域适应却颠倒了这一情况：任务保持不变，但数据发生了改变。在领域适应中，我们使用不同数据集来执行相同的任务，例如，在不同光照条件下识别行人[127]。

在元学习中，数据集和任务都各不相同，尽管它们之间并非完全不同。元学习的核心思想是将一系列数据集和学习任务的经验泛化，以便快速学习一个新的(相关的)任务[17, 45, 48, 102]。元学习的目标是在一系列学习任务上学习超参数。在深度元学习中，这些超参数包括初始的网络参数；从这个角度看，元学习可以被视为多任务迁移学习。

9.2　迁移学习与元学习智能体

现在，让我们介绍一下迁移学习和元学习算法。在通常的训练中，我们会对模型参数进行随机初始化，但在迁移学习中，我们会将其初始化为另一个训练任务的预训练参数。先前的任务通常与新任务存在一定的相关性，例如，如果一个任务是识别森林中狗玩耍的图像，那么预训练参数可能来自一个识别狗在公园玩耍的任务。这个过程中，预训练参数的传递被称为预训练阶段；而在新数据集上训练网络来适应新任务的阶段称为微调。预训练有望加快新任务的学习过程。

在迁移学习中，我们从单个以前的任务中传递知识，而元学习旨在从多个以前的学习任务中泛化知识。元学习试图在这些相关的学习任务上学习超参数，这些超参数告诉算法如何适应新任务。因此，元学习的目标是让算法具备学习新任务的能力。在深度元学习方法中，通常将初始的网络参数视为超参数的一部分。需要注意的是，在迁移学习中，我们也使用(部分)参数来加快学习(微调)一个新的相关任务。我们可以说，深度元学习通过在一系列相关任务上学习初始参数来泛化迁移学习的概念[45, 49](不过，定义仍在不断演化中，不同的作者和不同的领域可能有不同的定义)。

迁移学习已经成为机器学习中的标准方法之一；而元学习仍然是一个正在积极研究的领域。在深入探讨元学习之前，我们将首先研究迁移学习、多任务学习和领域适应。

9.2.1　迁移学习

迁移学习的目标是通过利用解决类似问题所积累的经验来改善学习新任务的过程[83, 88, 123, 124]。迁移学习旨在将源任务的先前经验转移，并应用于相关的目标任务，以提升学习效果[82, 149]。

在迁移学习中，首先在一个基础数据集和任务上训练一个基础网络，然后将一些已学到的特征重新用到第二个目标网络中，这个目标网络将在另一个目标数据集和任务上进行训练。如果这些特征是通用的(也就是说，它们适用于基础任务和目标任务，而不是特定于基础任务)，这个过程的效果更好。这种形式的迁移学习被称为归纳迁移。通过使用在不同但相关的任务上拟合的模型，以一种有益的方式来缩小可能模型的范围(模型偏差)。

首先，我们将关注任务相似性，然后是迁移学习、多任务学习和领域适应。

1. 任务相似性

显然，在任务相似性较高的情况下，预训练效果更佳[20]。例如，基于小提琴学习演奏中提琴与基于网球学习乘法表相比更为相似。可以使用不同的指标来衡量数据集中示例和特征的相似程度，从线性一维指标到非线性多维指标都有。常见的指标包括实数向量的余弦相似度和径向基函数核[119, 131]，但还有许多更复杂的指标方法。

相似性指标也被用于设计元学习算法，后面我们将会看到。

2. 预训练和微调

当我们希望迁移知识时，可将神经网络的权重传递过来，然后开始使用新的数据集重新训练。请回顾表 9-1。在预训练中，新的数据集比旧的数据集 D_1 小，即 $D_1 >> D_2$，并且我们要为一个新的任务 $T_1 \neq T_2$ 进行训练，这样可以更快地进行训练。这种方法适用于新任务与旧任务相似但不完全相同的情况，因此旧的数据集 D_1 中包含对新任务 T_2 有用的信息。

要学习新的图像识别问题，通常会使用一个在大规模且具有挑战性的图像分类任务中经过预训练的深度学习模型，比如 ImageNet 的 1000 类照片分类竞赛。三个常见的预训练模型示例包括：牛津的 VGG 模型、谷歌的 Inception 模型和微软的 ResNet 模型。如果需要更多示例，可以参考 Caffe Model Zoo[1] 或其他分享更多预训练模型的资源[2]。

迁移学习之所以有效，是因为这些图像是在一个要求模型对大量不同类别进行预测的语料库上训练的。这使得模型需要具备一定的泛化能力，并能高效地学习提取特征以获得出色的性能。

卷积神经网络的特征在较低层更具一般性，如颜色斑块或 Gabor 滤波器，而在较高层则更加特定于原始数据集。特征在网络的最后几层必须从一般性转移到特定性[145]。预训练会将部分层复制到新任务中，但需要谨慎考虑要复制旧任务网络的多少层。复制更具一般性的较低层通常是较安全的，而复制较特定的较高层可能带来性能损失。

自然语言处理中也存在类似的情况。在这个领域，使用单词嵌入，它是将单词映射到高维连续向量的技术，其中具有相似含义的单词具有相似的向量表示。存在着高效的算法来学习这些单词表示。两个常见的预训练词模型示例是在非常大的文本文档数据集上训练的，包括谷歌的 Word2vec 模型[73]和斯坦福的 GloVe 模型[87]。

3. 实际操作：预训练示例

迁移学习和预训练已经成为学习新任务的标准方法，特别是当只有一个小型数据集可用时，或者当我们希望限制训练时间时。让我们来看一个 Keras 发行版中的实际示例(B.3.3.1 节)。Keras 迁移学习示例提供了一个基于 ImageNet 的基本方法，它从 TensorFlow 数据集(TFDS)获取数据。该示例遵循监督学习方法，尽管学习和微调阶段可以轻松地替换为强化学习设置。Keras 迁移学习示例可在 Keras 网站[3]上找到，也可在 Google Colab 中运行。

在深度学习环境中，最常见的迁移学习流程如下。

(1) 使用先前训练过的模型中的层。

(2) 将这些层冻结，以免在将来的训练轮次中破坏它们所包含的任何信息。

(3) 在已冻结的层之上，添加一些新的可训练层。它们将使用旧特征作为预测，对新数据集进行训练。

(4) 在新的(小型)数据集上对新添加的层进行训练。

(5) 最后一个可选步骤是对冻结的层进行微调，这包括解冻上面获得的整个模型，并在新数据上使用极低的学习率进行重新训练。这可以潜在地实现有意义的改进，逐渐使预训练的特征适应新数据。

---

1 见[link1]。

2 见[link2]。

3 见[link3]。

让我们看看在 Keras 中这个工作流程是如何实际运作的。在 Keras 网站上，可找到一个用于预训练的示例代码(见代码清单 9-1)。

代码清单 9-1　在 Keras 中进行预训练(1)：实例化模型

```
1 base_model = keras.applications.Xception(
2     weights='imagenet', #加载在 ImageNet 上预训练的权重
3     input_shape=(150, 150, 3),
4     include_top=False) #不要包含顶部的 ImageNet 分类器
5
6 base_model.trainable = False
```

首先，我们使用预训练权重实例化一个基础模型(不包括顶部的分类器)。然后冻结基础模型(见代码清单 9-2)。

代码清单 9-2　在 Keras 中进行预训练(2)：创建新模型并训练

```
1 inputs = keras.Input(shape=(150, 150, 3))
2 #通过设置 training=False，base_model 以推理模式运行，这在进行微调时非常重要
3 x = base_model(inputs, training=False)
4 #将形状为'base_model.output_shape[1:]'的特征转换为向量
5 x = keras.layers.GlobalAveragePooling2D()(x)
6 #一个具有单个单元的密集分类器(用于二元分类)
7 outputs = keras.layers.Dense(1)(x)
8 model = keras.Model(inputs, outputs)
9
10
11 model.compile(optimizer=keras.optimizers.Adam(),
12               loss=keras.losses.BinaryCrossentropy(from_logits=
                  True),
13               metrics=[keras.metrics.BinaryAccuracy()])
14 model.fit(new_dataset, epochs=20, callbacks=..., validation_data
   =...)
```

接下来，在顶部创建一个新模型并对其进行训练。

这个 Keras 示例中包含了此示例以及其他示例，其中包括微调。请前往 Keras 官方网站，以提高你在实际应用中的预训练经验。

4. 多任务学习

多任务学习与迁移学习相关。在多任务学习中，一个单一的网络同时在多个相关任务上进行训练[20, 122]。

在多任务学习中，一个任务的学习过程会从同时学习相关任务中获益。这种方法在任务之间存在一定共性时非常有效，例如学习识别不同品种的狗和猫。多任务学习

要求算法在相关学习任务上表现良好，而不是一概惩罚所有的过度拟合，因此有助于提高正则化效果[6, 32]。AlphaGo Zero 网络采用了双头结构，同时在同一网络中优化值和策略[20, 82]。通常在多任务学习中使用多头架构，尽管在 AlphaGo Zero 中，这两个头部是为了同一个任务(下围棋)的两个相关方面(策略和值)进行训练。

多任务学习已成功应用于 Atari 游戏[55, 56]。

5. 领域适应

当训练数据集与测试数据集之间的数据分布发生变化(即领域转移)时，就需要进行领域适应。这个问题与超出分布学习[68]密切相关。在实际的人工智能应用中，例如在不同光照条件下识别物体或当背景发生变化时，领域转移是十分常见的情况。传统的机器学习算法通常难以应对这种变化。

领域适应的目标是调整两个数据分布之间的差异，以便能在不同的目标领域上重新利用源领域的信息[127]，图 9-3 展示了不同情境下的背包示例。如表 9-1 所示，领域适应适用于任务相同($T_1 = T_2$)，但数据集不同($D_1 \neq D_2$)的情况，尽管它们仍然有些相似。例如，任务可能在不同方向上识别背包，或在不同光照条件下识别行人。

领域 1

领域 2

图 9-3　领域适应：在不同情境中识别物品是困难的[42]

领域适应可以被视为与预训练相反的过程。预训练在不同任务上使用相同数据集，而领域适应则是在相同任务上适应新数据集的过程[19]。

在自然语言处理领域，领域适应的示例包括将经过训练的算法从新闻文章应用于生物医学文档的数据集[24, 117]，或将训练好的垃圾邮件过滤器从一组特定的电子邮件用户迁移到新的目标用户[9]。突然发生的环境变化(如大流行病、极端天气)也可能对机器学习算法产生影响。

有多种技术可用于克服领域转移问题[23, 137, 142, 148]。在视觉应用中，适应可以通过重新加权第一个数据集的样本或对其进行聚类，以实现视觉上的一致性子领域。其他方法尝试找到将源分布映射到目标分布的转换，或者联合学习分类模型和特征转换[127]。对抗技术也可用来实现适应[28, 129, 139]，另请参阅 B.2.6 节。

9.2.2 元学习

与迁移学习相关的是元学习。在迁移学习中，主要关注将参数从一个源任务传递到接收任务，以进行进一步的微调。而在元学习中，着重利用多个任务的知识，以更快、更优化地学习新任务。传统机器学习专注于单一任务的示例学习，而元学习旨在跨越多个任务学习。"机器学习"学习逼近函数的参数，而"元学习"学习有关学习函数的超参数[1]。这通常被表述为"学会学习"，这个概念自引入以来一直定义了该领域[103, 122, 124]。术语"元学习"已用于许多不同的场景，不仅限于深度学习，还包括超参数优化、算法选择以及自动化机器学习等各种任务。

深度元强化学习是一个充满活力的研究领域，涌现出许多算法，并取得了显著进展。在深度元强化学习领域，已提出九种算法，详见表 9-2(可参考综述[45, 49])。

表9-2　元强化学习方法[49]

名称	方法	环境	参考
Recurr. ML	在强化学习问题上部署循环神经网络	-	[29, 135]
Meta Netw.	通过独立的元学习器快速地重新参数化基础学习器	O-glot, miniIm.	[78]
SNAIL	关联了时间卷积的注意力机制	O-glot, miniIm.	[75]
LSTM ML	将基础学习器的参数嵌入 LSTM 的 cell 状态中	miniImageNet	[95]
MAML	学习用于快速适应的初始化权重 θ	O-glot, miniIm.	[34]
iMAML	近似高阶梯度，独立于优化路径	O-glot, miniIm.	[92]
Meta SGD	学习初始化和更新	O-glot, miniIm.	[70]
Reptile	将初始化向任务特定的更新权重移动	O-glot, miniIm.	[79]
BayesMAML	联合优化学习多个初始化参数 Θ，并使用 SVGD 方法	miniImagaNet	[144]

---

1 将基础学习与参数学习相关联，将元学习与超参数学习相关联，看起来有了一个清晰的区分；然而，在实践中，这个区分并不那么明确：在深度元学习中，常规参数的初始化被视为一个重要的"超"参数。

1. 评估少样本学习问题

终身机器学习的挑战之一是评估算法的性能。常规的训练-测试泛化无法捕捉元学习算法的适应速度。

因此，通常会通过元学习任务的少样本学习能力进行评估。在少样本学习中，我们评估学习算法的能力，即能否在训练过程中仅见过少量示例的类别中进行识别。这涉及在网络中利用先前的知识进行测试。

用我们身边的示例来说明少样本学习，我们可以设想一个情况：一个人仅在几分钟的双贝斯培训后就可以演奏双贝斯，但他事先需要在小提琴、中提琴或大提琴上经过多年的训练。

元学习算法通常通过少样本学习任务进行评估，这些任务要求算法在仅见过极少数量示例的情况下识别物品。这在 N-way-k-shot 方法[21, 61, 136]中得到了正式定义。图 9-4 展示了这一过程。给定一个大型数据集 $\mathcal{D}$，我们从中随机抽取一个较小的训练数据集 D；N-way-k-shot 分类问题的目标是构建训练数据集 D，使其包含 N 个类别，每个类别在数据集中有 k 个示例。因此，训练数据集 D 的大小为 $|D| = N \cdot k$。

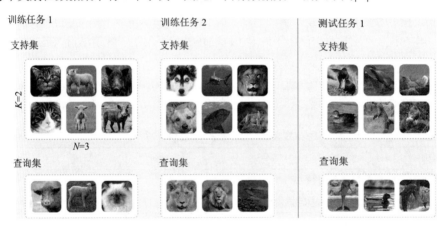

图 9-4 N-way-k-shot 学习[15]

一个完整的 N-way-k-shot 少样本学习元任务 $\mathcal{T}$ 由多个回合组成，每个回合执行一个基本任务 $\mathcal{T}_i$。一个基本任务包括一个训练集和一个用于测试泛化能力的测试集。在少样本学习术语中，训练集称为支持集，而测试集则称为查询集。支持集的大小为 $N \cdot k$，而查询集包含少量示例。元学习算法可以从 N-way-k-shot 查询/支持基本任务的回合中学习，直到在元测试时使用另一个查询集来测试元学习算法的泛化性能，如图 9-4 所示。

2. 深度元学习算法

现在，让我们将注意力转向深度元学习算法。尽管元学习领域仍然年轻且充满活力，但该领域正在逐渐形成一组定义，我们将在这里进行介绍。从一个监督学习的背景开始解释。

元学习关注的是从一组基本学习任务$\{\mathcal{T}_1, \mathcal{T}_2, \mathcal{T}_3, \ldots\}$中学习任务$\mathcal{T}$，以便在新的相关元测试任务中更快地达到高准确度。每个基本学习任务$\mathcal{T}_i$由数据集D_i和损失函数$\mathcal{L}_i$构成，因此有$\mathcal{T}_i = (D_i, \mathcal{L}_i)$。每个数据集包含一系列输入以及标签$D_i = \{(x_j, y_j)\}$，并被分为训练集和测试集，即$D_i = \{D_{\mathcal{T}_i, train}, D_{\mathcal{T}_i, test}\}$。在每个训练数据集上，会拟合一个参数化模型$\hat{f}_{\theta_i}(D_{i,train})$，并使用损失函数$\mathcal{L}_i(\theta_i, D_{i,train})$进行逼近。模型$\hat{f}$是由深度学习算法逼近的，该算法受一组超参数$\omega$的控制。具体的超参数因算法而异，但经常遇到的超参数包括学习率α、初始参数θ_0和算法常数。

这个传统机器学习算法被称为基本学习器。每个基本学习任务通过找到最优参数$\theta_i^\star$来逼近一个模型$\hat{f}_i$，以最小化其数据集上的损失函数。

$$\mathcal{T}_i = \hat{f}_{\theta_i^\star} = \underset{\theta_i}{\operatorname{argmin}} \; \mathcal{L}_{i,\omega}(\theta_i, D_{i,train})$$

其中学习算法受到超参数ω的控制。

3. 内外循环优化

在过去几年中，最受欢迎的深度元学习方法之一是基于优化的元学习[49]。这种方法通过优化网络的初始参数θ，以实现对新任务的快速学习。大多数基于优化的技术将元学习视为一个两级优化问题。在内部层面，基本学习器对训练集中的不同观测值进行任务特定的θ更新。在外部层面，元学习器通过一系列基本任务来优化超参数ω，其中每个任务的损失是使用来自基本任务的测试数据$D_{\mathcal{T}_i, test}$进行评估的[45, 67, 95]。

内部循环优化参数θ，而外部循环则优化超参数ω，以在一组基本任务$i = 0, \ldots, M$上找到最佳性能，使用适当的测试数据：

$$\omega^\star = \underbrace{\underset{\omega}{\operatorname{argmin}} \; \mathcal{L}^{\text{meta}}(}_{\text{外部循环}} \underbrace{\underset{\theta_i}{\operatorname{argmin}} \; \mathcal{L}_\omega^{\text{base}}(\theta_i, D_{i,train}), D_{i,test})}_{\text{内部循环}}$$

内部循环优化了任务$\mathcal{T}_i$的数据集D_i内的θ_i，而外部循环则在不同任务和数据集之间优化了ω。

元损失函数优化了元目标，该目标可以是准确性、速度或基本任务(和数据集)上的其他目标。元优化的结果是一组最优的超参数$\omega^\star$。

在基于优化的元学习中，最关键的超参数是最佳初始参数$\theta_0^\star$。当元学习器仅将初始参数优化为超参数时$(\omega = \theta_0)$，那么内外循环的公式将得到简化，如下：

$$\theta_0^\star = \underbrace{\underset{\theta_0}{\operatorname{argmin}} \; \mathcal{L}(}_{\text{外部循环}} \underbrace{\underset{\theta_i}{\operatorname{argmin}} \; \mathcal{L}(\theta_i, D_{i,train}), D_{i,test})}_{\text{内部循环}}$$

在这种方法中，对初始参数 θ_0 进行元优化，以确保损失函数在基本任务的测试数据上具有出色的表现。9.2.2 节描述了这种方法的一个著名示例，即 MAML。

深度元学习方法有时被分为基于相似度度量、基于模型的方法和基于优化的方法[49]。下面将更详细地探讨表 9-2 中的两种元强化学习算法。我们将研究循环元学习和 MAML；前者是一种基于模型的方法，而后者是基于优化的方法。

4. 循环元学习

为使元强化学习方法能够学习，它们必须能够跨子任务记忆已经获得的知识。让我们看看循环元学习是如何在任务之间进行学习的。

循环元学习利用循环神经网络来存储这些知识[29, 135]。循环网络充当已学习任务嵌入(权重向量)的动态存储器。循环可通过 LSTM[135]或门控循环单元[29]来实现。选择循环神经元元网络(metaRNN)决定了它对子任务的适应性，因为它逐渐积累了关于基本任务结构的知识。

循环元学习追踪状态、动作、奖励和回合终止等变量，用 s、a、r 和 d 表示。对于每个任务 $\mathcal{T}_i$，循环元学习在每个时间步 t 将环境变量集 $\{s_{t+1}, a_t, r_t, d_t\}$ 输入元 RNN 中。元 RNN 输出一个动作和一个隐藏状态 h_t。在隐藏状态 h_t 的条件下，元网络输出动作 a_t。目标是在每个试验中最大化期望奖励(图 9-5)。由于循环元学习在隐藏状态中嵌入了先前观察到的信息，因此被视为基于模型的元学习器[49]。

在简单的 N-way-k-shot 强化学习任务上，循环元学习器的性能几乎与无模型基线相当[29, 135]。然而，在更复杂的问题中，当依赖关系跨越更长的时间范围时，性能会下降。

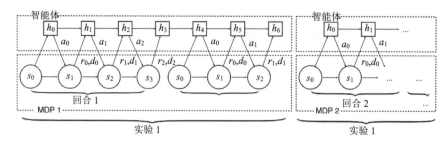

图 9-5　在强化学习背景下，循环元学习器的工作流程如下：时间步 t 的状态、动作、奖励和终止标志分别用 s_t、a_t、r_t 和 d_t 表示，而 h_t 则表示隐藏状态[29]

算法 9-1 MAML 用于强化学习[34]

需求：$p(\mathcal{T})$: 任务分布

需求：α, β: 步长超参数

　　随机初始化 θ

　　while 未完成 **do**

从$\mathcal{T}_i \sim p(\mathcal{T})$中随机采样一批任务

for all $\mathcal{T}_i$ **do**

　　使用任务$\mathcal{T}_i$中的f_θ采样k条轨迹$\mathcal{D} = \{(s_1, a_1, \ldots s_T)\}$

　　使用$\mathcal{D}$和$\mathcal{L}_{\mathcal{T}_i}$(见式9-1)评估$\nabla_\theta \mathcal{L}_{\mathcal{T}_i}(\pi_\theta)$

　　使用梯度下降计算调整后的参数：$\theta_i' = \theta - \alpha \nabla_\theta \mathcal{L}_{\mathcal{T}_i}(\pi_\theta)$

　　使用$f_{\theta_i'}$在任务$\mathcal{T}_i$中采样轨迹$\mathcal{D}_i' = \{(s_1, a_1, \ldots s_T)\}$

end for

　　使用每个$\mathcal{D}_i'$和$\mathcal{L}_{\mathcal{T}_i}$(见式9-1)，更新$\theta \leftarrow \theta - \beta \nabla_\theta \sum_{\mathcal{T}_i \sim p(\mathcal{T})} \mathcal{L}_{\mathcal{T}_i}(\pi_{\theta_i'})$

end while

5. 无模型元学习

MAML(模型无关元学习)[34]是一种优化方法，它不依赖于特定模型，可以应用于不同的学习问题，包括分类、回归和强化学习等领域。

如前所述，元学习的优化观点特别关注优化初始参数θ。可通过一个简单的回归示例来解释这种优化观点(图9-6)。假设我们面临多个线性回归问题$f_i(x)$。该模型有两个参数：a和b，$\hat{f}(x) = a \cdot x + b$。当元训练集包含四个任务$A$、$B$、$C$和$D$时，我们希望优化出一个参数集合$\{a, b\}$，以便快速学习每个任务的最佳参数。在图9-6中，中间的点代表这些参数的组合。该点距离四个不同任务的最佳参数最近。这就是模型无关元学习的工作原理[34]：通过将模型暴露给各种基本任务，来更新参数$\theta = \{a, b\}$以获得良好的初始参数θ_0，从而促进快速元适应。

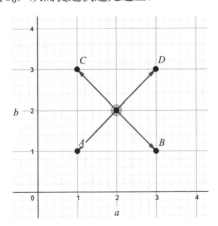

图9-6　优化方法的目标是学习那些能够快速适应其他任务的参数。优化方法(如MAML)背后的思想是，当元训练集包含任务A、B、C和D时，如果元学习算法将参数a和b调整到(2,2)这一点，那么这些参数会接近于这四个任务的任何一个，因此可迅速适应它们，只需要很少的示例(参考[34, 49])

让我们从特征学习的角度来看待深度学习模型参数的训练过程[34, 49]，在这个角度下，我们的目标是通过少数梯度步骤即可在新任务上获得良好结果。我们构建了一个适用于许多任务的通用特征表示，然后通过微调参数(主要是更新顶层权重)，可获得良好结果，这与迁移学习类似。MAML 寻找了一组易于快速微调的参数 θ，允许在一个适合快速学习的嵌入空间中进行适应。换句话说，MAML 的目标是找到图 9-6 中间的那个点，从那里可以轻松完成其他任务。

MAML 是如何工作的[34, 48, 90]？请参考 MAML 算法中的伪代码，该学习任务是一个具有时序 T 的情境马尔可夫决策过程，这里，学习者被允许查询有限数量的样本轨迹进行少样本学习。每个强化学习任务 $\mathcal{T}_i$ 包含初始状态分布 $p_i(s_1)$ 和转移分布 $p_i(s_{t+1}|s_t, a_t)$。损失 $\mathcal{L}_{\mathcal{T}_i}$ 对应于(负)奖励函数 R。正在学习的模型 π_θ 是从状态 s_t 到每个时间步 $t \in \{1, ..., T\}$ 的动作 a_t 的分布策略。任务 $\mathcal{T}_i$ 和策略 π_θ 的损失采用了熟悉的目标形式(式 2.5):

$$\mathcal{L}_{\mathcal{T}_i}(\pi_\theta) = -\mathbb{E}_{s_t, a_t \sim \pi_\theta, p_{\mathcal{T}_i}} \left[\sum_{t=1}^{T} R_i(s_t, a_t, s_{t+1}) \right] \tag{9.1}$$

在 k-shot 强化学习中，可从策略 π_θ 和任务 T_i 中获取 k 次轨迹$(s_1, a_1, ... s_T)$以及奖励 $R(s_t, a_t)$，然后将其用于在新的任务 T_i 上进行调整。MAML 利用 TRPO 来估计策略梯度更新和元优化的梯度[105]。

我们的目标是快速掌握新概念，这相当于在少数梯度更新步骤中实现最小损失。必须事先指定梯度步数。在单个梯度更新步骤中，梯度下降会生成更新后的参数:

$$\theta_i' = \theta - \alpha \nabla_\theta \mathcal{L}_{\mathcal{T}_i}(\pi_\theta)$$

特定于任务 i。跨任务的一个梯度步骤的元损失为:

$$\theta \leftarrow \theta - \beta \nabla_\theta \sum_{\mathcal{T}_i \sim p(\mathcal{T})} \mathcal{L}_{\mathcal{T}_i}(\pi_{\theta_i'}) \tag{9.2}$$

其中，$p(\mathcal{T})$ 是任务的概率分布。这个表达式包含了内部梯度 $\nabla_\theta \mathcal{L}_{\mathcal{T}_i}(\pi_{\theta_i'})$。要优化这个元损失，需要在反向传播元目标(式 9.2)中通过梯度运算符计算二阶梯度，这在计算上是昂贵的[34]。受到 MAML 启发，已经有各种算法旨在进一步改进基于优化的元学习[48, 79]。

在元强化学习中，我们的目标是仅利用有限经验迅速构建适用于新环境的策略。MAML 因其简洁性(仅需要两个超参数)、通用性和强大性能而在深度元学习领域引起广泛关注。

6. 超参数优化

元学习已经存在很长时间，早在深度学习变得流行之前，已被应用于经典的机器学习任务，如回归、决策树、支持向量机、聚类算法、贝叶斯网络、进化算法和局部搜索[13, 17, 132]。超参数在元学习中的视角最初起源于这些领域。

尽管本书主要关注深度学习，但简要讨论一下非深度学习的背景也很有趣，特别是因为超参数优化在强化学习实验中是一项重要技术，用于寻找合适的超参数组合。

机器学习算法有一些超参数，它们控制着算法的行为。寻找这些超参数的最佳设置一直被称为元学习。一种简单的方法是列举所有可能的组合，然后在这些组合上运行机器学习问题。然而，对于超参数空间较大的情况，这种网格搜索方法会变得非常缓慢。智能的元优化方法包括随机搜索、贝叶斯优化、基于梯度的优化和进化优化。

这种元算法方法已经催生了算法配置研究，如 SMAC[50][1]、ParamILS[51][2]、irace[71][3]，以及算法选择研究，如 SATzilla[141][4]。著名的超参数优化工具包包括 scikit-learn[86][5]、scikit-optimize[6]、nevergrad[94][7]和 Optuna[3][8]。超参数优化和算法配置已经扩展到自动化机器学习或 AutoML[9]领域。AutoML 领域是一个庞大而活跃的元学习领域，有一本概述性的书籍是[52]。

所有机器学习算法都具有一定的偏差，而不同的算法在不同类型的问题上表现不同。超参数用于约束这种算法偏差。这被称为归纳偏差，反映了算法对数据的一系列假设。当这种归纳偏差与学习问题相匹配时，学习算法的性能更佳(例如，卷积神经网络在图像问题上表现良好，循环神经网络在自然语言处理问题上表现良好)。元学习通过改变这种归纳偏差，可选择不同的学习算法、改变网络初始化或采用其他方法，使算法能在不同类型的问题上表现更佳。

7. 元学习与课程化学习

元学习与课程化学习之间存在有趣的关联。这两种方法的共同目标是通过从一组子任务中学习来提高学习的速度和准确性。

在元学习中，我们通过从子任务中获取知识，以便迅速学习新的相关任务。而在课程化学习(见 6.2.3 节)中，我们的目标是通过将一个复杂且困难的学习任务分解成一系列子任务，按从简单到困难的顺序排列，以实现更快速的学习过程。

因此，我们可以得出结论，课程化学习是一种形式的元学习，其中子任务按从简到难的顺序排列，或者换句话说，元学习是无序的课程化学习。

---

1 见[link4]。
2 见[link5]。
3 见[link6]。
4 见[link7]。
5 见[link8]。
6 见[link9]。
7 见[link10]。
8 见[link11]。
9 见[link12]。

8. 从少样本学习到零样本学习

元学习利用以前学习任务的信息来更快地学习新任务[124]。元学习算法通常在少样本情境下进行评估，以评估在图像分类问题中仅用少量训练示例时的性能。这个少样本学习问题的目标是在几乎没有新类别的先前支持情况下正确分类查询。在前面，我们已经讨论了元学习算法的目标是实现少样本学习。然而，要完整讨论元学习，我们不能不提零样本学习。

ZSL(零样本学习)比少样本学习更进一步。在零样本学习中，我们需要识别一个示例属于某个类别，而且之前从未在该类别的示例上进行过训练[65, 81]。在零样本学习中，训练实例所涵盖的类别与我们要进行分类的类别是不重叠的。这可能听起来似乎不可能，如何识别你从未见过的东西呢？然而，这是我们人类一直在做的事情：就像我们学会了把咖啡倒进杯子一样，我们也可以把茶倒进杯子，即使以前从未见过茶(或者，就像我们学会了演奏小提琴、中提琴和大提琴一样，也可以在某种程度上演奏大贝斯，即使我们以前从未尝试过大贝斯)。

每当我们识别出以前未见过的事物时，实际上我们正在利用额外的信息(或特征)。例如，如果在一张以前未见过的鸟类物种的图片中识别出红色的喙，那么这些概念中"红色"和"喙"对我们来说是已知的，因为我们在其他场景中已经学会了它们。

零样本学习可以识别新的实例类别，而不需要训练样本。基于属性的零样本学习利用新类别的高级属性描述，这些描述基于先前在数据集中学习的类别。属性是一种中间表示，可以实现类别之间的参数共享[2]。额外信息可以是文本形式的类别描述，例如"红色"或"喙"，除了视觉信息[64]。学习器必须能将文本与图像信息进行匹配。

零样本学习方法旨在学习中间的语义层，也就是属性，然后在推断时应用这些属性来预测新的类别，前提是给定了这些类别基于这些属性的描述。属性代表对象的高级特征，这些属性跨越多个类别(可被机器检测并被人类理解)。基于属性的图像分类是一个标签嵌入问题，其中每个类别都被嵌入属性向量空间中。例如，如果类别代表动物，可能的属性包括是否有爪子、是否有条纹或是不是黑色的。

9.3 元学习环境

既然我们已经了解了如何实施迁移学习和元学习，现在是时候来看一些用于评估这些算法的环境了。我们将列出图像、行为和文本领域的重要数据集、环境以及基础模型，拓宽我们的视野，超越纯粹的强化学习。我们将评估这些方法在多大程度上能够快速泛化到新的机器学习任务中。

有许多可用的基准，用于测试迁移学习和元学习算法。传统机器学习算法的基准旨在提供多样且具有挑战性的学习任务。相比之下，元学习的基准旨在提供相关的学习任务。一些基准具有参数化特性，允许对任务之间的差异进行控制。

　　利用元学习，可在不同情境下更快地学习新的相关任务，权衡了速度和准确性。这引发了一个问题，即在不同情境下，元学习算法的速度和准确性有多高。在回答这个问题时，我们必须牢记，学习任务之间越相似，任务越容易，结果就越快速和准确。因此，当比较结果时，必须仔细考虑基准测试使用的数据集。

　　表 9-3 列举了一些常用于进行元学习实验的环境。其中一些是为单一任务学习而设计的常规深度学习环境(单任务)，一些是用于迁移学习和预训练的数据集(转移学习)，还有一些数据集和环境是专门为元学习实验而创建的(元学习)。

表 9-3　图像、行为和文本的元学习数据集、环境和模型

名称	类型	领域	参考
ALE	单任务	游戏	[8]
MuJoCo	单任务	机器人	[126]
DeepMind 控制	单任务	机器人	[120]
BERT	转移学习	文本	[25]
GPT-3	转移学习	文本	[89]
ImageNet	转移学习	图像	[33]
Omniglot	元学习	图像	[61]
Mini-ImageNet	元学习	图像	[133]
Meta-Dataset	元学习	图像	[128]
Meta-World	元学习	机器人	[146]
Alchemy	元学习	统一领域	[134]

　　现在，我们将更详细地介绍它们。ALE(3.1.1 节)、MuJoCo(4.1.3 节)和 DeepMind 控制套件(4.3.2 节)最初是单一任务的深度学习环境。它们也被用于元学习实验和少样本学习，通常结果适中，因为这些任务通常不太相似(例如，Pong 与 Pac-Man 之间的相似性有限)。

9.3.1　图像处理

　　一般来说，有两个数据集被广泛接受作为少样本图像学习的标准基准: Omniglot[62] 和 Mini-ImageNet[99, 133]。

　　Omniglot 是一个用于一次性学习的数据集。这个数据集包含来自 50 种不同字母表的 1623 个不同手写字符，每个类别(字符)有 20 个示例[62, 63]。最近的方法在 Omniglot 上取得了非常高的准确率，因此它们之间的比较通常不具有太多信息。

Mini-ImageNet 采用与 Omniglot 相同的测试设置，包括 60 000 张尺寸为 84×84 的彩色图像，分为 100 个类别(64/16/20 用于训练/验证/测试)，每个类别包含 600 个示例[133]。虽然比 Omniglot 更具挑战性，但在控制模型容量的情况下，最新方法实现了类似的准确性。元学习算法(如贝叶斯程序学习和 MAML)在 Omniglot 和 ImageNet 上实现了与人类表现媲美的准确性，准确率超过 90%，错误率仅为几个百分点[63]。基于最大数据集(例如 ImageNet)训练的模型被用作基础模型[14]，可从模型库[1]下载预训练模型。

这些基准测试可能过于同质，不适用于测试元学习。相反，真实生活中的学习经验是多样化的：它们在类别数和每个类别示例数量方面变化很大，而且存在不平衡性。此外，Omniglot 和 Mini-ImageNet 的基准测试主要衡量了数据集内的泛化能力。对于元学习来说，我们的最终目标是使模型泛化到全新的数据分布。因此，为满足这一要求，专门为元学习而创建的新数据集正在不断开发中。

9.3.2　自然语言处理

在自然语言处理领域，BERT 是一个广为人知的预训练模型。BERT 代表"双向编码器变换器表示"[25]，其设计目的是通过同时考虑两个上下文，从未标记的文本中预训练深度双向表示。BERT 已经证明在自然语言任务中迁移学习可以取得出色的效果。BERT 可用于分类任务，如情感分析、问答任务以及命名实体识别。BERT 是一个庞大的模型，具有 3.45 亿个参数[98]。

一个更庞大的预训练变换器模型是 GPT-3[89]，拥有 1750 亿个参数。GPT-3 生成的文本质量非常出色，几乎难以与人类所写的文本区分开来。这种情况下，模型的规模似乎起到了重要作用。OpenAI 提供了一个公共接口，你可以亲自体验其性能[2]。

BERT 和 GPT-3 是大型模型，被越来越多地用作其他实验的基础模型，以进行预训练。

9.3.3　元数据集

最近专门为元学习设计的数据集是 meta-dataset[128][3]。Meta-dataset 是一组数据集，包括 ImageNet、Omniglot、Aircraft、Birds、Textures、Quick Draw、Fungi、Flower、Traffic Signs 和 MSCOCO。因此，这些数据集提供了比以前的单一数据集实验更多样化的挑战。

1　见[link13]。

2　见[link14]。

3　见[link15]。

Triantafillou 等人使用匹配网络[133]、原型网络[112]、一阶 MAML[34]和关系网络[118]进行了实验，并报告了相应的结果。如预期的那样，在更大的(元)数据集上的准确率比先前的同质数据集要低得多。他们发现 MAML 的一种变体表现最出色，尽管对于在其他数据集上训练的分类器来说，大多数准确率都在 40%到 60%之间，除了 Birds 和 Flowers，它们的准确率在 70%到 80%之间，接近于 Omniglot 和 ImageNet 这类单一数据集的结果。针对异质数据集的元学习仍然是一个具有挑战性的任务(可参考[21, 125])。

9.3.4 元世界

在深度强化学习中，传统上有两个受欢迎的环境，分别是 ALE 和 MuJoCo。ALE 基准测试中的游戏通常差异很大，这使得 ALE 的测试集对于元学习来说具有挑战性，并且目前很少有成功的报告。不过有一些例外情况，它们通过将迁移学习(预训练)应用于 DQN[76, 84, 113]，成功地在一组 Atari 游戏中实现了多任务学习，这些游戏都涉及控制一个移动的球。

另一方面，机器人任务更容易进行参数化。可生成具有所需相似性水平的测试任务，使机器人任务更适合用于元学习测试。典型的任务(如抓取和学习不同的行走步态)比两个 Atari 游戏(如 Breakout 和 Space Invaders)更相关。

为提供一个更具挑战性的元强化学习基准，Yu 等人引入了 Meta-World[146][1]，这是一个用于多任务和元强化学习的基准(图 9-7 以图示方式解释了多任务和元学习之间的区别)。Meta-World 包含 50 个不同的操纵任务，使用机器人手臂(图 9-8)。这些任务被设计为多样化，并具有结构，可用于在新任务中进行知识迁移。

图 9-7　多任务和元强化学习[146]

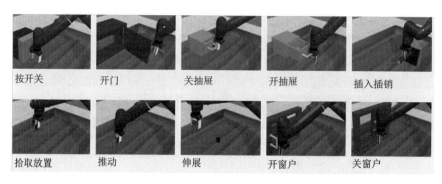

图 9-8   Meta-World(元世界)任务[146]

当Meta-World 的作者们在这些任务上评估六种最先进的元强化学习和多任务学习算法时，他们发现将现有算法推广到异构任务的能力有限。他们尝试了 PPO、TRPO、SAC、RL^2[29]、MAML 和 PEARL[93]。像不同物体位置这样的任务的小变化可以被合理成功地学习，但算法在同时学习多个任务时遇到了困难，即使只有 10 个不同的训练任务。与更受限制的元学习基准不同，Meta-World 强调对新任务和交互场景的泛化，而不仅是目标参数的变化。

9.3.5   Alchemy

我们要讨论的最后一个元强化学习基准是 Alchemy[134]。Alchemy 基准是一个通过程序生成的 3D 视频游戏[107]，使用 Unity[54]实现。任务生成是参数化的，可以选择不同程度的相似性和隐藏结构。Alchemy 关卡的创建过程对研究人员是开放的，并可以实现一个完美的贝叶斯理想观察者。

有两个智能体的实验结果，它们分别是 VMPO 和 IMPALA。VMPO[85, 115]智能体基于门控变换器网络。IMPALA[31, 53]智能体则采用了基于种群的训练，核心网络使用了 LSTM。这两个智能体都是强大的深度学习方法，尽管不一定适用于元学习。然而，在这两种智能体中，随着学习任务变得更加多样化，元学习变得更困难，导致元学习性能相对较弱。

Alchemy 平台可以在 GitHub[1]上获得，该平台包括一个可供人类玩家使用的界面。

9.3.6   实际操作：Meta-World 示例

让我们亲自体验运行Meta-World 基准环境。将在其中运行一些流行的智能体算法，如 PPO 和 TRPO。Meta-World 的使用与 Gym 一样简单。相关代码可在 GitHub[2]上找到，

---

1 见[link17]。

2 见[link18]。

并且伴随的一系列智能体算法实现被称为 Garage[37]¹。Garage 适用于 PyTorch 和 TensorFlow。

标准的 Meta-World 基准包括多任务和元学习设置，分别命名为 MT1、MT10、MT50 及 ML1、ML10、ML50。可使用 pip 安装 Meta-World 基准。

```
pip install git+https://github.com/rlworkgroup/
metaworld.git@master\#egg=metaworld
```

请注意，Meta-World 是一个机器人基准，需要 MuJoCo，因此你也需要安装 MuJoCo²。

GitHub 页面上提供了关于如何使用该基准的简要示例说明，请参考代码清单 9-3。你可以使用该基准来测试你喜欢的算法的元学习性能，也可以使用 Garage 提供的其中一个基线算法。

代码清单 9-3 使用 Meta-World

```
1  import metaworld
2  import random
3
4  print(metaworld.ML1.ENV_NAMES) #尝试可用的环境
5
6  ml1 = metaworld.ML1('pick-place-v1') #构建基准
7
8  env = ml1.train_classes['pick-place-v1']()
9  task = random.choice(ml1.train_tasks)
10 env.set_task(task) #设置任务
11
12 obs = env.reset() #重置环境
13 a = env.action_space.sample() #对动作进行采样
14 obs, reward, done, info = env.step(a) #对环境执行一步操作
```

结论

在本章中，我们已经介绍了不同的方法，用于在示例很少甚至为零的情况下学习新的不同任务。尽管取得了令人印象深刻的成果，但在任务更加多样化时，学习通用的自适应仍然存在重大挑战。正如在新领域中经常发生的情况，我们尝试了许多不同的方法。元学习领域是一个积极的研究领域，旨在解决机器学习的一个主要问题，未来将继续发展许多新的方法。

---

1 见[link19]。

2 见[link20]。

9.4 本章小结

本章关注的是更快速地学习新任务，使用较小的数据集或更低的样本复杂性。而迁移学习旨在将已学习的解决一项任务的知识迁移到另一项任务，以实现更快地学习。一种常见的迁移学习方法是预训练，其中某些网络层被复制以初始化新任务的网络，然后进行微调以提高在新任务上的性能，但使用较小的数据集。

另一种方法是元学习，也称为学会学习。在这种方法中，利用先前任务序列学习方式的知识来更快地学习新任务。元学习通过学习不同任务的超参数来实现。在深度元学习中，通常将初始网络参数集视为一个超参数。元学习的目标是学习能使用仅有少量训练示例来学习新任务的超参数，通常使用 *N-way-k-shot* 学习。对于深度少样本学习，MAML 方法是众所周知的，并给后续研究工作带来启发。

在机器学习领域，元学习具有重要意义。对于相关的任务，已经取得了良好的结果。然而，在更具挑战性的基准中，其中任务之间关联较小(例如，来自非常不同物种的动物图片)，则报告的结果相对较弱。

9.5 扩展阅读

元学习是一个充满活力的研究领域。要了解这个领域，可参考文献[16, 45, 48, 49, 150]。元学习在人工智能领域引起了广泛关注，无论在监督学习还是在强化学习中都是如此。已经有许多关于元学习领域的书籍和综述文章，如[17, 102, 106, 130, 138]。

关于元学习算法已经有长期的研究，参考文献包括[10, 103, 104, 132]等。迁移学习和元学习的研究历史悠久，最早可以追溯到 Pratt 和 Thrun 的工作[88, 124]。早期的领域调查包括[82, 121, 137]，而近期的调查有[148, 149]。Huh 等人重点关注 ImageNet[47, 91]。Yang 等人研究了迁移学习与 Sokoban 游戏中课程学习之间的关系[143]。

关于元学习的早期原理由 Schmidhuber[103, 104]描述。有关元学习的综述文章包括[17, 43, 45, 48, 49, 102, 106, 130, 132, 138]。有关相似度度量元学习的论文包括[38, 58, 108, 112, 118, 133]。基于模型的元学习的论文有[29, 30, 39, 75, 78, 101, 135]。基于优化的元学习的论文很多，包括[5, 11, 34–36, 41, 69, 70, 79, 92, 95, 100, 144]。

领域适应在文献[4, 23, 27, 77, 148]中有研究。零样本学习是一个活跃且具有前景的领域，有一些有趣的论文，包括[2, 12, 26, 46, 64, 65, 81, 91, 97, 116, 140]。与零样本学习类似，少样本学习也是元学习研究中的热门领域，相关论文包括[44, 60, 80, 114, 116]。一些基准论文包括[21, 125, 128, 134, 146]。

9.6　习题

现在是时候进行练习，以测试你的学习成果了。

9.6.1　复习题

以下是一些快速问题，用于检查你对本章内容的理解。对于每个问题，使用简单的文字进行回答即可。

1. 为什么对元学习和迁移学习产生兴趣？
2. 什么是迁移学习？
3. 什么是元学习？
4. 元学习与多任务学习有何不同？
5. 零样本学习旨在识别以前未见过的类别。这为什么是可能的？
6. 预训练是否属于迁移学习的一种形式？
7. 你能否解释"学会学习"？
8. 初始网络参数也是超参数吗？请解释原因。
9. 零样本学习的方法是什么？
10. 随着任务多样性的增加，元学习能否取得良好的结果？

9.6.2　练习题

让我们进入编程练习，以更熟悉本章涵盖的方法。元学习和迁移学习实验通常需要大量的计算资源。如果必要，你可能需要缩小数据集的大小或者最后不得不跳过一些练习。

1. 实现 Keras 预训练示例中的预训练和微调，这是 9.2.1 节[1]的内容。按照建议进行练习，包括在猫和狗训练集上进行微调。注意预处理、数据增强和正则化(dropout和批归一化)的用途。观察增加传输层的数量对训练性能和速度的影响。

2. MAML Reptile[79]是一种受到 MAML 启发的元学习方法，但属于一阶方法，速度更快，专门设计用于少样本学习。Keras 网站包含 Reptile 的一部分[2]。在开始时，定义了一些超参数：学习率、步长、批次大小、元学习迭代次数、评估迭代次数、样本数、类别数等。研究不同超参数的调整效果，特别是与少样本学习相关的超参数：类别数、样本数和迭代次数。

为了更深入地了解少样本学习，还可以查看 MAML 代码，其中有一个关于强化学

---

1 见[link21]。
2 见[link22]。

习的部分[1]。尝试不同的环境。

3. 正如我们在 9.3.4 节中所了解的，Meta-World 是一个复杂的元强化学习基准套件。请重新阅读该节内容，前往 GitHub 安装此基准套件[2]。同时，前往 Garage 安装代理算法，以便你可以测试它们的性能[3]，并确保它们与你的 PyTorch 或 TensorFlow 设置兼容。首先尝试在 PPO 中运行 ML1 元基准，然后尝试 MAML 和 RL2。接下来，尝试更详细的元学习基准。阅读 Meta-World 的论文，并尝试重现其结果。

4. 我们从少样本学习转移到零样本学习。零样本学习的一种工作方式是通过学习类别间共享的属性来实现。请阅读以下论文: Label-Embedding for Image Classification[2] 和 An embarrassingly simple approach to zero-shot learning[97]，并查看相关代码[12][4]。然后进行实现，尝试理解属性学习的工作原理。输出不同类别的属性，并在不同数据集上进行测试。同时，尝试了解在少样本学习中是否可以使用 MAML 方法，这是一个具有挑战性的问题。

---

1 见[link23]。

2 见[link24]。

3 见[link25]。

4 见[link26]。

第 10 章

未 来 发 展

我们已经来到了本书的结尾。在本章中，将回顾一些关键主题和教训，同时展望未来。

为何要研究深度强化学习？动力源自实现人工智能的梦想。我们希望理解人类智能，创造出能够补充我们自身智慧的智能行为，从而实现共同进步。对于强化学习，我们的目标在于从环境中学习，以解决日益复杂的连续决策问题，从而实现越来越复杂的行为。从前面的章节可了解到，许多成功算法受到人类学习方式的启发。

目前的环境包括游戏和模拟机器人，将来可能还包括人机交互和与真实人类合作的团队协作环境。

10.1 深度强化学习的发展

强化学习已经历了令人瞩目的转变，从最初用于解决小型表格简单模拟问题的方法，发展到能教导模拟机器人如何行走，再到在最大的多智能体实时策略游戏中玩游戏，并击败围棋和扑克牌等领域的顶尖人类。强化学习范式是一个框架，其中发展出许多学习算法。这个框架能够融合来自其他领域(如深度学习和自编码器等领域)的强大思想。

我们还将更详细地介绍强化学习领域随着时间的推移是如何发展的。

10.1.1 表格方法

强化学习始于一个简单的智能体/环境循环，其中环境执行智能体的动作并返回奖励(这是无模型方法的特征)。我们采用马尔可夫决策过程来形式化强化学习。最初，值函数和策略函数以表格方式实现，这限制了该方法适用于小型环境，因为智能体必须适应内存中的函数表示。典型环境包括 Grid world、Cartpole 和 Mountain car；找到最优策略函数的经典算法是表格 Q-learning。在这些算法的设计中，基本原则涵盖了探索、利用、on-policy/off-policy 学习，同时发展了以想象力为特征的基于模型的强化学习。

该领域的这一部分构成了一个成熟稳定的基础，但仅适用于学习小型单智能体问题。深度学习的出现使该领域进入更高速的发展阶段。

10.1.2 无模型深度学习

受到监督图像识别领域的突破性进展启发，深度学习也被应用于 Q-learning，从而实现了深度强化学习在 Atari 游戏领域的重大突破。深度学习在强化学习中取得成功的基础在于采用了一些方法来打破状态间的相关性，从而提高了算法的收敛性，其中包括重放缓冲区和独立的目标网络。DQN 算法[51]已经变得非常流行。基于策略和演员-评论家的方法在深度学习中表现出色，并且适用于连续动作空间。许多无模型的演员-评论家算法已经得到了开发[32, 48, 50, 70]，它们经常在模拟机器人应用中进行测试。这些算法通常能够达到高质量的最优解，但无模型算法的样本更加复杂。表 3-1 和表 4-1 列出了这些算法。

这个领域——深度无模型值函数和基于策略的算法——现在可以看作成熟算法，并在高维度单智能体环境中取得了良好结果。典型的高维环境包括 Arcade Learning Environment 和 MuJoCo(模拟物理运动任务)。

10.1.3 多智能体方法

接下来，我们将介绍更高级的方法。在第 5 章中，基于模型的算法将规划和学习结合起来，以提高样本利用效率。对于高维度的视觉环境，它们使用不确定性建模和潜在模型或世界模型，以降低规划的维度。这些算法在表 5-2 中有详细介绍。

此外，从单一智能体向多智能体的转移扩展了我们可以建模的问题范围，更贴近现实世界的挑战。最强的人类围棋选手被一个基于模型的自我对弈方法击败，该方法结合了蒙特卡洛树搜索(MCTS)和深度演员-评论家算法。自我对弈设置采用了课程化学习策略，从以前的学习任务中汲取经验(这些任务按照从简单到困难的顺序有序排列)，从某种意义上说是一种元学习形式。表 6-2 中展示了相关变种。

在多智能体和不完全信息问题中，我们使用深度强化学习来研究竞争、新兴的合作，以及分层团队学习。在这些领域，强化学习与多智能体系统和基于种群的方法(如群体计算)存在密切联系。基于种群的并行方法可能比基于梯度的方法更快地学习策略，非常适用于多智能体问题。

此外，我们还研究了不完全信息的多智能体问题，如扑克牌；针对竞技游戏，我们开发了反事实遗憾最小化技术。合作研究仍在持续进行中。在星际争霸中，初期利用团队协作和团队竞争取得了强大的成果。此外，我们正在研究新兴社交行为，将强化学习领域与群体计算和多智能体系统相融合。相关算法和实验可在表 7-2 中找到，而层次方法则在表 8-1 中列出。

在人类学习中，新概念通常是基于旧概念来学习的。从基础模型进行的迁移学习和元学习旨在重用现有知识，甚至是学会如何学习。元学习、课程化学习和分层学习正成为征服日益庞大状态空间的技术。表 9-2 展示了元学习方法。

所有这些领域都应被视为高级强化学习领域，仍然在积极进行研究。新的算法正在不断开发，而实验通常需要大量的计算资源。此外，结果的稳健性较差，需要进行大量的超参数调整。我们需要并期望更多的进展。

10.1.4 强化学习的演化历程

与监督学习不同，后者是从固定数据集中学习的，强化学习是一种通过实践来学习的机制，就像儿童学习一样。智能体/环境框架已被证明是一种灵活的方法，可以在我们尝试新的问题领域时进行扩展和增强，例如高维度、多智能体或不完全信息情况下。强化学习已经融合了来自监督学习(深度学习)和无监督学习(自编码器)以及基于种群的优化方法的技术。

从这个角度看，强化学习已经从单一智能体的马尔可夫决策过程演化为一个基于智能体和环境的学习框架。其他方法可嵌入这个框架中，以学习新领域并提高性能。这些扩展可解释高维状态(就像 DQN 中一样)或减小状态空间(就像潜在模型一样)。当应用于自我对弈时，这个框架提供了一个课程化学习序列，使我们在双智能体游戏中取得了世界级水平的成绩。

10.2 主要挑战

深度强化学习被广泛应用于理解现实世界中更复杂的连续决策情境。这些应用包括自动驾驶汽车和其他自主操作、图像和语音识别、决策制定，以及总体上的自然行为。

深度强化学习的未来展望如何？深度强化学习面临的主要挑战在于如何有效处理决策序列的组合爆炸问题。寻找合适的归纳偏置可以利用状态空间中的结构。

当前和未来深度强化学习研究面临的三个主要挑战如下：
(1) 更快地解决更大规模的问题
(2) 解决涉及更多智能体的问题
(3) 与人类进行有效互动
以下技术可以应对这些挑战：
(1) 更快地解决更大规模的问题
● 通过潜在模型降低样本复杂性

- 自我对弈方法中的课程化学习
- 分层强化学习
- 利用迁移学习和元学习从先前任务中学习
- 通过内在动机实现更好的探索

(2) 解决涉及更多智能体的问题

- 分层强化学习
- 基于种群的自我对弈联赛方法

(3) 与人类进行有效互动

- 可解释的人工智能
- 泛化

让我们深入探讨这些技术，以了解它们未来可能的发展方向。

10.2.1 潜在模型

第 5 章讨论了基于模型的深度强化学习方法。在基于模型的方法中，我们学习了一个转移模型，然后将其与规划方法结合使用，以增强策略函数，从而降低样本复杂程度。然而，在高维问题中，基于模型的方法面临一个挑战，即高容量的神经网络需要大量观测数据，以防止过度拟合，这可能会阻止潜在的样本复杂性降低效益。

其中一种最有前景的基于模型的方法是使用自动编码器创建潜在模型，以压缩或提炼与问题无关的观测数据，从而生成一个维度较低的潜在状态模型，可用于在精简的状态表示中进行规划。这种方法有助于减少基于模型的方法的样本复杂性。潜在模型创造了紧凑的世界表示，这些表示在分层和多智能体问题中也有应用，并且目前正在进一步研究中。

在基于模型的深度强化学习中，第二个发展趋势是采用端到端规划和转移模型学习。特别是对于复杂的自我对弈设计，如 AlphaZero(其中 MCTS 规划器与自我学习集成)；端到端学习的应用具有优势，正如 MuZero 的研究所表明的那样。在这个领域，正在进行将规划和学习相结合的研究[17, 22, 34, 36, 52, 68, 69]。

10.2.2 自我对弈

第 6 章讨论了双智能体游戏中通过自我对弈进行学习的内容。在许多双智能体游戏中，转移函数是已知的。当对手通过完全相同的转移函数使用智能体的环境时，可构建一个自我学习的自我对弈系统，智能体和环境可以相互改进。我们已经讨论了连续改进循环的示例，从"一张白纸"到世界冠军水平。

早期在双陆棋领域取得成果之后[79]，AlphaZero 在围棋、国际象棋和将棋领域取得了具有里程碑意义的成就[73, 74]。AlphaZero 的设计包括在自我对弈循环中使用 MCTS 规划器，以改进双头深度残差网络[73]。这一设计不仅引发了更多研究，还激发了人工智能和强化学习的广泛兴趣[21, 26, 40, 43, 45, 55, 68, 72]。

10.2.3　分层强化学习

在多智能体问题中，团队合作非常重要，而分层方法可将环境组织成智能体的层次结构。分层强化学习方法也被应用于单智能体问题，运用"分而治之"的原则。许多大型单智能体问题都具有层次结构。分层方法旨在通过将大问题分解为较小子问题并将基本动作组合成宏动作，来充分利用这种结构。一旦为某个子问题找到解决方案的策略，那么当该子问题再次出现时，可以重用这个策略。需要注意，对于某些问题，很难找到可以高效利用的层次结构。

10.2.4　迁移学习和元学习

深度强化学习中的主要挑战之一是长时间的训练。迁移学习和元学习的目标是通过将已学知识从现有任务转移到(相关的)新任务以及通过从以前任务的训练中学会更快地学习(相关的)新任务，从而缩短训练时间。

在图像识别和自然语言处理领域，通常采用预先在 ImageNet[18, 25]或 BERT[19]等大型预训练网络上进行预训练的网络。基于优化的方法，如 MAML，可以学习更适合新任务的初始网络参数，这已经引发了大量进一步的研究。

零样本学习是一种元学习方法，它涉及学习外部信息，如图像内容的属性或文本描述，然后利用这些信息来识别新类别中的个体[1, 63, 76, 85]。元学习是一个充满活力的领域，我们可以期待更多研究成果。

基础模型是一类大型模型，如用于图像识别的 ImageNet 和用于自然语言处理领域的 GPT-3，它们经过广泛的训练，使用大规模数据集进行训练。这些模型包含通用知识，可以针对特定的专业任务进行定制。它们还可用于多模态任务，其中文本和图像信息进行结合。例如，DALL-E 项目可根据文本描述生成相应的图像，有趣或美观的示例可在图 10-1 中找到(如"牛油果形状的扶手椅")[60]。此外，GPT-3 还用于研究零样本学习，在 CLIP 项目中取得了成功[61]。

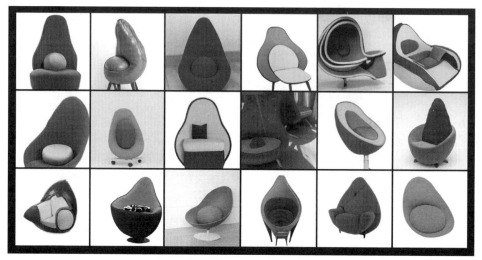

图 10-1 DALL-E 是一种根据文本命令绘制图片的算法[60]

10.2.5 种群化方法

大多数强化学习研究都集中在单一或双智能体问题上。然而，我们周围的世界充满了多智能体问题。多智能体强化学习的主要问题是对大规模、非静态的问题空间进行建模。

最近的研究在多智能体环境中应用自我对弈方法，其中整个智能体种群相互训练。这种方法结合了进化算法的特征(合并和变异策略，以及淘汰表现不佳的智能体策略)和分层方法的元素(对团队协作建模)。

在高度复杂的多智能体游戏中，智能体基于种群的训练已经取得成功，例如 StarCraft[82]和 Capture the Flag[37]。基于种群的方法结合了进化原则、自我对弈、课程化学习和分层方法，是研究的活跃领域[38, 41, 49, 65, 83]。

10.2.6 探索与内在动机

在强化学习中，学习的主要动力是奖励。然而，在许多序贯决策问题中，奖励是稀缺的。奖励塑形试图通过启发式知识来增强奖励函数。发展心理学认为学习也基于好奇心或内在动机。内在动机是一种基本的好奇心驱动，探索纯粹出于探索本身的目的，并从探索过程本身中获得满足感。

内在动机领域在强化学习中是一个较新的领域。目前正探索其与分层强化学习、选项框架以及好奇心模型[14, 66, 67]之间的联系。

在强化学习中，内在动机可用于探索开放式环境[3, 75](另请参阅 8.3.2 节)。内在动机驱动的目标导向算法可以训练智能体学会表示、生成和追求自身目标[15]。Go-Explore

算法在奖励稀疏的领域取得的成功也强调了在强化学习中探索的重要性[23]。

10.2.7 可解释的人工智能

可解释的人工智能(XAI)与本书中讨论的规划和学习主题以及自然语言处理密切相关。

当人类专家给出答案时，可以对该专家提出问题，以解释答案背后的推理过程。这是一个可取的属性，增强了我们对答案的信任程度。大多数接受建议的客户，无论是金融建议还是医疗建议，都更信任经过良好推理解释的答案，而不是没有任何解释的简单的"是或否"答案。

基于经典符号人工智能的决策支持系统通常可以轻松提供这种推理。例如，可解释模型[58]、决策树[59]、图形模型[39, 44]和搜索树[13]可以被遍历，决策点的选择可以被记录下来，并用于生成人类可理解的论证。

与此相反，深度学习等连接主义方法通常难以解释。然而，它们的准确性通常远高于传统方法。可解释人工智能的目标是将符号人工智能的易解释性与连接主义的高准确性相结合[7, 20, 30]。

关于软决策树[28, 35]和自适应神经树[78]的研究已经展示了规划和学习的混合方法如何尝试基于神经网络构建解释性决策树。这些工作部分基于模型压缩[8, 9]和信念网络[2, 4, 6, 16, 33, 56, 71, 80]。无监督方法可以用于寻找可解释的模型[58, 64, 81]。基于模型的强化学习方法旨在已学习的世界模型中执行深度的序列规划[31]。

10.2.8 泛化

基准测试在人工智能领域推动了算法的进步。国际象棋和扑克为我们引入了深度启发式搜索，ImageNet 推动了深度监督学习，ALE 推动了深度 Q-learning，MuJoCo 和 DeepMind 控制套件推动了演员-评论家方法，Omniglot、MiniImagenet 和 Meta-World 推动了元学习，而 StarCraft 和其他多智能体游戏推动了分层和种群化方法。

正如可解释人工智能的研究所指示的那样，强化学习领域存在一种趋势，即通过基于模型的方法、多智能体方法、元学习和分层方法来研究更接近现实世界的问题。

随着深度强化学习在解决实际世界问题中的广泛应用，泛化变得尤为重要，正如 Zhang 等人[87]所指出的。在监督学习中，实验通常明确地分离训练集和测试集，以衡量泛化性能。然而，在强化学习中，智能体往往无法在其训练环境之外实现泛化[12, 57]。强化学习智能体常对其训练环境过度拟合[24, 29, 84, 86, 88]，在模拟到真实环境的迁移中更加困难[89]。其中一个专门设计来增强泛化能力的基准测试是 Procgen。它通过过程内容生成来增加环境多样性，提供了 16 个可参数化环境[11]。

基准测试将继续推动人工智能领域的进展，在泛化方面尤其如此[42]。

10.3　人工智能的未来

本书涵盖了深度强化学习的基础知识，以及活跃的研究领域。深度强化学习是一个高度活跃的领域，还会有更大的发展空间。

我们已经学习了解决序贯决策问题的复杂方法，其中一些在我们的日常生活中已被人类轻松解决。在某些问题中，如双陆棋、国际象棋、跳棋、扑克和围棋，计算方法现在已超越了人类的能力。但在大多数其他领域，如将水从瓶子倒入杯子、创作诗歌或坠入爱河，人类仍然保持着主导地位。

强化学习受到生物学习的启发，但计算和生物学习方法之间仍存在较大差距。人类智能是通用而广泛的——我们对许多不同主题有丰富的了解，并且在学习新事物时，会利用以前任务的一般知识。人工智能则是专业化而深入的——计算机可在某些任务上表现出色，但它们的智能是有限的，从其他任务中学习是一项挑战。

有两个明显的结论。首先，对于人类来说，采用混合智能的方法，即人类的一般智能受到专门人工智能的增强，可能是非常有益的。其次，对于人工智能来说，深度强化学习领域正在从人类的学习中得到启示，包括分层方法、课程化学习、学会学习以及多智能体合作。

人工智能的未来是与人类密切相关的。